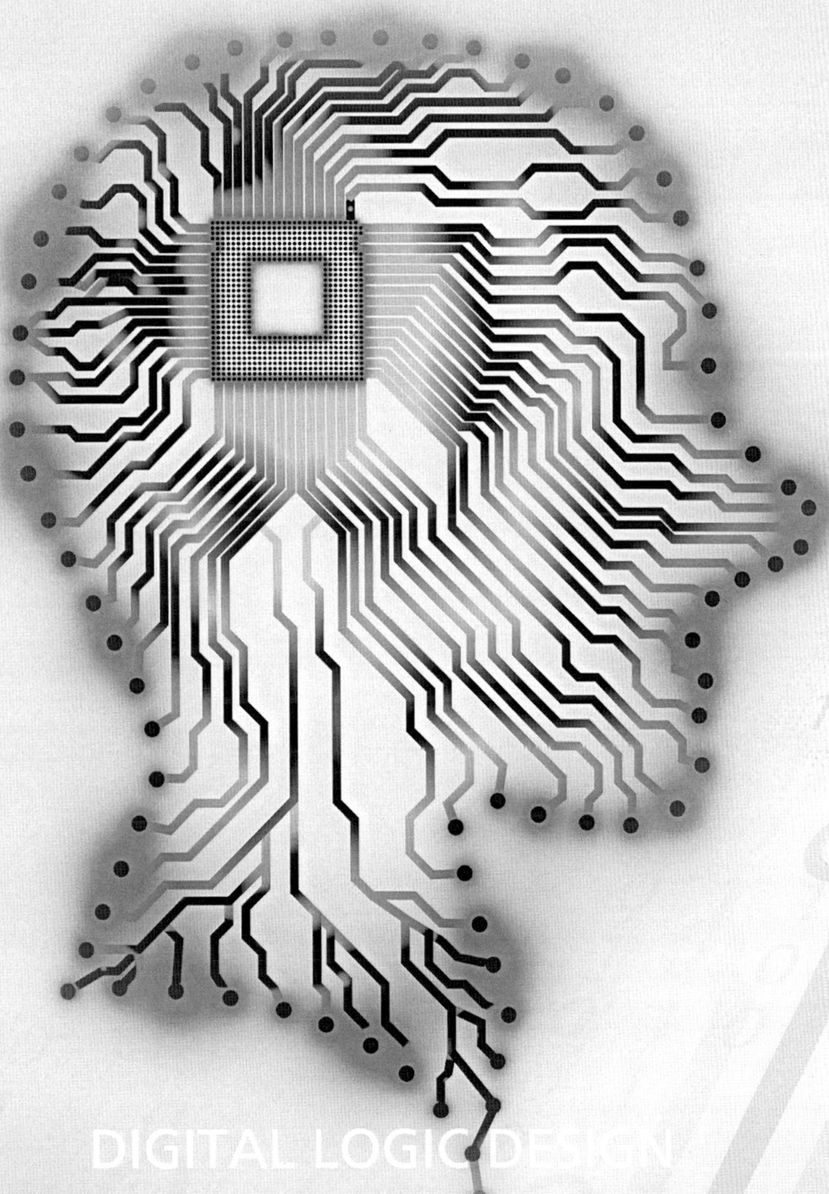

DIGITAL LOGIC DESIGN

디지털 논리설계

권준식 지음

홍릉과학출판사

머리말

본 교재는 디지털공학이나 디지털 논리 회로 설계를 공부하는데 필요한 이론을 익힐 수 있는 교재로서 한 학기 동안 다룰 수 있도록 구성하였다. 본 교재는 크게 세 부분으로 나뉠 수 있다. 첫 번째 부분에서는 디지털 논리 회로를 이해하기 위해 수의 체계를 공부하도록 구성되어 있으며, 10진수와 2진수, 16진수 등을 다루며, 디지털 논리 게이트 IC에 대하여 공부하게 된다. 두 번째 부분에서는 조합 회로에 대하여 공부한다. 입력에 따라 일정한 결과를 도출해내는 조합 회로와 멀티플렉서와 같은 여러 가지 IC를 익힌 다음 세 번째 부분에서는 입력에 따라 항상 같은 결과를 나타나는 조합 회로와는 달리 일정한 순서에 따라 결과가 나타나는 카운터와 같은 순차 회로에 대하여 공부하게 될 것이다.

본 교재는 다음과 같이 구성되었다.

우선 1장에서는 디지털 논리 회로의 기본이 되는 수의 체계와 2진 코드에 대하여 공부할 것이다. 2장부터 4장까지는 2진수에 바탕을 둔 디지털 조합 회로를 다루도록 하였다. 2장에서는 가장 흔히 사용될 기초적인 논리 게이트에 대하여 공부하며, 부울 대수를 다루어 볼 것이다. 또한 NAND 게이트만으로 간소화하는 방법과 NOR 게이트만으로 간소화하는 방법을 익히게 될 것이다. 3장에서는 최소항과 최대항의 개념을 알아보고, 부울 대수의 간소화에 대하여 공부할 것이다. 특히 부울 대수의 간소화를 쉽게 할 수 있는 카르노도를 다룰 것이다. 4장에서는 조합 논리 회로에 대하여 공부하게 되며, 가산기, 감산기 및 가감산기와 인코더, 디코더, 멀티플렉서 및 디멀티플렉서를 다룬다. 또한 5장부터 8장은 순차 회로를 다루도록 하였다. 5장은 순차 회로 설계의 기본이 되는 플립플롭을 다루며, 6장은 순차 회로 설계를 다룰 것이다. JK 플립플롭과 D 플립플롭 및 T 플립플롭으로의 순차 회로 설계 방법을 익히게 될 것이다. 7장은 순차 회로의 대표적 응용 회로인 카운터에 대하여 공부하게 된다. 비동기식 카운터와 동기식 카운터를 공부하며, 또한 비동기식 카운터 중에서 mod-m 카운터 설계 방법 익히게 될 것이다. 동기식 카운터와 함께 링 카운터 및 존슨 카운터를 다루어 보며, 8장은 플립플롭들로 이루어진 레지스터를 다루어 본다.

또한 본 교재를 익힌 다음에는 같은 학기나 다음 학기에 별도의 실험을 통해서 그 지식을 공고히 하는 것이 디지털 논리 회로의 설계를 익혀 가는데 많은 도움이 될 것으로 판단된다.

본 교재는 20년 이상 디지털 논리 회로 설계를 강의하면서 학생들의 부족한 부분을 파악하고 실험을 통해 무엇이 이론과 실제를 연결하는데 문제가 있는가를 많이 고민해보고 수정 집필하기에 이른 것이다. 학생들이 특히 어려워하는 부분을 보완하기 위해 많은 부분을 할애하였으며, 실험 강의를 통해 느꼈던 부족함을 보완하고자 집필 과정에 특히 많은 노력을 기울였으며, 강의를 진행하면서 부족함이 있거나 보충할 사항이 있으면 계속하여 수정을 꾀할 것이다. 이 교재를 통해 학생들이 산업현장 진입 전에 충분한 이해를 하는데 도움이 되었으면 하는 바램으로 이 책의 집필을 마치고자 한다.

2016년 12월
의림지 앞에서
지은이

목차

Chapter 1

수의 체계와 2진 코드

일상생활에서 사용하는 수는 0~9까지의 열 개의 수를 사용하여 연산하는 10진수 체계이다. 오래 전부터 10진수를 사용하는 것은 아마도 인간의 손가락이 열 개여서 자연스럽게 그렇게 익숙해진 영향일 것이다. 그러나 디지털 시스템에서는 전류와 전압 등과 같은 전기적 신호(signal)를 이용하여 정보를 처리하고 있고 모든 디지털 시스템의 신호는 2진수(binary number)로 0과 1, 두 개의 값만을 갖는다. 두 가지만의 상태 즉, ON 상태 또는 OFF 상태가 되는 다이오드나 트랜지스터 등을 이용한 디지털 전자 회로는 분명한 두 개의 값을 가질 수 있어 신뢰도가 높고 따라서 모든 디지털 시스템의 전자 회로는 두 개의 값만으로 신호를 구성하는 스위칭 회로라 할 수 있다.

전자적인 연산에서 2진수는 ON과 OFF를 이용하게 됨으로써 개념적으로 단순화될 수 있을 뿐만 아니라, 실제 회로 구현에도 용이하다. 그러나 우리가 일상적으로 쓰는 수치 표현 방법은 10진수를 따르고 있고, 2진수로 표현된 수치를 이해하는 것은 조금은 불편한 면이 있다. 이를 해소하기 위하여, 본 장에서는 인간에게 있어서 어색한 표현인 2진수를 사용하기 편리한 8진수 혹은 16진수로 표현하는 방법과 상호 간의 변환 과정을 학습한다. 또한 컴퓨터의 주목적인 연산(calculation)을 위한 수학적인 방법에 대해서 학습한다. 이와 같은 디지털 회로의 스위칭 상태(ON, OFF)를 2진수의 두 자리수(digit) 0과 1로 대응시켜 디지털 신호를 구성하고 있으므로 이 장에서 두 개의 디지트를 갖는 수의 체계 즉, 2진법에 대하여 학습한다.

또한 인간은 10진법에 익숙한 반면 컴퓨터 내부에서는 모든 것이 2진 디지털 코드로 처리된다. 따라서 컴퓨터의 입력 데이터는 10진수에서 2진수로 변환되어야 하고 출력에서는 반대의 변환이 필요할 때도 있다. 컴퓨터에서 사용되는 데이터에는 숫자로 된 데이터와 문자로 된 데이터가 있고, 코드에도 수치코드와 문자코드가 있다.

1-1 10진수(Decimal number)

10진법(decimal number system)에서는 0~9 까지 10개의 숫자(digit)로 모든 수를 표

현하며 10진수의 값은 각각의 자리를 구성하는 숫자와 그 자리의 가중치(weight)를 곱한 값을 모두 합한 것과 같다. 10진수의 가중치 값은 [표 1-1]과 같이 자리의 위치에 따라 10의 지수 값이 된다.

표 1-1 10진수의 가중치

첫째자리의 가중치 : $10^0 = 1$	소수점 첫째자리의 가중치 : $10^{-1} = 0.1$
둘째자리의 가중치 : $10^1 = 10$	소수점 둘째자리의 가중치 : $10^{-2} = 0.01$
셋째자리의 가중치 : $10^2 = 100$	소수점 셋째자리의 가중치 : $10^{-3} = 0.001$
넷째자리의 가중치 : $10^3 = 1000$	소수점 넷째자리의 가중치 : $10^{-4} = 0.0001$
다섯째자리의 가중치 : $10^4 = 10000$	소수점 다섯째 자리의 가중치 : $10^{-5} = 0.00001$
⋮	⋮

[예제 1.1]

다음 10진수를 가중치(weight)의 곱으로 표현하시오.

10진수 7536

풀이 <<

$$7536 = 7 \times 10^3 + 5 \times 10^2 + 3 \times 10^1 + 6 \times 10^0$$
$$= 7 \times 1000 + 5 \times 100 + 3 \times 10 + 6 \times 1$$

7의 가중치는 10^3, 5의 가중치는 10^2, 3의 가중치는 10^1, 6의 가중치는 10^0

[예제 1.2]

다음 10진수를 가중치(weight)의 곱으로 표현하시오.

10진수 0.25

풀이 <<

$$0.25 = 2 \times 10^{-1} + 5 \times 10^{-2} = 2 \times 0.1 + 5 \times 0.01$$

2의 가중치는 10^{-1}, 5의 가중치는 10^{-2}

1-2 r진수(r-based number)

r 진수는 0, 1, ⋯, r-1 까지 r 개의 숫자를 사용하여 수를 나타내며 그 크기는 10진

수와 마찬가지로 각 자리 숫자와 그 자리의 가중치(weight)를 곱한 값을 모두 합한 것으로 표현할 수 있으며 그 결과는 10진수 값이 된다. 이 때 r 진수의 가중치는 숫자의 자리위치에 따라 r (기수, base라 한다)의 지수가 된다. 이를 수식으로 표현하면 아래 식과 같다.

$$A_n r^n + A_{n-1} r^{n-1} + \cdots + A_1 r^1 + A_0 r^0 + A_{-1} r^{-1} + A_{-2} r^{-2} + \cdots + A_{-m} r^{-m}$$

(여기서, $A_n \sim A_m$ 은 각 자리의 숫자 $r^n \sim r^{-m}$ 은 각 자리의 가중치 값)

1.2.1 2진수의 10진 변환

2진수(Binary number)는 0, 1의 두 숫자로 표시되며 그 기수는 2 이다. 2진수 1자리 수를 1 bit(binary digit)라 하고 디지털 시스템에서 모든 정보들은 bit의 조합으로 표시한다.

1 nibble(니블) = 4 bit

1 byte(바이트) = 8 bit

1 kbyte(킬로바이트) = 2^{10} byte

1 Mbyte(메가바이트) = 2^{10} kbyte = $2^{10} \times 2^{10}$ byte

1 Gbyte(기가바이트) = 2^{10} Mbyte = $2^{10} \times 2^{10} \times 2^{10}$ byte

2진수를 10진수로 변환하기 위해서는 2진수의 가중치 표현 값을 구하면 된다. 즉, 각 자리의 수와 가중치를 곱한 후 각각을 모두 더하면 된다. 2진수의 가중치는 [표 1-2]와 같다. 또한 2진수는 가장 왼쪽의 자릿수가 가장 큰 수인 최상위 비트(most significant bit: MSB)이고, 가장 오른쪽 자릿수가 가장 작은 수인 최하위 비트(least significant bit: LSB)이다.

표 1-2 2진수의 가중치

첫째자리의 가중치 : $2^0 = 1$ 둘째자리의 가중치 : $2^1 = 2$	소수점 첫째자리의 가중치 : $2^{-1} = 0.5$ 소수점 둘째자리의 가중치 : $2^{-2} = 0.25$
셋째자리의 가중치 : $2^2 = 4$ 넷째자리의 가중치 : $2^3 = 8$ 다섯째자리의 가중치 : $2^4 = 16$ ⋮ ⋮	소수점 셋째자리의 가중치 : $2^{-3} = 0.125$ 소수점 넷째자리의 가중치 : $2^{-4} = 0.0625$ 소수점 다섯째 자리의 가중치 : $2^{-5} = 0.03125$ ⋮ ⋮

[예제 1.3]

다음 2진수를 10진수로 변환하시오.

2진수 100101

풀이 <<

$100101_2 = 1\times32 + 0\times16 + 0\times8 + 1\times4 + 0\times2 + 1\times1 = 37$

[예제 1.4]

다음 2진수를 10진수로 변환하시오.

2진수 1110.101

풀이 <<

$1110.101_2 = 1\times8 + 1\times4 + 1\times2 + 0\times1 + 1\times0.5 + 0\times0.25 + 1\times0.125 = 14.625$

1.2.2 8진수의 10진 변환

8진수는 0~7까지 8개의 숫자를 사용하여 표현하며, 8보다 더 큰 수는 다음 열로 자리올림 시키는 방법으로 나타내며 기수는 8이다. 8진수를 10진수로 변환하기 위해서는 각 자리의 수와 가중치를 곱한 후 각각을 더하면 된다. 8진수의 가중치는 [표 1-3]과 같다.

표 1-3 8진수의 가중치

첫째자리의 가중치 : $8^0 = 1$ 둘째자리의 가중치 : $8^1 = 8$ 셋째자리의 가중치 : $8^2 = 64$ 넷째자리의 가중치 : $8^3 = 512$ 다섯째자리의 가중치 : $8^4 = 4096$: :	소수점 첫째자리의 가중치 : $8^{-1} = 0.125$ 소수점 둘째자리의 가중치 : $8^{-2} = 0.015625$ 소수점 셋째자리의 가중치 : $8^{-3} = 0.001953125$: : : :

[예제 1.5]

다음 8진수 값을 10진수 값으로 변환하시오.

8진수 74.2

풀이 <<

$74.2_8 = 7\times8^1 + 4\times8^0 + 2\times8^{-1} = 56 + 4 + 0.25 = 60.25_{10}$

1.2.3 16진수의 10진 변환

16진수는 0~9 까지 10개의 숫자 외에 A, B, C, D, E, F의 영문 대문자를 이용하여 10~15까지 6개 숫자를 표현하므로 총 16개의 숫자를 사용한다. 15보다 더 큰 수는 다음 열로 자리올림 시키고 그 기수는 16 이다. 각 문자에 대응하는 10진 값은 각각 아래와 같다.

A = 10, B = 11, C = 12, D = 13, E = 14, F = 15

16진수를 10진수로 변환하기 위해서는 각 자리의 수와 가중치를 곱한 후 각각을 더하면 된다. 16진수의 가중치는 [표 1-4]와 같다.

표 1-4 16진수의 가중치

첫째자리의 가중치 : $16^0 = 1$	소수점 첫째자리의 가중치 : $16^{-1} = 0.0625$
둘째자리의 가중치 : $16^1 = 16$	소수점 둘째자리의 가중치 : $16^{-2} = 0.00390625$
셋째자리의 가중치 : $16^2 = 256$	소수점 셋째자리의 가중치 : $16^{-3} = 0.00024414$
넷째자리의 가중치 : $16^3 = 4096$	:
다섯째자리의 가중치 : $16^4 = 65536$	:
:	:
:	:

[예제 1.6]

다음 16진수를 10진수로 변환하시오.

16진수 D3.F

풀이 <<

$D3.F_{16} = 13\times16^1 + 3\times16^0 + 15\times16^{-1} = 208 + 3 + 0.9375 = 211.9375_{10}$

1-3 10진수의 r진 변환

10진수를 r진수로 변환하기 위한 방법은 아래와 같은 더블 대블법(double dabble method)이 있다.

■ 소수점 이상의 자릿수

① r로 나눈 후 나머지 값을 쓴다.

② 몫이 0이 될 때까지 나누면서 나머지 값을 순서대로 쓴다.

③ ①, ②에서 구한 나머지 값을 역순으로 쓴다.

■ 소수점 이하의 자릿수

① r로 곱한 후 발생되는 수의 정수값을 쓴다.

② 곱한 값이 0이 될 때까지 소수부분을 곱하면서, 발생되는 수의 정수값을 순서대로 쓴다.

③ ①, ②에서 구한 정수값을 순서대로 쓴다.

(1) 10진수 → 2진수 변환

■ 정수 부분

10진수를 2진수로 변환하기 위해서는 2로 계속해서 나누면서 몫이 0이 될 때까지 나누면서 나머지 값은 쓴 후, 나머지 값을 역순으로 써 준다. 예를 들어 10진수 13을 2진수로 변환하면 다음과 같다.

피젯수	몫	나머지
13 ÷ 2	= 6	→ 1
6 ÷ 2	= 3	→ 0
3 ÷ 2	= 1	→ 1
1 ÷ 2	= 0	→ 1

$\therefore\ 13 = 1101_2$

■ 소수 부분

소수점 이하의 10진수를 2진수로 변환하기 위해서는 소수점 이하의 숫자를 계속 2로 곱하여 이 때 생긴 정수 부분을 순서대로 써주면 된다. 이 때 곱의 값 중 소수 부분이 0으로 될 때까지 곱하여야 하나, 대부분의 변환에서는 0으로 되지 않기 때문에 근사 값을 취해주면 된다. 따라서 컴퓨터에서의 소수점 연산은 10진수를 2진수로 변환하여 수행하므로 오차가 발생되어진다. 이러한 오차값은 최소화되어야 하며 성능이 좋은 CPU일수록 소수점 이하 자리의 수를 2진 변환하는데 발생되는 오차값이 줄어든다. 10진수 0.65625를 2진수로 변환하는 과정을 살펴보면 다음과 같다.

곱의 값	정수부분
0.65625 × 2 = 1.3125 →	1
0.3125 × 2 = 0.625 →	0
0.625 × 2 = 1.25 →	1
0.25 × 2 = 0.5 →	0
0.5 × 2 = 1.0 →	1

$\therefore 0.65625 = 0.10101_2$

[예제 1.7]

다음 10진수를 2진수로 변환하시오.

10진수값 25.8

풀이 <<

① 정수부

피젯수	몫	나머지
25 ÷ 2 =	12 →	1
12 ÷ 2 =	6 →	0
6 ÷ 2 =	3 →	0
3 ÷ 2 =	1 →	1
1 ÷ 2 =	0 →	1

$\therefore 25 = 11001_2$

② 소수부

곱의 값	정수부분
0.8 × 2 = 1.6 →	1
0.6 × 2 = 1.2 →	1
0.2 × 2 = 0.4 →	0
0.4 × 2 = 0.8 →	0
0.8 × 2 = 1.6 →	1
⋮	

$\therefore 0.8 = 11001\cdots_2$

따라서 25.8의 등가 2진수는 $11001.11001\cdots_2$ 이 된다.

(2) 10진수 → 8진수 변환

10진수를 8진수로 변환하는 방법도 2진수 변환과 마찬가지로 소수점 이상의 자리는 8로 계속해서 나누면서 몫이 0이 될 때까지 나누어 나머지 값은 쓴 후 나머지 값을 역순으로 써준다. 또한 소수점 이하의 자리는 8로 곱하여 이때 생긴 정수 부분을 순서대로 써주면 된다.

[예제 1.8]

다음 10진수 값을 8진수 값으로 변환하시오.

10진수 값 56.45

풀이 <<

① 정수부

피젯수	몫	나머지
56 ÷ 8 =	7 →	0 ↑
7 ÷ 8 =	0 →	7

∴ $56_{10} = 70_8$

② 소수부

곱의 값	정수부분
0.45 × 8 = 3.6	→ 3 ↓
0.6 × 8 = 4.8	→ 4
0.8 × 8 = 6.4	→ 6
0.4 × 8 = 3.2	→ 3
0.2 × 8 = 1.6	→ 1
⋮	

∴ $0.45_{10} = 34631\cdots_8$

따라서 10진수 56.45를 8진수로 변환하면 $70.346314\cdots_8$ 이 된다.

1-4 2진수, 8진수 및 16진수의 상호 관계

2진수, 8진수, 16진수 사이의 관계는 디지털 시스템에서 중요한 의미를 갖는다. 각 진수 간의 상호관계를 표로 나타내면 [표 1-5]와 같다. 이 표에서와 같이 2진수 3자리 수로 000 ~ 111 까지 8개의 수(0 ~ 7)를 표시할 수 있으므로, 3비트(bit)의 2진수는 8진수 1자리 수에 대응된다. 또한 2진수 4자리 수로 0000 ~ 1111 까지 16개의 수(0 ~ 15)를 표시할 수 있으므로 16진수 1자리 수는 2진수 4자리 수에 대응된다.

(1) 2진수 → 8진수 변환

소수점 이상의 자리는 소수점 왼쪽부터 2진수 3개를 하나의 8진수로 변환하고, 소수점 이하의 자리는 소수점 오른쪽부터 2진수 3개를 하나의 8진수로 변환한다.

[예제 1.9]

다음 2진수 값을 8진수 값으로 변환하시오.

2진수 110101, 101111001, 1010110.10111

풀이 <<

110	101
6	5_8

$110101_2 = 65_8$

101	111	001
5	7	1_8

$101111001_2 = 571_8$

1	010	110	.	101	110
1	2	6	.	5	6_8

$1010110.101110_2 = 126.56_8$

(2) 8진수 → 2진수 변환

소수점 이상의 자리는 소수점 왼쪽부터 8진수 1개를 3개의 2진수로 변환하고, 소수점 이하의 자리는 소수점 오른쪽부터 8진수 1개를 3개의 2진수로 변환한다.

[예제 1.10]

다음 8진수 값을 2 진수 값으로 변환하시오.

8진수 25, 47, 754

풀이 <<

2	5_8
010	101

$25_8 = 10101_2$

4	7_8
100	111

$47_8 = 100111_2$

7	5	4_8
111	101	100

$754_8 = 111101100_2$

(3) 2진수 → 16진수 변환

소수점 이상의 자리는 소수점 왼쪽부터 2진수 4개를 하나의 16진수로 변환하고, 소수점 이하의 자리는 소수점 오른쪽부터 2진수 4개를 하나의 16진수로 변환한다.

[예제 1.11]

다음 2진수를 16진수로 변환하시오.

2진수 1011011.1101, 110110110.1111011

풀이 <<

101	1011	.	1101
5	B	.	D_{16}

$1011011.1101_2 = 5B.D_{16}$

1	1011	0110	.	1111	0110
1	B	6	.	F	6_{16}

$110110110.111101102 = 1B6.F6_{16}$

(4) 16진수 → 2진수 변환

소수점 이상의 자리는 소수점 왼쪽부터 16진수 1개를 4개의 2진수로 변환하고, 소수점 이하의 자리는 소수점 오른쪽부터 16진수 1개를 4개의 2진수로 변환한다.

[예제 1.12]

다음 16진수를 2진수로 변환하시오.

16진수 10A4, AE97

풀이 <<

1	0	A	4_{16}
1	0000	1010	0100

$10A4_{16} = 1000010100100_2$

A	E	9	7_{16}
1010	1110	1001	0111

$AE97_{16} = 1010111010010111_2$

[표 1-5]에서는 10진수에 대응하는 2진수, 8진수 및 16진수의 값을 각각 정리하여 도표로 나타내었다.

표 1-5 10진수에 대응하는 2진, 8진, 16진수 값

10진수	2진수	8진수	16진수	비고
0	000	0	0	
1	001	1	1	2^0
2	010	2	2	2^1
3	011	3	3	
4	100	4	4	2^2
5	101	5	5	
6	110	6	6	
7	111	7	7	
8	1000	10	8	2^3
9	1001	11	9	
10	1010	12	A	
11	1011	13	B	
12	1100	14	C	
13	1101	15	D	
14	1110	16	E	
15	1111	17	F	2^4
16	10000	20	10	2^5
:	:	:	:	:
32	100000	40	20	2^6
:	:	:	:	:
256	100000000	400	100	2^8
:	:	:	:	:
1024	10000000000	2000	400	2^{10}

1-5 보수(complement)

수의 연산에는 4가지 연산 방법이 있다. 덧셈과 곱셈, 뺄셈과 나눗셈이 그것들이

다. 디지털 회로에서 덧셈을 수행하는 회로(가산기)는 간단히 구현될 수 있다. 곱셈은 덧셈의 연속으로 이뤄진다. 그러나 뺄셈을 수행하는 회로는 덧셈을 수행하는 회로에 비해 상대적으로 복잡하다. 이러한 복잡한 회로를 간단한 가산기를 통해 구현할 수 있도록 해주기 위한 방법이 보수(complement)를 사용하는 방법이다. 나눗셈은 일반적으로 뺄셈의 연속으로 이루어진다. 또한 보수는 주로 음수를 표현하는데 사용된다.

1.5.1 보수(complement)

(1) 10진법에서의 보수

10진법에서의 보수는 「9의 보수」와 「10의 보수」 두 가지가 있다. 9의 보수는 각 자리 수를 9로 만든 후 그 수에서 뺀 값으로 예를 들어 10진수 23의 「9의 보수」는 99-23인 76이다. 10의 보수는「9의 보수」값의 맨 끝자리에 1을 더한 값으로 예를 들어 10진수 23의 「10의 보수」는 77이다.

예제 1.13

다음 10진수에 대한 9의 보수와 10의 보수를 각각 구하시오.

72 , 753.11

풀이 <<

① 72의「9의 보수」는 27이고 「10의 보수」는 28이다.

② 753.11의「9의 보수」는 246.88이고 「10의 보수」는 246.89이다.

(2) 2진법에서의 보수

2진법에서의 보수는 「1의 보수」와 「2의 보수」 두 가지가 있다. 1의 보수는 각 자리 수에서 0은 1로, 1은 0으로 바꾼 값으로 예를 들어 2진수 101100_2에 대한「1의 보수」는 010011_2 이다. 또한 2의 보수는「1의 보수」값의 맨 끝자리에 1을 더한 값으로 예를 들어 2진수 101100_2의「2의 보수」는 010100_2 이다.

예제 1.14

다음 2진수에 대한 「1의 보수」와 「2의 보수」를 각각 구하시오.

1010101, 11001.11

풀이 <<

① 1010101의「1의 보수」는 0101010_2 이고 「2의 보수」는 0101011_2 이다.

② 11001.11의「1의 보수」는 00110.00_2 이고 「2의 보수」는 00110.01_2 이다.

1.5.2 부호가 포함된 숫자 표현 방법

디지털 시스템에서는 양수와 음수를 구분하는 표현방법으로 0과 1을 사용하는데 그 표현 방법에는 세 가지 방법이 사용된다. n비트로 표현할 수 있는 2진수는 2^n개이다. 이 중 양수와 음수를 표현하는데 각각 2^{n-1}개씩 사용되는데 이 중에는 0도 포함된다. 양수는 세 가지 표현 방법에서 모두 같지만 음수는 다른 표현 방법을 가지며, 0도 각기 다르다.

음수를 표현하는 방법은 부호와 크기(signed magnitude)로 표현하는 방법, 1의 보수(1's complement)로 표현하는 방법, 2의 보수(2's complement)로 표현하는 방법으로 나뉜다.

(1) 부호와 크기로 표현하는 방식

부호와 크기로 표현하는 방법은 10진수를 표현하는 방법처럼 양수에는 0을 음수에는 1을 가장 왼쪽 비트에 추가하는 방법을 사용한다. 십진수 13을 양수이면 +13으로, 음수이면 -13으로 표현하는 것처럼 2진수에서는 +13은 00001101으로 -13은 10001101로 표현한다. 이렇게 함으로써 0도 +0과 -0이 존재하여 두 가지 표현방법으로 구분해야 한다. 일반적으로 생각하면 가장 쉬운 방법인 듯 보이지만 연산회로를 구성할 때 보수를 사용하는 방법에 비해 복잡해진다.

예)	+1 = 00000001	→	-1 = 10000001
	+23 = 00010111	→	-23 = 10010111
	+127 = 01111111	→	-127 = 11111111
	+0 = 00000000	→	-0 = 10000000

(2) 1의 보수로 표현하는 방식

1의 보수를 이용하여 음수를 표현하는 방법은 1의 보수로 표현된 양수를 1의 보수로 변환하기만 하면 되어 쉽게 표현된다. 십진수 13을 1의 보수를 이용해서 표현하면 2진수에서는 +13은 00001101으로 같지만 -13은 전부 1의 보수를 취해 11110010으로 표현된다. 이렇게 함으로써 0도 +0과 -0이 존재하여 두 가지 표현방법으로 구분해야 한다.

예)	+1 = 00000001	→	-1 = 11111110
	+23 = 00010111	→	-23 = 11101000
	+127 = 01111111	→	-127 = 10000000
	+0 = 00000000	→	-0 = 11111111

(3) 2의 보수로 표현하는 방식

2의 보수를 이용하여 음수를 표현하는 방법은 1의 보수로 표현된 양수를 1의 보수로 변환하여 1을 더해주기만 하면 되어 쉽게 표현할 수 있다. 십진수 13을 2의 보수를 이용해서 표현하면 2진수에서는 +13은 00001101으로 같지만 -13은 전부 1의 보수를 취해 1을 더하여 11110011으로 표현된다. 이렇게 함으로써 0은 1의 보수를 구해 1을 더해도 다시 0이 되어 하나만이 존재한다. 그래서 대부분의 디지털 시스템에서는 2의 보수를 이용한 음수 체계를 사용한다.

예) +1 = 00000001 → -1 = 11111111
+23 = 00010111 → -23 = 11101001
+127 = 01111111 → -127 = 10000001
+0 = 00000000 → -0 = 00000000

부호가 포함된 4비트의 2진수가 [표 1-6]에 정리되어 있다.

표 1-6 세 가지 방식의 부호가 포함된 2진수(4비트 수)

10진수	부호-크기 방식	1의 보수 방식	2의 보수 방식
+7	0111	0111	0111
+6	0110	0110	0110
+5	0101	0101	0101
+4	0100	0100	0100
+3	0011	0011	0011
+2	0010	0010	0010
+1	0001	0001	0001
+0	0000	0000	0000
-0	1000	1111	-
-1	1001	1110	1111
-2	1010	1101	1110
-3	1011	1100	1101
-4	1100	1011	1100
-5	1101	1010	1011
-6	1110	1001	1010
-7	1111	1000	1001
-8	-	-	1000

1.5.3 보수 표현을 이용한 2진수의 감산

2진수의 감산은 직접 각 자리 수에 대해 감산을 할 수 있으나, 실제 컴퓨터 등의 디지털 시스템은 보수를 이용하여 감산을 한다. 이는 논리적 처리를 쉽게 할 수 있으며 가산 회로만으로 감산을 수행할 수 있으므로 회로 구성이 간단하다. 이 절에서는 2진수의 1의 보수와 2의 보수를 이용하여 2진수의 뺄셈을 하는 두 가지 방법에 대하여 설명한다.

(1) 부호와 1의 보수 표현을 이용한 2진수의 감산

■ 피감수가 감수보다 클 때 (결과값은 항상 양수)

① 감수를 1의 보수 취한다.

② 피감수와 감수를 합한다. → 이때 항상 캐리(carry)가 발생한다.

③ 발생되는 캐리는 최하위 bit에 더한다.

예제 1.15

1의 보수를 이용하여 25에서 19를 빼서 직접 감산과 비교하시오

풀이 <<

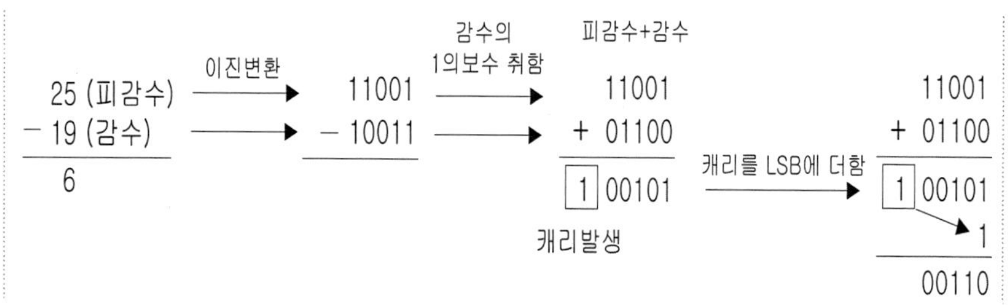

■ 피감수가 감수보다 작을 때 (결과값은 항상 음수)

① 감수를 1의 보수 취한다.

② 피감수와 감수를 합한다. → 이때 캐리(carry)는 발생하지 않는다.

③ 결과는 부호와 1의 보수 표시법에 의한 음수 값이므로 결과 값 해독을 위해 서는 다시 1의 보수를 취하고 (-)를 붙인다.

예제 1.16

1의 보수를 이용하여 9에서 13을 빼서 직접 감산과 비교하시오.

풀이 <<

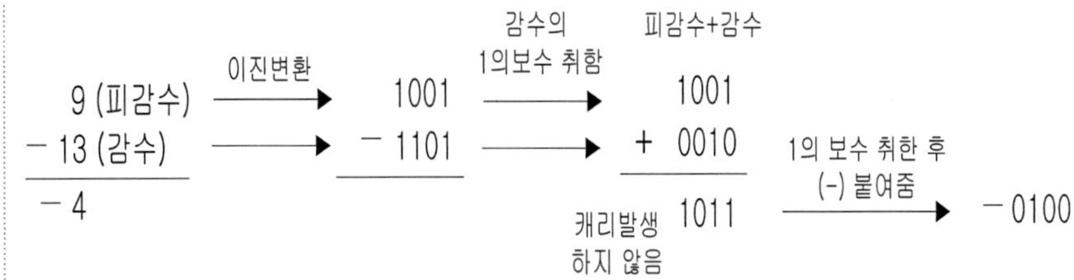

(2) 부호와 2의 보수 표현을 이용한 2진수의 감산

■ 피감수가 감수보다 클 때 (결과값은 항상 양수)

① 감수를 2의 보수 취한다.

② 피감수와 감수를 합한다. → 이때 항상 캐리(carry)가 발생한다.

③ 발생되는 캐리는 버린다.

예제 1.17

2의 보수를 이용하여 25에서 19를 빼서 직접 감산과 비교하시오.

풀이 <<

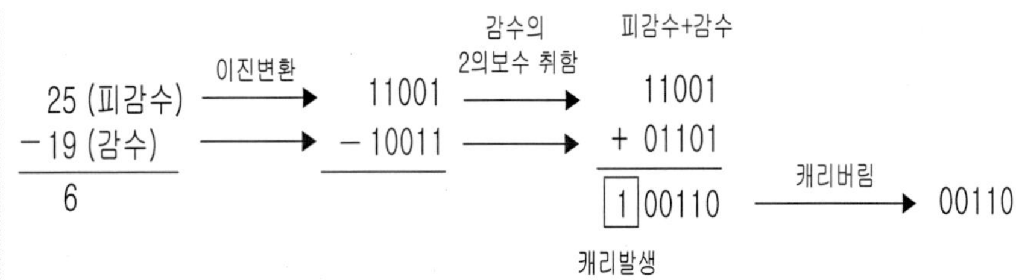

■ 피감수가 감수보다 작을 때 (결과값은 항상 음수)

① 감수를 2의 보수 취한다.

② 피감수와 감수를 합한다. → 이때 캐리(carry)는 발생하지 않는다.

③ 결과는 부호와 2의 보수 표시법에 의한 음수 값이므로 결과 값 해독을 위해서는 다시 2의 보수를 취하고 (-)를 붙인다.

예제 1.18

2의 보수를 이용하여 9에서 13을 빼서 직접 감산과 비교하시오.

풀이 <<

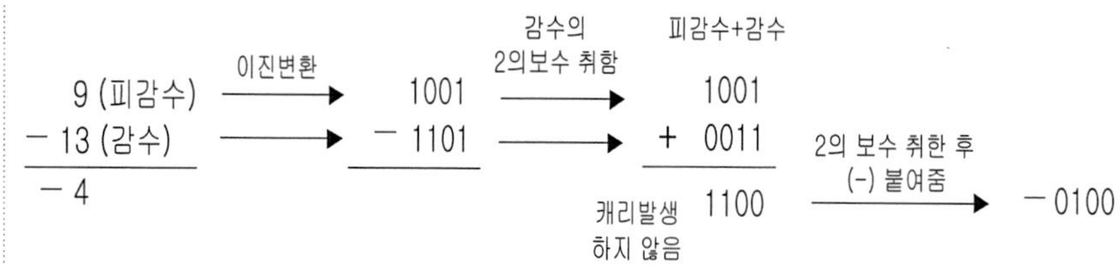

1-6 수치 코드(Numeric Code)

인간은 10진법에 익숙한 반면 컴퓨터 내부에서는 모든 것이 2진 디지털 코드로 처리된다. 따라서 컴퓨터의 입력 데이터는 10진수에서 2진수로 변환되어야 하고 출력에서는 반대의 변환이 필요할 때도 있다. 컴퓨터에서 사용되는 데이터에는 숫자로 된 데이터와 문자로 된 데이터가 있고, [표 1-7]에서 비교한 것처럼 코드에도 수치코드와 문자코드가 있다. 이 절에서는 데이터 표현을 위하여 10진수를 2진 숫자의 조합으로 표현하는 2진 부호화 코드에 대해 학습한다. 또한 2진 부호의 처리 및 전송에 따르는 에러 검출에 대한 코드 등에 대하여 설명한다. 2진 수치코드는 [표 1-8]에서와 같이 가중 코드와 비가중 코드로 구분할 수 있다.

표 1-7 수치코드와 문자코드의 비교

수치 코드(numeric code)	문자 코드(alphanumeric code)
- 숫자만을 표시하는 코드 - 8421 코드, 3증 코드, 그레이 코드 등	- 영문자, 숫자, 특수문자를 함께 표현할 수 있는 코드 - ASCII 코드, EBCDIC 코드 등

표 1-8 가중코드와 비가중 코드의 비교

가중 코드(weighted code)	비가중 코드(unweighted code)
- 2진수 코드 자리수가 일정한 값을 갖는 코드 - 8421 코드, 2421 코드 등	- 2진수 코드 자리수가 일정한 값을 갖고 있지 않은 코드 - 3증 코드, 그레이 코드 등

1.6.1 BCD(Binary Coded Decimal) 코드

BCD 코드는 2진수로 부호화된 10진수로, 10진수를 각 자리별로 네 자리(4bit)의 2

진수로 표시한 코드이고 각각의 가중치 등에 의해 8421 코드, 2421 코드 등 몇 가지로 구분될 수 있다.

(1) 8421 코드

8421 코드는 BCD 코드의 대표적인 것으로 0~9까지의 10진수를 [표 1-9]에서와 같이 4자리(4bit)의 2진수로 표현하며, 네 개의 자리가 각각 $2^3(8)$, $2^2(4)$, $2^1(2)$, $2^0(1)$의 가중 값(weight value)을 갖고 있어 가중코드(weighted code)에 속하고 이 가중 값에 의해 8421 코드라고도 한다. 10 이상의 2자릿수 10진수는 [표 1-10]과 같이 각각의 자리 숫자(digit)마다 4개의 8421 코드를 대응하여 변환한다.

표 1-9 8421 코드

십진수	2진수	BCD 코드
0	0 0 0 0	0 0 0 0
1	0 0 0 1	0 0 0 1
2	0 0 1 0	0 0 1 0
3	0 0 1 1	0 0 1 1
4	0 1 0 0	0 1 0 0
5	0 1 0 1	0 1 0 1
6	0 1 1 0	0 1 1 0
7	0 1 1 1	0 1 1 1
8	1 0 0 0	1 0 0 0
9	1 0 0 1	1 0 0 1

표 1-10 2자릿수 10진수의 8421 코드 표현

십진수	8421코드에서 사용되는 표현
10	0 0 0 1 0 0 0 0
11	0 0 0 1 0 0 0 1
12	0 0 0 1 0 0 1 0
13	0 0 0 1 0 0 1 1
14	0 0 0 1 0 1 0 0
15	0 0 0 1 0 1 0 1

예제 1.19

다음의 10진수를 8421 코드로 변환하시오.

65, 92, 321, 713

풀이 <<

10진수 값	6 5	9 2	3 2 1	7 1 3
8421 코드값	0110 0101	1001 0010	0011 0010 0001	0111 0001 0011

예제 1.20

다음 8421 코드를 10진수로 나타내어라.

10010110, 1010011, 1100001100000

풀이 <<

8421 코드값	1001 0110	101 0011	1 1000 0110 0000
10진수 값	9 6	5 3	1 8 6 0

■ 8421 코드를 이용한 덧셈

8421 코드의 덧셈은 4자리 단위로 덧셈을 수행하고, 덧셈을 수행한 결과 합의 값이 8421 코드에서는 사용되지 않는 수(1010, 1011, 1100, 1101, 1110, 1111)가 될 경우 즉 10 이상의 수에서는 0110_2 (십진수 6)를 더하여 처리한다. 예를 들어 13과 8에 해당하는 8421 코드 덧셈 연산을 수행 할 때 덧셈의 결과의 하위 4비트에 1011 이 발생하여 8421 코드에서 사용되지 않는 수가 된다. 따라서 이러한 경우에 0110_2를 더한다.

```
   13           0001 0011
 +  8         +      1000
 ----         -----------
   21           0001 1011   ◀ 8421코드에서 사용되지 않는 수
              +      0110
              -----------
                0010 0001
```

예제 1.21

10진수 48, 56을 각각 8421 코드로 변환한 후 두 수를 더하여 8421 코드로 표시하시오.

풀이 <<

```
  48          0100 1000
+ 56        + 0101 0110     ← 8421코드에서 사용되지 않는 수
 104          1001 1110
            +      0110
              1010 0100
            + 0110
            1 0000 0100
```

(8421코드에서 사용되지 않는 수: 1110, 1010)

(2) 3증 코드(excess-3 code)

비가중 코드 중에서 중요한 것으로 3증 코드(excess-3) 코드가 있는데 8421 코드에 10진수 3(0011_2)을 더하여 만든 4비트 코드이다. 3증 코드도 4비트의 2진수로 10진수를 표현한 코드이므로 비가중 코드에 속한다. [표 1-11]은 3증 코드를 표시하고 있다.

표 1-11 3증(excess-3) 코드

십진수	8421	3증 코드
0	0000	0011
1	0001	0100
2	0010	0101
3	0011	0110
4	0100	0111
5	0101	1000
6	0110	1001
7	0111	1010
8	1000	1011
9	1001	1100

8421 코드에서와 같이 3증 코드에서도 사용되지 않는 4비트 2진수가 존재하는데 이는 0000, 0001, 0010, 1101 ,1110, 1111로 만일 3증 코드를 사용하는 시스템에서 이러한 숫자가 나타나면 에러(error)가 발생된 것이다. 3증 코드는 각 자릿수에 가중치가 없는 비가중 코드(unweight code) 임을 알 수 있다.

[예제 1.22]

다음 10진수를 3증 코드로 변환하시오.

13, 38, 159, 430

풀이 << 먼저 각 숫자에 3을 더하고 그것을 등가 2진수 코드로 변환한다.

10진 코드값	1 + 3 = 4	3 + 3 = 6	3 + 3 = 6	8 + 3 = 11	1 + 3 = 4	5 + 3 = 8	9 + 3 = 12	4 + 3 = 7	3 + 3 = 6	0 + 3 = 3
3증 코드값	0100	0110	0110	1011	0100	1000	1100	0111	0110	0011

3증 코드의 중요한 특징 중 하나가 자기 보수 코드(self complementing code)라는 것이다. 자기 보수 코드에 대한 설명은 아래 표와 같다.

자기 보수 코드

해당코드의 수에 대한 1의 보수는 10진수에 대한 9의 보수와 같은 코드
(예) 3증 코드, 2421 코드, 5211 코드, 51111 코드 등

표 1-12

십진수	3증 코드	3증 코드의 1의 보수
0	0011	1100
1	0100	1011
2	0101	1010
3	0110	1001
4	0111	1000
5	1000	0111
6	1001	0110
7	1010	0101
8	1011	0100
9	1100	0011

표 1-13

십진수	십진수에 대한 9의보수	3증코드
0	9	1100
1	8	1011
2	7	1010
3	6	1001
4	5	1000
5	4	0111
6	3	0110
7	2	0101
8	1	0100
9	0	0011

예를 들면 10진수의 2에 해당하는 3증 코드는 0101이다. 이 값의 1의 보수는 [표 1-12]에서와 같이 1010인데, 10진수 2의 9의 보수는 7로 이에 해당하는 3증 코드값은 [표1-13]에서와 같이 1010이다. 즉, 3증 코드 2의 1의 보수값이나 2의 9의 보수에 해당하는 3증 코드의 값은 1010로 같아 3증 코드는 자기보수 코드이다.

3증 코드의 가산 방법은 다음 순서에 의해 수행된다.

① 3증 코드로 환산한 후 더한다.
② 계산 결과의 4 비트군에 자리올림(carry)이 없으면 0011(3)을 뺀다.
③ 계산 결과의 4 비트군에 자리올림(carry)이 발생하면 0011(3)을 더한다.

[예제 1.23]

다음의 10진수를 3증 코드로 변환하고 합을 구하시오.

45 + 38

풀이 <<

```
   45            0111 1000
 + 38          + 0110 1011      ← 캐리 발생
 ----          -----------
   83            1110 0011      ← 캐리 비발생
               - 0011+0011
               -----------
                 1011 0110
```

(3) 기타 4비트 BCD 코드

숫자를 2진화하여 연산에 사용하는 부호코드로 8421 코드와 3증 코드가 대표적이지만 이외에도 여러 가지 종류의 BCD코드가 있다. [표 1-14]와 [표 1-15]에서 많이 쓰이는 BCD 가중 코드를 나타내고 있다. 특히 [표 1-15]를 살펴보면 4와 5를 사이로 1의 보수 관계에 있는 4비트의 BCD 코드임을 알 수 있다. 모든 코드 표현 방식에서 마찬가지인데, 예를 들어 0과 9는 서로 1의 보수 관계이며, 1과 8도 서로 보수 관계이며, 4와 5도 서로 보수 관계임을 확인할 수 있다. 이들 여러 가지 코드들 중에서 2421 코드와 $84\bar{2}\bar{1}$ 코드 등이 8421 코드나 3증 코드와 함께 많이 사용되는 BCD 코드이다.

표 1-14 BCD 가중 코드

10진수	7421 코드	6311 코드	5421 코드	5311 코드	51111 코드
0	0 0 0 0	0 0 0 0	0 0 0 0	0 0 0 0	0 0 0 0 0
1	0 0 0 1	0 0 0 1	0 0 0 1	0 0 0 1	0 0 0 0 1
2	0 0 1 0	0 0 1 1	0 0 1 0	0 0 1 1	0 0 0 1 1
3	0 0 1 1	0 1 0 0	0 0 1 1	0 1 0 0	0 0 1 1 1
4	0 1 0 0	0 1 0 1	0 1 0 0	0 1 0 1	0 1 1 1 1
5	0 1 0 1	0 1 1 1	1 0 0 0	1 0 0 0	1 0 0 0 0
6	0 1 1 0	1 0 0 0	1 0 0 1	1 0 0 1	1 1 0 0 0
7	1 0 0 0	1 0 0 1	1 0 1 0	1 0 1 1	1 1 1 0 0
8	1 0 0 1	1 0 1 1	1 0 1 1	1 1 0 0	1 1 1 1 0
9	1 0 1 0	1 1 0 0	1 1 0 0	1 1 0 1	1 1 1 1 1

표 1-15 4비트 BCD 가중 코드

10진수	4221 코드	3321 코드	2421 코드	$84\bar{2}\bar{1}$코드	$74\bar{2}\bar{1}$ 코드
0	0 0 0 0	0 0 0 0	0 0 0 0	0 0 0 0	0 0 0 0
1	0 0 0 1	0 0 0 1	0 0 0 1	0 1 1 1	0 1 1 1
2	0 0 1 0	0 0 1 0	0 0 1 0	0 1 1 0	0 1 1 0
3	0 0 1 1	0 0 1 1	0 0 1 1	0 1 0 1	0 1 0 1
4	1 0 0 0	0 1 0 1	0 1 0 0	0 1 0 0	0 1 0 0
5	0 1 1 1	1 0 1 0	1 0 1 1	1 0 1 1	1 0 1 0
6	1 1 0 0	1 1 0 0	1 1 0 0	1 0 1 0	1 0 0 1
7	1 1 0 1	1 1 0 1	1 1 0 1	1 0 0 1	1 0 0 0
8	1 1 1 0	1 1 1 0	1 1 1 0	1 0 0 0	1 1 1 1
9	1 1 1 1	1 1 1 1	1 1 1 1	1 1 1 1	1 1 1 0

[표 1-14]와 [표 1-15]에 있는 모든 코드는 자릿값 코드(가중 코드)이다. $84\bar{2}\bar{1}$ 코드와 $74\bar{2}\bar{1}$코드에서는 양의 자릿값과 음의 자릿값을 혼용한 것으로 $84\bar{2}\bar{1}$ 코드의 의미는 최하위 디지트가 -1의 자릿값을 갖고 그 다음 디지트는 -2의 자릿값을 갖는 것이다. 이 표에 나타난 여러 가지 BCD 코드도 앞 절의 8421 코드와 마찬가지로 9보다 큰 10진수는 한 자릿수씩 코드화한다.

예제 1.24

다음 10진수를 각각의 코드로 변환하시오.

① 18을 2421 코드로 ② 75를 $84\bar{2}\bar{1}$ 코드로

풀이 <<

① 18을 2421 코드로 변환하면

1	8 (10진수)
0001	1110 (2421 코드 값)

② 75를 $84\bar{2}\bar{1}$ 코드로 변환하면

7	5 (10진수)
1001	1011 ($84\bar{2}\bar{1}$ 코드 값)

예제 1.25

다음 10진수 34를 $84\bar{2}\bar{1}$ 코드로 변환하시오.

풀이 <<

10진수 34를 $84\bar{2}\bar{1}$ 코드로 변환하면

3	4 (10진수)
0101	0100 ($84\bar{2}\bar{1}$ 코드 값)

1.6.2 그레이 코드(Gray code)

표 1-16 4비트 그레이 코드(gray code)

10진수	2진수	그레이 코드
0	0 0 0 0	0 0 0 0
1	0 0 0 1	0 0 0 1
2	0 0 1 0	0 0 1 1
3	0 0 1 1	0 0 1 0
4	0 1 0 0	0 1 1 0
5	0 1 0 1	0 1 1 1
6	0 1 1 0	0 1 0 1
7	0 1 1 1	0 1 0 0
8	1 0 0 0	1 1 0 0
9	1 0 0 1	1 1 0 1
10	1 0 1 0	1 1 1 1
11	1 0 1 1	1 1 1 0
12	1 1 0 0	1 0 1 0
13	1 1 0 1	1 0 1 1
14	1 1 1 0	1 0 0 1
15	1 1 1 1	1 0 0 0

그레이 코드(Gray code)는 비가중 코드(unweight code)로 각 자리수의 가중 값을 갖지 않고 또한 수의 연산에는 사용하지 않는다. 이 코드의 특징은 반사 코드(reflected code)로 반사 코드란 임의의 값에서 1 증가하거나, 1 감소할 때 단 한 개의 비트만이 변경되는 특성이 있어 아날로그-디지털 변환기, 데이터 입출력 장치 등에서 오류 발생 시 오류를 줄여줄 수 있는 장점이 있다. [표 1-16]은 10진수를 그레이 코드로 나타낸 것이다.

(1) 2진수 → 그레이 코드로의 변환

2 진수의 최상위 비트(MSB)는 그대로 두고 이웃하고 있는 두 개의 2진 비트를 한 블록(block)씩 더하면서 변환한다. 이때 발생되는 캐리는 무시한다.

[예제 1.26]

다음 2진수를 그레이 코드로 변환하시오.

10101

풀이 <<

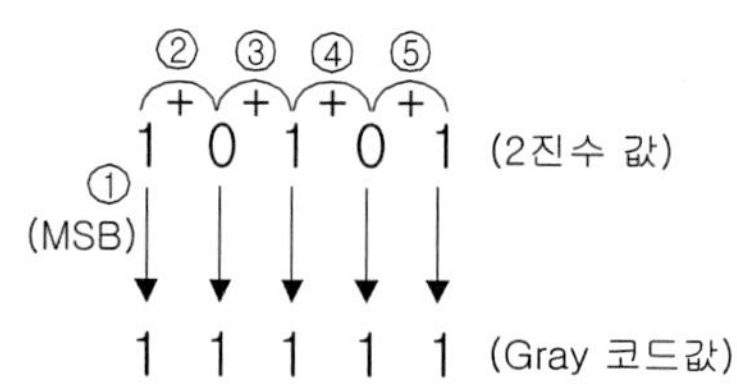

(2) 그레이 코드→ 2진수로의 변환

최상위 비트(MSB)는 그대로 놓고 발생되는 2진수 값과 그레이 코드의 다음 비트를 더해 나간다. 즉 새로 발생되는 2진수와 대각선으로 더해준다. 이때 발생되는 캐리는 무시한다.

[예제 1.27]

다음 그레이 코드를 2진수로 변환하시오.

11011

풀이 <<

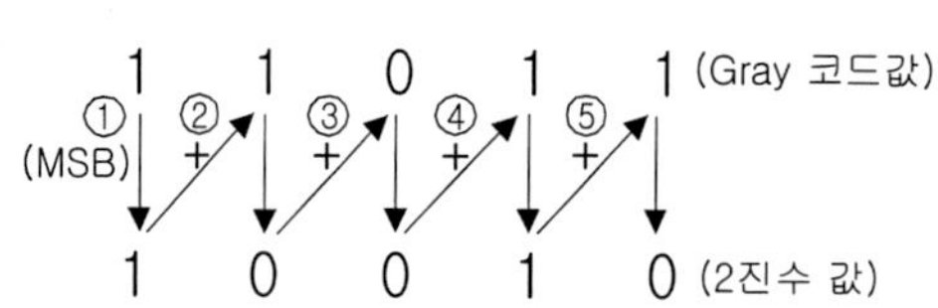

1-7 에러(error) 검출 코드

디지털 시스템(digital system)에서 숫자 데이터나 문자 데이터가 전송될 때 오류(error)가 발생될 수 있다. 즉 데이터 「0」이 「1」로 또는 「1」이 「0」으로 바뀌어 전달되는 경우 에러가 발생한다. 이러한 에러(error)를 검출할 수 있는 코드에는 패리티 검사, biquinary code , 2 out of 5 code, 3 out of 5 code, ring counter code 등이 있다.

1.7.1 패리티 검사(parity check) 비트

패리티 검사 비트는 전송 중 발생되는 에러(error)의 유무를 판단하기 위해 숫자 또는 문자코드에 한자리의 비트를 첨가하여 검사 비트로 이용하는 것을 말한다.

패리티 검사 비트(parity check bit)의 종류로는 기수 패리티 검사와 우수 패리티 검사가 있다. [표 1-17]에서는 BCD 8421 코드에 추가된 기수(odd) 패리티 비트와 우수(even) 패리티 비트를 나타내고 있다. 기수는 홀수를 우수는 짝수를 의미한다.

■ 기수(odd) 패리티 검사

각 코드의 「1」의 합계가 짝수이면 패리티 비트를 「1」로 하고, 「1」의 합계가 홀수이면 패리티 비트를 「0」으로 하여 패리티 비트를 포함한 전체 비트의 「1」의 개수가 홀수가 되도록 한 것

■ 우수(even) 패리티 검사

각 코드의 「1」의 합계가 짝수이면 패리티 비트를 「0」로 하고, 「1」의 합계가 홀수이면 패리티 비트를 「1」로 하여 패리티 비트를 포함한 전체 비트의 「1」의 개수가 짝수가 되도록 한 것

- 어떤 코드 수 0110110 의 MSB에 기수패리티를 첨가하면 → 10110110
  이 값이 전송 중에 10110111로 바뀐 경우 전체 1의 개수가 짝수이므로 전송중에 오류(error)가 발생되었음을 판단할 수 있다.

- 어떤 코드 수 0110110 의 MSB에 우수패리티를 첨가하면 → 00110110
  이 값이 전송 중에 00110100로 바뀐 경우 전체 1의 개수가 홀수이므로 전송중에 오류(error)가 발생되었음을 판단할 수 있다.

표 1-17 패리티 비트를 갖는 BCD 코드

8421 코드	우수(even) 패리티	기수(odd) 패리티
0 0 0 0	0	1
0 0 0 1	1	0
0 0 1 0	1	0
0 0 1 1	0	1
0 1 0 0	1	0
0 1 0 1	0	1
0 1 1 0	0	1
0 1 1 1	1	0
1 0 0 0	1	0
1 0 0 1	0	1

패리티 비트를 사용하면 한 개(1 bit)의 에러가 발생했을 경우만 검출이 가능하고 두 개 이상의 에러가 생겼을 경우는 검출할 수 없다. 대부분 디지털 시스템에서는 단일어에서 두 개 이상의 비트에 에러가 발생하는 경우는 매우 적다. 그러므로 많은 디지털 시스템에서 비트의 에러를 검출하기 위하여 패리티 비트를 사용한다. 패리티 비트는 시스템 설계에 따라 기준 코드의 처음이든 마지막이든 아무 곳이나 첨가시킬 수 있으며 중복 에러는 검출할 수 없고 단일 에러만 검출할 수 있다.

1.7.2 기타 에러 검출 코드

에러를 검출하는 방법으로 패리티 비트를 사용하는 방법 외에도 몇 가지 코드를 이용하면 가능하다. [표 1-18]은 에러 검출에 이용되는 코드에 대해 나열한 것이다.

디지털 시스템에서 임의의 특정한 정보에 대해 전달되는 비트의 수는 적고, 에러의 확률은 낮을수록 효율적인 시스템이라 할 수 있다. 패리티 검사 비트를 포함하여 [표 1-18]에 나열된 에러 검출 코드들 중에서 주어진 시스템에 가장 적합한 방법을 이용하게 된다.

표 1-18 에러 검출 코드

10진수	Biquinary code	2 out of 5 code	3 out of 5 code	링카운터 코드
	(5043210)	(63210)	($\overline{63210}$)	(9876543210)
0	0100001	00110	11001	0000000001
1	0100010	00011	11100	0000000010
2	0100100	00101	11010	0000000100
3	0101000	01001	10110	0000001000
4	0110000	01010	10101	0000010000
5	1000001	01100	10011	0000100000
6	1000010	10001	01110	0001000000
7	1000100	10010	01101	0010000000
8	1001000	10100	01011	0100000000
9	1010000	11000	00111	1000000000

(1) Biquinary 코드

7비트로 구성되는데, 그중 두 개가 1의 값을 갖고 있어서 이 원칙에 벗어난 경우 에러를 검출할 수 있다. 각 비트의 자릿값(가중치)가 5043210이어서 5043210 코드라고도 한다.

(2) 2 out of 5 코드

5개의 비트 중 2개가 1로 구성되어 있어 에러 검출에 유용하다. 이 코드 중 00110(십진수 0)만이 가중치와 무관하고 나머지는 63210의 가중치를 갖고 있다. 2 out of 5 코드는 주로 통신에 이용되는 코드로 10진수를 5개 비트로 나타내는 BCD코드이며 1이 두 개 이상 또는 이하가 나타나면 에러가 발생한 것이다.

(3) 3 out of 5 코드

2 out of 5 코드의 보수형태로 되어 있고 5비트 중 1의 개수가 반드시 3개 존재하여야 한다.

(4) 링카운터 코드

10개의 비트로 구성된 각 코드 그룹 중에서 단하나의 1이 존재하는 코드로 에러 검출에 유용하다. 가중치는 9876543210 이다.

1.7.3 해밍 코드

앞 절에서 설명한 코드들은 패리티 워드를 제외하고는 모두 에러를 검출할 수는 있으나 교정은 불가능하다. 해밍 코드는 에러의 검출 및 교정도 가능하도록 개발된 코드로 Bell 연구소의 해밍(R. W. Hamming)에 의하여 개발되었다. 해밍 코드의 구성은 [그림 1-1]과 같이 3비트의 패리티 비트와 4비트의 데이터 비트로 구성되어 있고 4비트의 데이터 비트는 8421 코드이다. 이 데이터 비트는 행번호 3, 5, 6, 7에 순서대로 8421의 가중치가 할당되고 행번호 1, 2, 4에는 패리티 비트가 들어간다.

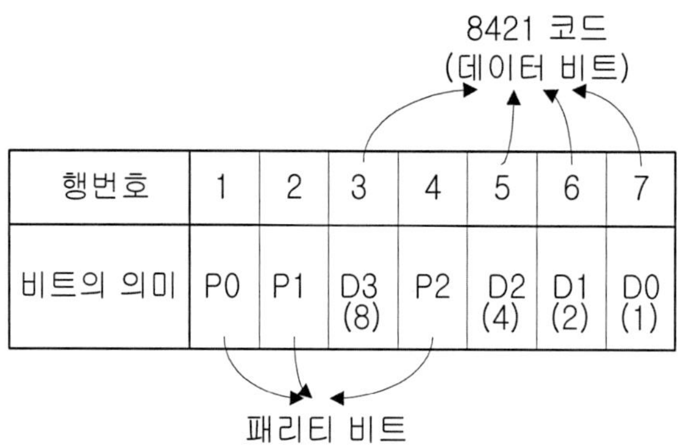

[그림 1-1] 해밍코드의 구성

여기에서 패리티 비트는 다음과 같이 몇 개의 행과 우수 패리티를 이루도록 되어 있다.

P0 : 1, 3, 5, 7 행과 우수 패리티 (P0, D3, D2, D0의 1의 개수가 우수)
P1 : 2, 3, 6, 7 행과 우수 패리티 (P1, D3, D1, D0의 1의 개수가 우수)
P2 : 4, 5, 6, 7 행과 우수 패리티 (P2, D2, D1, D0의 1의 개수가 우수)

따라서 이러한 법칙에 따라 BCD 해밍 코드를 구성하면 [표 1-19]와 같다.

예를 들어 4비트 BCD 코드를 전송할 때는 패리티 발생기라는 회로에서 패리티 P0, P1, P2 등이 만들어져서 [표 1-19]와 같은 7비트 코드로 되어 이것이 전송되고, 이것을 받는 수신측에서는 패리티 검사기라는 회로에서 패리티를 검사하여 P0, P1, P2중 단 하나라도 우수 패리티가 아니면 오류가 발생된 것으로 보고 [표 1-20]에 따라 오류 발생 비트를 찾아낸다. 여기서 P0, P1, P2 가 각각 우수 패리티이면 P0', P1', P2'는 각각 0이고, 그렇지 않으면 각각 1이 된다.

표 1-19 BCD 해밍코드

10진수	비트명	P0	P1	D3	P2	D2	D1	D0
	행번호	1	2	3	4	5	6	7
0		0	0	0	0	0	0	0
1		1	1	0	1	0	0	1
2		0	1	0	1	0	1	0
3		1	0	0	0	0	1	1
4		1	0	0	1	1	0	0
5		0	1	0	0	1	0	1
6		1	1	0	0	1	1	0
7		0	0	0	1	1	1	1
8		1	1	1	0	0	0	0
9		0	0	1	1	0	0	1

	우수패리티	기수패리티
P0	P0' = 0	P0' = 1
P1	P1' = 0	P1' = 1
P2	P2' = 0	P2' = 1

표 1-20 에러 비트

P2'	P1'	P0'	에러비트의 행
0	0	0	없음
0	0	1	1
0	1	0	2
0	1	1	3
1	0	0	4
1	0	1	5
1	1	0	6
1	1	1	7

에러를 검출하는 구체적인 예로서 10진수 9에 대한 경우를 보기로 한다. 정상적으로 표현된 9에 대한 해밍 코드는 다음과 같다.

행번호	1	2	3	4	5	6	7
해밍코드	0	0	1	1	0	0	1

이것이 전송 중 잡음 등의 이유로 착오가 발생하여 다음과 같이 수신되었다고 가정하자.

행번호	1	2	3	4	5	6	7
해밍코드	0	0	1	1	0	1	1

이때 착오가 발생된 비트를 찾는 방법은 다음과 같다. 먼저 패리티 검사기에서 P0, P1, P2가 각각 우수 패리티를 이루는지를 살펴보면 P0은 우수 패리티가 되지만 P1, P2는 기수 패리티가 된다. 우수 패리티가 된 것은 0으로 하고 그렇지 않은 것은 1로 하여 패리티 비트 P0' P1' P2'를 다시 써보면 011 이 된다. 이 값을 [표 1-20]에서 찾아보면 6번 행에서 에러가 발생되었음을 알 수 있다.

예제 1.28

해밍 코드값 1000011이 전송 중 1000010로 잘못 수신된 경우 착오 검출 방법에 대하여 설명하시오.

풀이 << 우선 P0은 1, 3, 5, 7 행이 기수 패리티가 되고,
P1은 2, 3, 6, 7 행이 기수 패리티가 되고,
P2 역시 4, 5, 6, 7 행이 기수 패리티가 되어

P0′ P1′ P2′ 을 다시 써보면 111이 된다 이 값을 [표 1-20]에서 찾아보면 7번 행이 에러가 나타난 행임을 알 수 있다.

1-8 패리티 비트의 발생 및 검사 회로

패리티 체크(parity check)란 전달하는 정보가 바르게 송수신되고 있는가의 여부를 체크하는 방식의 하나로서 정보 비트에 체크용으로 1비트를 부가하여 구성한다. 예를 들면 7비트의 데이터 정보가 있을 때, 이것에 1비트를 부가하여 8비트로 만들어 정보

를 전송한다. 이 1비트를 패리티 비트라 한다. 패리티 비트를 포함한 정보 전체의 비트를 홀수개로 하여 전송하는 방식을 기수 패리티, 짝수 개로 하여 전송하는 방식을 우수 패리티라 한다. 수신측에서는 이 비트수를 조사하여 패리티 방식이 맞는지의 여부에 따라 에러 발생 여부를 판단한다.

1.8.1 패리티 검사 회로

패리티 검사(parity check)회로는 XOR 게이트로 간단히 구현될 수 있다. 즉 XOR 회로는 입력의 1의 개수가 짝수이면 출력은 0, 홀수이면 출력이 1이 되는 우수 패리티 회로이므로 이러한 특성을 이용하면 [그림 1-2]와 같은 4비트 패리티 체크회로를 구성할 수 있다. 이 그림에서 입력 A, B, C, D의 1의 개수가 짝수이면 출력 Y는 0이 되며 홀수이면 출력 Y는 1이 된다. 바꾸어 말하면 출력 Y가 0이면 전체 입력 비트는 우수 패리티이고, 출력 Y가 1이면 전체 입력 비트는 기수 패리티가 된다. 이와 같이 패리티 검사 회로를 구성하기 위해서는 XOR 게이트를 사용하면 간단히 할 수 있다.

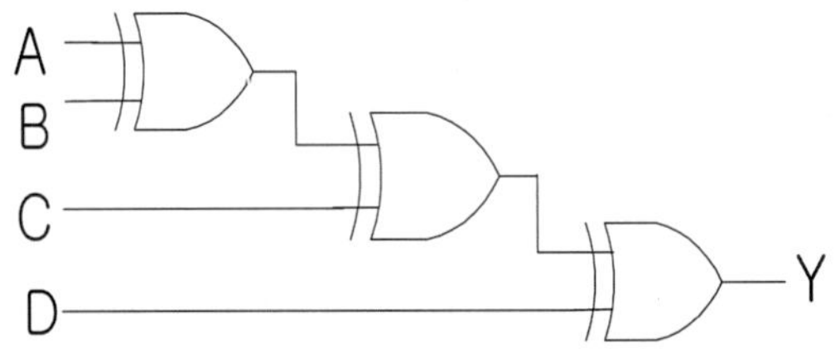

Y=0 → 입력 4비트는 우수 패리티

Y=1 → 입력 4비트는 기수 패리티

[그림 1-2] 4비트 패리티 검사 회로

1.8.2 패리티 발생기

n비트의 정보(데이터)가 있을 때 이 정보에 패리티 비트 1비트를 추가하여 우수패리티 방식으로 전송하고자 하기 위한 순서는 다음과 같다.

① n비트의 패리티 검사 수행

② n 비트의 1의 개수가 우수개 (Y=0)이면 패리티 비트 값은 0 추가

n 비트의 1의 개수가 기수개 (Y=1)이면 패리티 비트 값은 1 추가

예를 들어, 7비트의 데이터에 대한 우수패리티 발생회로를 구성하면 [그림 1-3]과 같다.

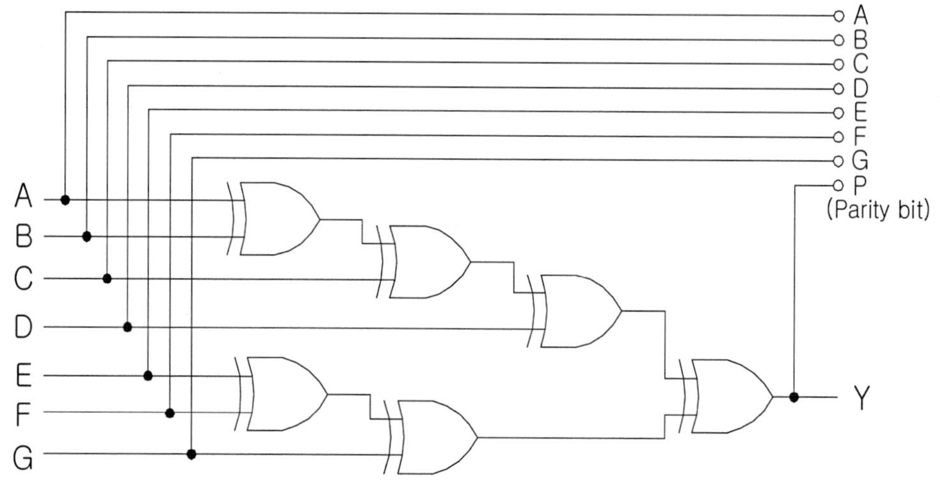

[그림 1-3] 7비트 패리티 체커 및 8비트 우수 패리티 비트 발생기

n비트의 정보가 있을 때 패리티 비트 1비트를 추가하여 기수 패리티 방식으로 전송하고자 하기 위한 순서는 다음과 같다.

① n 비트의 패리티 검사 수행

② n 비트의 1의 개수가 우수개 (Y=0)이면 패리티 비트 값은 1 추가

n 비트의 1의 개수가 기수개 (Y=1)이면 패리티 비트 값은 0 추가

예를 들어, 7비트의 데이터에 대한 기수 패리티 발생 회로를 구성하면 [그림 1-4]와 같다.

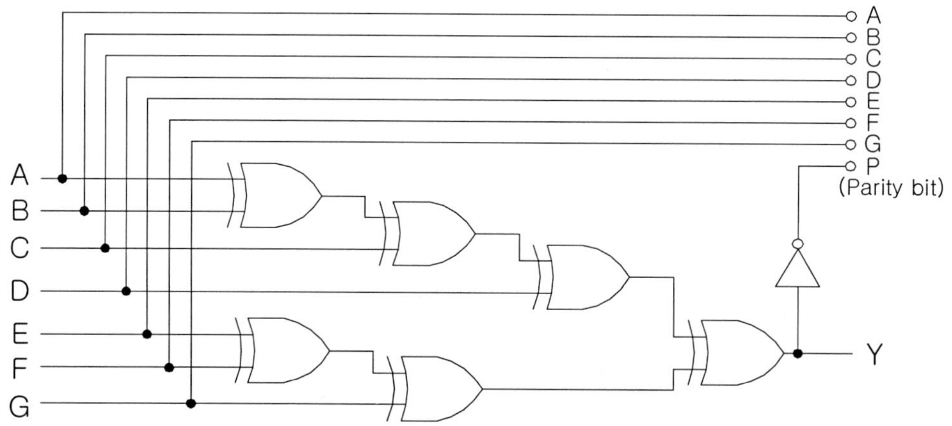

[그림 1-4] 7비트 패리티 체커 및 8비트 기수 패리티 비트 발생기

1-9 알파뉴메릭 코드(alphanumeric code)

앞 절에서는 숫자를 2진수로 표현하는 방법에 대하여 학습하였다. 이 절에서는 숫자와 문자를 컴퓨터에서 표현하는 일반적인 방법에 대해 학습한다. 숫자와 알파벳 문자들을 표현한 코드를 알파뉴메릭(alphanumeric) 코드라 한다. 알파뉴메릭 코드는 최소한 10진 숫자 10개와 알파벳 문자 26개를 합하여 36개의 항으로 되기 때문에 5개 비트의 조합(2^5 = 32)으로는 부족하고, 6개의 비트의 조합이 필요하다. 그러나 6 개 비트의 조합 (2^6 = 64)으로는 64개의 코드가 있으므로 28개의 코드는 남는다. 그 외에도 숫자와 문자 외에 많이 쓰이는 기호들, 예를 들어 단어와 단어 사이를 나타내는 빈 칸, 문장의 끝 또는 소수점을 나타내는 피리어드(period), 정보를 주기 위한 명령 등이 필요하다. 그러므로 6개 비트의 조합을 이용해 10진수와 알파벳 문자 및 28개의 다른 기호로 변환할 수 있다. 가장 널리 사용되는 알파뉴메릭 코드는 ASCII(American Standard Code for Information Interchange)코드와 EBCDIC(Extended BCD Interchange Code)가 있다.

1.9.1 ASCII (American standard code for information interchange) 코드

이 코드는 미국 표준코드라고도 하며 국제 표준기구(ISO, international organization for standardization)에서 개발되고 미국 국립표준연구소(ANSI, American national standard institute)에 의해 제정되었다. 이 코드는 7비트로 구성되어 있어 128개의 숫자, 문자, 특수문자를 표현할 수 있고 실제 사용할 때는 패리티 비트를 포함하여 8비트가 쓰이고 있다. [그림 1-5]는 ASCII 코드의 구성을 나타내었다. 또한 ASCII 코드표는 [표 1-21]에 나타내었다.

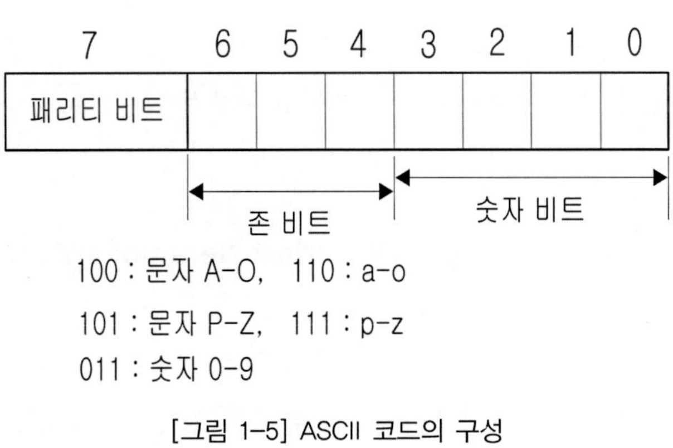

[그림 1-5] ASCII 코드의 구성

표 1-21 ASCII 코드

	000	001	010	011	100	101	110	111
0000	NULL	DC$_0$	space	0	@	P		p
0001	SOH	DC$_1$	!	1	A	Q	a	q
0010	STX	DC$_2$	"	2	B	R	b	r
0011	ETX	DC$_3$	#	3	C	S	c	s
0100	EOT	DC$_4$	$	4	D	T	d	t
0101	ENQ	ERR	%	5	E	U	e	u
0110	ACK	SYNC	&	6	F	V	f	v
0111	BEL	LEM	.	7	G	W	g	w
1000	BS	S$_0$	(	8	H	X	h	x
1001	HT / SK	S$_1$	)	9	I	Y	i	y
1010	LF	S$_2$	*	:	J	Z	j	z
1011	Vtab	S$_3$	+	;	K	[	k	{
1100	FF	S$_4$	,	〈	L	\	l	|
1101	CR	S$_5$	-	=	M	]	m	}
1110	SO	S$_6$	★	〉	N	↑	n	~
1111	SI	S$_7$	/	?	O	←	o	DEL

예를 들어 영문자 중 대문자 A는 1000001, 소문자 b자는 1100010 등으로 표현하고, 특수 기호인 콤마(Comma)는 0101100 등으로 표현한다.

1.9.2 EBCDIC (extended binary coded decimal interchange code) 코드

이 코드는 미국의 컴퓨터 회사인 IBM사에서 개발된 코드로 확장된 2진화 10코드라고도 하며 현재 많은 중·대형 컴퓨터에서 사용되고 있다. EBCDIC 코드는 8비트 코드로 256가지의 문자, 숫자, 특수문자 등을 표시한다. 이 코드의 구성은 [그림 1-6]과 같다.

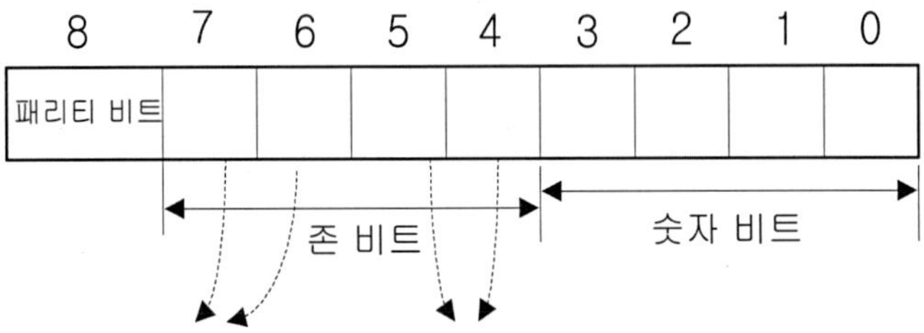

상위 2 비트	하위 2 비트
00 : 통신용 제어문자	00 : A-I, a-z
01 : 특수문자	01 : J-R, j-r
10 : 영문자 소문자	10 : S-Z, s-z
11 : 영문자 대문자 숫자	11 : 숫자

[그림 1-6] EBCDIC 코드의 구성

○ 연습문제_

1.1 2진수 1101.101을 등가 10진수로 변환하시오.

1.2 다음 8진수의 등가 2진수를 구하시오.

(1) 34_8 (2) 567_8 (3) 4673_8

1.3 다음 2진수의 등가 8진수를 구하시오.

(1) 10101111 (2) 1101.011011101 (3) 1010011.1011011

1.4 다음 16진수의 등가 2진수를 구하시오.

(1) $E5_{16}$ (2) $B4D.E_{16}$ (3) $7AB.CF_{16}$

1.5 다음 2진수의 등가 16진수를 구하시오.

(1) 10001100 (2) 100110111

(3) 11110011001.1101 (4) 101010.1111011

1.6 다음 2진수에 대한 1의 보수와 2의 보수를 구하시오.

(1) 1010101 (2) 11001.11 (3) 11.0101 (4) 10.11

1.7 다음 10진수에 대한 9의 보수와 10의 보수를 구하시오.

(1) 26195 (2) 27.8932

1.8 1의 보수와 2의 보수를 이용하여 다음을 계산하시오.

(1) 11011-1101 (2) 10010-10011

(3) 11010-10000 (4) 100-110000

1.9 10진수 121.47에 대한 9의 보수와 10의 보수를 구하시오.

1.10 다음 수를 밑수에 따라 진수 변환하시오.

1) $(2D.1C)_{16} = (\quad)_{10} = (\quad)_2 = (\quad)_8$

2) $(49.53125)_{10} = (\quad)_8 = (\quad)_{16} = (\quad)_2$

3) $(101101.011001)_2 = (\quad)_8 = (\quad)_{10} = (\quad)_{16}$

1.11 다음 10진수를 8421 코드로 변환하시오.
1536, 7892

1.12 다음의 8421 코드를 10진수로 변환하시오.
(1) 10011 (2) 101001001 (3) 100110 (4) 101000 (5) 10011001

1.13 문제 [12]의 코드를 3증 코드로 변환하시오.

1.14 다음 10진수를 3증 코드로 계산하시오.
(1) 14+13 (2) 25+28

1.15 다음의 2진수를 그레이 코드로 변환하시오.
(1) 0100 (2) 10111 (3) 1110101

1.16 다음의 그레이 코드를 2 진수로 변환하시오.
(1) 1101 (2) 110110 (3) 1111000 (4) 1100110110

1.17 다음 語에 우수 패리티 비트를 써넣어라.
(1) 1011001 (2) 110001100011 (3) 10101110011100

1.18 다음 語의 패리티 비트가 기수인가, 우수인가 가려내어라.
(1) 10011001011 (2) 10001100111 (3) 10000111010

1.19 10진수 8을 우수 패리티를 이용하여 ASCII 코드로 표현하시오.

1.20 10진수 8을 해밍 코드로 나타내면 1110000인데 이 수를 전송하다 1100000으로 수신되었다면 에러 검출하는 방법을 설명하시오.

1.21 자신의 영문이름을 우수 패리티를 이용하여 ASCII 코드로 표현해 보시오.

1.22 다음 8421 코드로 표현된 수를 해당되는 10진수, Gray Code, 3증(excess-3) 코드, 2421코드, 84-2-1 코드로 각각 채우시오.

8421	10진수	Gray Code	Excess-3	2421	84-2-1
1001	1)	2)	4)	5)	6)
0011	7)	8)	10)	11)	12)

Chapter 2

디지털 논리 게이트와 부울 대수

종래의 논리 회로는 스위치나 릴레이를 사용하여 만들어졌지만 오늘날에는 다이오드, 트랜지스터를 소재로 한 디지털 IC가 사용되고 있다. 논리 동작을 기본적인 요소로 분해한 NOT 회로, AND 회로, OR 회로, NAND 회로, NOR 회로 등의 논리 회로를 게이트 회로 혹은 논리 소자라고도 하며, IC로 만들어진 이들의 기본 게이트 회로를 게이트 IC라 부르고 있다.

일반적으로 논리라 함은 참과 거짓으로 구분된다. 참과 거짓은 디지털 논리에서는 각각 1과 0에 해당된다. 현재 사용되는 있는 대부분의 논리 소자들은 전기를 이용하여 논리 동작을 수행한다. 최근에는 다양한 기준 전압을 사용하는 논리 소자들이 이용되고 있으나, 이 교재에서는 5V의 전원을 사용하는 논리 소자를 기준으로 논리 동작에 대해 설명하고 실험을 통해 그 동작 과정을 익힌다. 따라서 디지털 논리의 1과 0을 전기적으로 표현하면 각각 ON과 OFF 또는 High(5V)와 Low(0V)로 표현할 수 있다. 디지털 시스템에서 모든 동작은 1과 0을 5V와 0V의 전기적인 표현으로 이루어지며, 전자 기술의 발전으로 그 동작 속도는 점점 빨라지고 있다.

이 장에서는 디지털 회로를 구현하기 위해 기본적으로 사용되는 논리 게이트들에 대해 설명하고, 또한 논리 회로를 논리식으로 표현하기 위한 부울 대수식 및 논리 회로 간략화를 위한 부울 대수의 정리와 법칙 등에 대하여 설명한다.

2-1 디지털 논리 게이트

2.1.1 아날로그와 디지털 신호의 차이점

(1) 아날로그 신호

아날로그 신호란 길이, 무게, 빛의 밝기, 온도, 전압, 수량, 압력, 속도, 전류, 전압 등의 변화와 같이 시간의 경과에 따라 연속적으로 변화하는 정도를 나타내기 위한 신호이고, 자연계 대부분의 측정치는 그 정도를 나타내기 위해 연속적으로 표현한 아날로그 신호를 사용한다. 이러한 아날로그 신호를 나타내기 위한 아날로그 회로는 입력과 출력에서 대체적으로 선형적인 관계를 갖는 것이 일반적이다.[1-4]

(2) 디지털 신호

아날로그 신호에 반해 디지털 신호는 불연속적인(또는 이산적인) 변화를 나타내는 신호를 말한다. 디지털 논리 회로는 이산적인(discrete) 논리 0(low)이나 1(high)의 크기를 갖는 입력 신호에 대하여 이산적인 0이나 1의 크기를 갖는 신호가 출력된다. 디지털 논리 회로에서의 신호는 아날로그 회로에서의 입력과 출력 신호처럼 선형적이지 않고 부울 대수(Boolean algebra) 논리 연산의 결과에 따라 논리 0(low)이나 1(high)의 크기를 갖는 이산신호(discrete signal)가 나타난다. 여기서 논리 0이란 전기적으로는 off나 0V로, 논리적으로는 거짓(위, false) 또는 low로, 수학적으로는 0으로 표현되며, 논리 1이란 전기적으로는 on이나 +5V로, 논리적으로는 참(진, true) 또는 high로, 수학적으로는 1로 표현된다.

또한 아날로그 신호를 디지털 신호로 변환하기 위해서는 일정 시간 간격으로 표본화(sampling)한 후 적당한 양의 비트수로 양자화(quantization)하며, 논리 0과 1의 크기를 갖는 펄스(pulse)열로 나타내 2진수로 표현한다. 이 때 비트수를 할당할수록 그 정밀도가 높아지는데 3비트 할당 시 8단계, 4비트 할당 시 16단계가 된다. 즉 1비트 증가 시 두 배씩 정밀도가 높아짐을 알 수 있다.

2.1.2 신호 변환 회로

(1) 아날로그-디지털 변환 회로

아날로그 신호를 디지털 신호로 변환하는 회로를 말하며, AD 변환기(analog to digital converter) 또는 ADC라고 한다. 디지털 회로란 이렇게 만들어진 디지털 신호를 이용하여 설계 및 제작된 회로를 말한다. 모든 아날로그 장치를 통해 입력된 전기신호를 디지털 회로를 통해 사용하기 위해서도 AD 변환기를 통해 변환시켜야 한다.

(2) 디지털-아날로그 변환회로

디지털 신호를 아날로그 신호로 변환하는 회로를 말하며, DA 변환기(digitial to analog converter), 또는 DAC라고 한다. 디지털 신호가 스피커와 같은 아날로그 장치를 통해 출력하기 위해서는 이러한 DA 변환기를 통해 만들어진 아날로그 신호를 최종단에 사용하게 된다.

2.1.3 집적 회로

집적 회로(integrated circuit: IC)란 하나의 칩 안에 여러 개의 트랜지스터를 집적(集積)시켜 만든 반도체소자로 가장 대표적인 디지털 부품이다. 집적회로는 기판에 장착하는 용도에 따라 인쇄회로기판(printed circuit board: PCB)의 구멍에 끼워 넣는 DIP(dual inline package) 형태와 PCB 표면에 실장하는 표면실장부품(surface mount device: SMD) 형태 등이 있다.

AND 동작이나 OR 동작 등의 디지털 논리를 수행하는 기본 회로는 다이오드(diode)를 사용하여 간단하게 구성할 수 있다. 그러나 이것은 동작 속도가 늦고 증폭 기능에 결함이 있어 RTL(Resistor Transistor Logic)로 치환되었고 다시 DTL(Diode Transistor Logic) 시리즈로 바뀌었다. 그러나 현재 이들은 거의 사용되지 않고 다음의 3가지 형태의 논리 게이트 IC가 주로 사용되고 있다. 또한 집적회로는 제조 기술에 따라 쌍극성(bipolar) 트랜지스터인 BJT(bipolar junction transistor)를 이용하는 TTL(transistor-transistor logic) IC와 전계효과 트랜지스터인 FET(field effect transistor)를 이용하는 CMOS IC로 나뉜다.

① TTL (Transistor-Transistor Logic)

② ECL (Emitter Coupled Logic)

③ CMOS (Complementary Metal-Oxide Semiconductor)

(1) TTL IC

표 2-1 TTL IC의 종류와 특징

	명칭	특징	소비전력 [mW/gate]	지연시간 (tpd) [ns]
표준 TTL	74	초기 표준품	10	10
저전력 TTL	74L	초기 저전력(low power) 제품, 저속	1	35
고출력 TTL	74H	초기 고출력 제품, 전력소비 큼	20	6
쇼트키 TTL	74S	쇼트키(Schottky) 다이오드 사용	20	3
저전력 쇼트키 TTL	74LS	저전력 쇼트키(Schottky) 제품	2	10
개선된 LS-TTL	74ALS	'80년대 중반 LS TTL의 개량품	1	4
개선된 쇼트키 TTL	74AS	'80년대 중반 S TTL의 개량품	20	1.5
FAST	74F	고속(fast) 쇼트키 TTL	4	2.5
GHz	74G	2000 Potato 반도체	1	1

보통 74 시리즈라 불리며 널리 보급되어 사용 중인 TTL IC는 CMOS IC에 비해 소비 전력이 크고 속도가 느리며, 집적도가 낮지만 현재도 호환성과 속도 및 저전력 소모 기능을 확보한 제조사에 의해 제조·판매되고 있다. 74 시리즈는 그 특징에 따라 다음 표 2-1과 같은 종류가 있다.[1,2] 또한 TTL IC는 그림 2-3과 같이 핀 번호가 부여되며 보통 IC의 핀 번호는 1번 핀의 위치를 나타내는 반원 모양이나 작은 점 등의 표시(pin 1 ID라 부름)에서 시작해 반시계 방향으로 순서대로 부여하는 규칙에 따른다. IC의 명칭은 제조사, 종류, 기능, 모양 등에 따라 부여된다.[2]

(2) CMOS IC

MOSFET 타입의 CMOS는 4000 시리즈로 제조되다 74 시리즈와의 IC의 핀 배치의 호환성을 갖기 위해 표 2-2와 같이 74HC 등의 명칭을 사용하게 되며, 전력 소모가 작은 장점을 지니고 있다.[2]

표 2-2 CMOS IC의 종류와 특징

	전원 전압 범위[V]	지연시간[ns]	정지 시 전류[μA/Gate]	특징
4000	3~15	30	200	초기 표준제품
74HC	2~6	10	23	74 시리즈와 핀 배치 호환
74AC	2~5.5	8.5	40	HC의 고속제품
74LVX	2~3.6	12	20	3.3V 전용
74LCX	2~3.6	6.5	10	3.3V 전용 고속제품
74VCX	1.8~3.6	2.5	20	2.0V 대응 제품

(3) 논리 레벨

디지털 논리 회로는 앞서 디지털 신호에서 설명한 바와 같이 두 가지 논리 레벨 0과 1로 나타내기 위해 정의 논리(active high)에서 Low(L)는 2진수 0을, High(H)는 2진수 1을 나타내며, 부의 논리(active low)에서는 그와 반대가 된다.

TTL IC는 전압원으로 5V와 접지가 사용되며, 각각 논리 1과 0을 나타낸다. 보통 출력된 전압이 0~0.8V 사이에서 출력된 경우를 논리 0으로 2~5V 사이에서 출력된 경우를 논리 1로 나타내며, 0.8~2V 사이에서 출력되는 경우는 거의 나타나지 않으나 나타날 경우 이상 상태일 수 있으므로 회로를 점검할 필요가 있다. CMOS IC는 사용 전압

원이 사용되는 IC 종류에 따라 각기 다르지만 보통은 출력된 전압이 0~0.3V 사이에서 출력된 경우를 논리 0으로 0.7V 이상에서 출력된 경우를 논리 1로 나타내며, 0.3~0.7V 사이에서 출력되는 경우는 거의 나타나지 않으나 나타날 경우 이상 상태로 많은 전력 소비와 발열로 소자가 파손될 수 있으므로 이 또한 회로를 점검할 필요가 있다.

2.1.4 펄스

펄스(pulse)란 전압이나 전류가 아주 짧은 시간 동안만 존재하는 파형으로 반복적인 파형과 1회성인 임펄스(impulse)가 있으며, 대부분 구형파, 삼각파, 톱니파 등의 비정현파를 말한다. 대부분의 펄스는 한 주기에서 H와 L이 한 번씩 나타나며, L에서 H로 변하는 상승 에지(positive edge 또는 rising edge)와 H에서 L로 변하는 하강 에지(negative edge 또는 falling edge)를 포함하며 [그림 2-1]에 그 (a) 이상적인 펄스 파형과 (b) 실제의 펄스 파형을 나타낸다.[2,3]

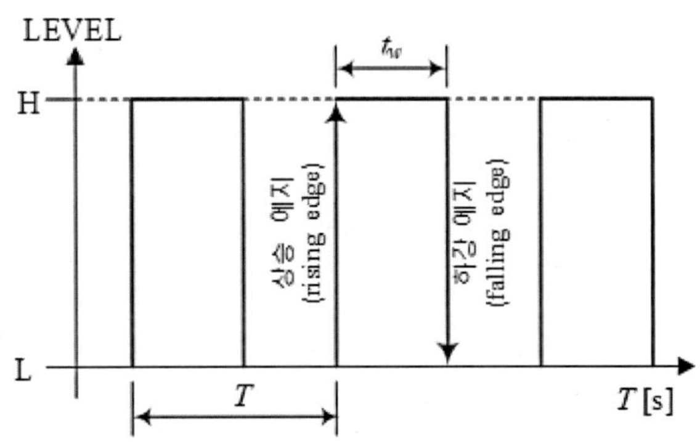

(a) 이상적인 펄스 파형

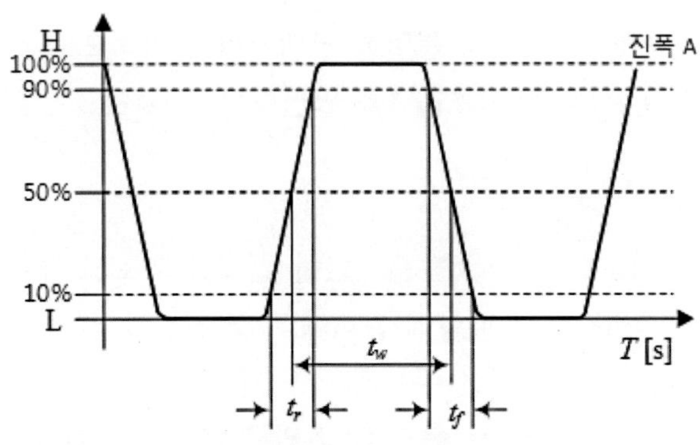

(b) 실제 펄스 파형

[그림 2-1] 펄스 파형

2.1.5 그 밖의 IC 사양

(1) 전파 지연 시간

전파지연 시간(propagation delay time)이란 입력신호가 논리 회로를 통해 전파되어 출력되어 나올 때까지 걸리는 짧은 시간을 의미한다. 게이트 IC의 속도는 인버터 또는 NAND 게이트의 전파 지연 시간으로 결정된다. [그림 2-2]에 나타내는 바와 같은 구형파를 입력에 인가했을 때 출력 파형의 시간적 지연을 관측하는 것이다. 입력 파형의 진폭이 50%를 통과하는 시점에서부터 출력 파형의 진폭이 50%의 변화에 도달 할 때까지의 시간 지연이 전파 지연시간 t_{pd} 이다. 실제는 t_{pHL}과 t_{pLH}의 2개의 지연 시간이 있는데 t_{pHL}은 출력이 High에서 Low로 변화할 때의 지연시간이고 t_{pLH}는 출력이 Low에서 High로 변화할 때의 지연이다. 보통 2개의 평균을 잡아 (t_{pHL}+ t_{pLH})/2를 IC의 동작 속도로 한다.

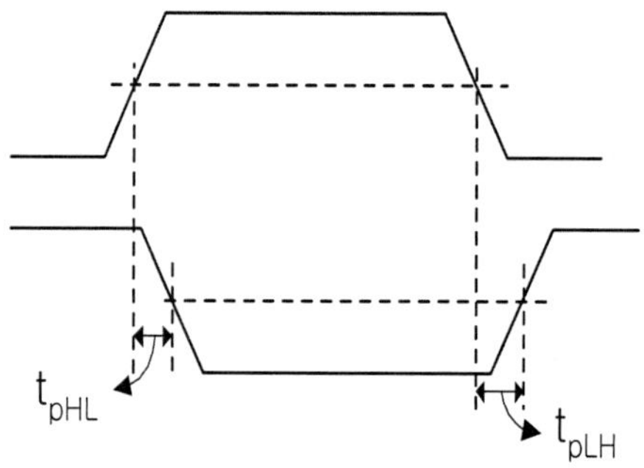

[그림 2-2] 게이트 IC의 전파 지연 시간

(2) 하이 임피던스

하이 임피던스(high-impedance)란 H도 L도 아닌 제3의 상태(tri-state)로 입력단에 아무런 신호도 걸려있지 않은 상태와 동일한 상태처럼 전기적으로 절연된 상태를 말하며, 마치 공중에 붕 뜬 상태의 신호출력을 말한다.

(3) 팬-아웃과 팬-인

디지털 IC는 논리적으로는 아무런 문제없이 설계된 회로인 경우에도 인가된 전류나 출력되는 전류가 제한적이기 때문에 논리에 어긋나는 출력이 나타날 수 있어 출력단자에 연결할 수 있는 수에 제한을 두는데 이를 팬-아웃(fan-out)이라 부른다. 팬-아웃이 크다는 것은 드라이버를 필요로 하지 않고 많은 IC를 접속할 수 있는 유리함이 있다는 것이다. 따라서 위에서 언급된 3가지 IC 형태 중에서 전력의 소모가 가장 적은 CMOS IC가 가장 유리하다. 또한 IC 패키지에도 면적이나 크기가 제한적이기 때문에 게이트의 입력할 수를 한정하여 제조하는데 이를 팬인(fan-in)이라 부른다. 팬-아웃과 팬-인은 제조회사의 사양에 따라 각각 다른 것이 일반적이다.

(4) 소비 전력

소비전력은 전원의 비용(cost)을 증대시키고 IC의 발열의 원인이 된다. IC의 발열은 그 소자 또는 주변 소자의 오동작의 원인이 되기 때문에 중요하게 다루어지는 성능이다. 일반적으로 하나의 IC에는 몇 개의 회로(게이트)가 들어가 있다. 이러한 IC에서 대표적인 소비 전력의 측정법은 각 게이트 회로 동작 시간의 50%가 1이고 50%가 0 상태일 때의 전원 소비 전력이다. 소비전력은 입력 주파수에 영향을 받아 CMOS 패밀리의 경우 저주파에서는 소비 전력이 매우 적지만 고주파에서는 그렇지 않다.

2-2 기본 게이트 회로와 논리 기호

게이트 회로는 구조적으로는 저항, 다이오드, 트랜지스터, FET 등에 의해 만들어지고, 그 종류로는 NOT 회로, AND 회로, OR 회로, NAND 회로, NOR 회로 등이 있다. 이것들은 오늘날 IC화(집적화) 되어 있어 값이 싸면서 편리하게 사용되고 있다. 이러한 게이트 회로는 입력에 가해진 1과 0의 디지털 정보에 대하여 논리적인 판단 또는 처리를 하여 그 결과를 1 또는 0의 출력으로 내는 것으로서 일반적으로 논리 회로 또는 디지털 회로라고 한다.

2.2.1 버퍼 게이트

TTL IC 74LS07을 이용하여 입력단을 통해 입력된 입력신호가 전파지연 시간 후 같은 신호와 파형으로 그대로 전파됨을 확인한다.

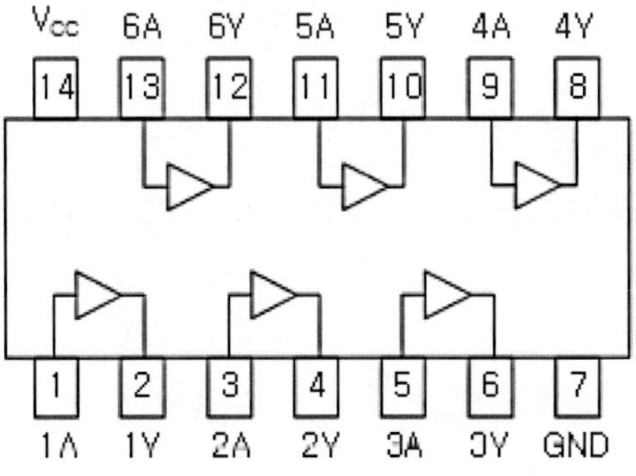

[그림 2-3] 버퍼 게이트의 TTL IC 명칭과 핀 번호 배열

이 버퍼 게이트는 [그림 2-3]을 통해 알 수 있듯이 6조의 게이트가 내장되어 있다. 논리는 진리표에서와 같이 출력 Y는 Y=A와 같다. 즉 논리 0(OV)가 입력되면 논리 0이 출력되고, 논리 1(5V)가 입력되면 논리 1이 출력된다. TTL IC 74LS17 및 74LS34는 74LS07과 호환되는 결과를 얻을 수 있는 IC이다.

2.2.2 NOT 게이트

이 게이트는 하나의 입력과 하나의 출력을 갖는 회로로서 입력이 0이면 출력은 1이 되고 입력이 1이면 출력은 0 이 되는 것으로 인버터(inverter) 또는 부정 회로라고도 부른다. [그림 2-4]는 트랜지스터와 저항으로 구성된 RTL(Resistor-Transistor Logic) NOT 게이트 회로이다. 입력 신호가 Low(0.7V 이하)라면 컬렉터 전류는 흐르지 않아 출력전압은 High(5V)로 되고, 입력 신호가 High(5V)로 되면 트랜지스터는 포화되고 컬렉터 전류가 흘러 출력은 Low(거의 0V)가 되어서 입력 신호가 반전되어 출력에 나타남을 알 수 있다.

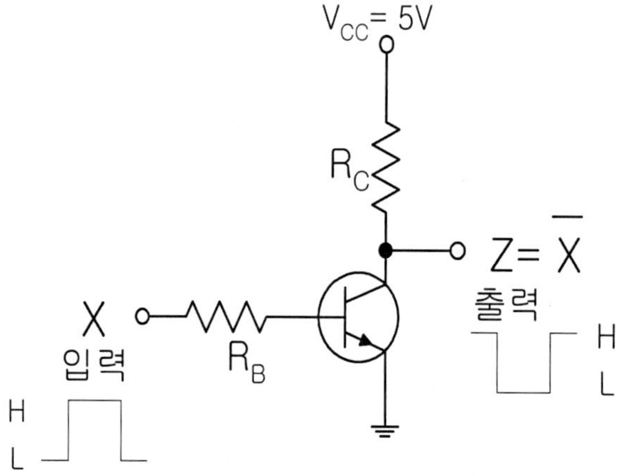

[그림 2-4] TR로 구성한 NOT 게이트

(1) NOT 게이트의 기호 및 진리표

NOT 게이트의 기호는 [그림 2-5]와 같고 이 게이트의 진리표는 [표 2-2]와 같다.

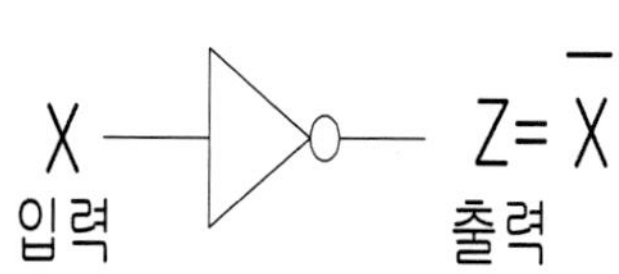

[그림 2-5] NOT 게이트의 기호

표 2-2 NOT 게이트의 진리표

입력 X	출력 Z
0	1
1	0

(2) NOT 게이트의 논리식 및 TTL IC 핀 구성

NOT 게이트는 입력이 뒤바뀌어 출력이 되어 X = 0인 경우 Z = 1이 되고 X = 1인 경우 Z = 0이 된다. NOT 게이트의 논리식은 입력이 X, 출력이 Z일 때 아래와 같다.

$$Z = \overline{X}$$

[그림 2-6]은 표준 TTL hexa-inverter Gate (74LS04)로 하나의 IC 내에 6개의 Inverter가 들어 있고 7번 핀은 접지, 14번 핀은 전원인가 핀이다. 또한 TTL IC 74LS05는 74LS04와 호환되는 결과를 얻을 수 있는 IC이다.

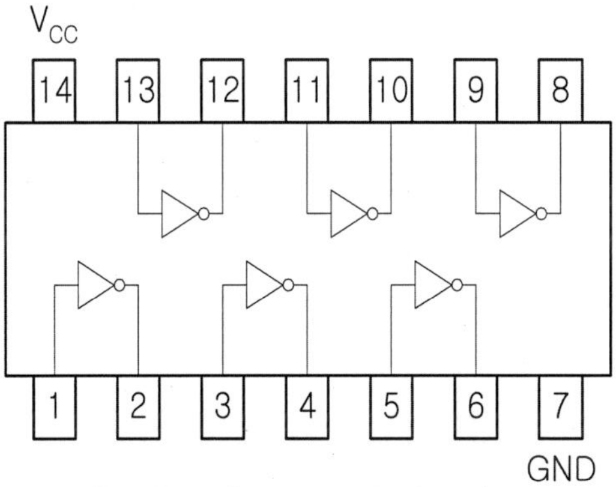

[그림 2-6] 74LS04의 핀 구성도

2.2.3 AND 게이트

AND 게이트는 다수의 입력 중 하나만 논리 Low이면 출력은 Low가 되고, 입력이 모두 High일 때에만 출력이 High가 된다.

[그림 2-7]은 다이오드와 저항으로 구성된 AND 게이트로 입력 X, Y 중 어느 하나가 Low(0V)이면 VCC에서 저항 R을 통해 입력이 Low인 다이오드에 전류가 흐르기 때문에 출력 Z는 Low(약 0.7V)로 된다. 모든 입력이 High(5V)일 때에만 모든 다이오드가 도통되지 않게 되어 출력 Y는 High(5V)가 된다.

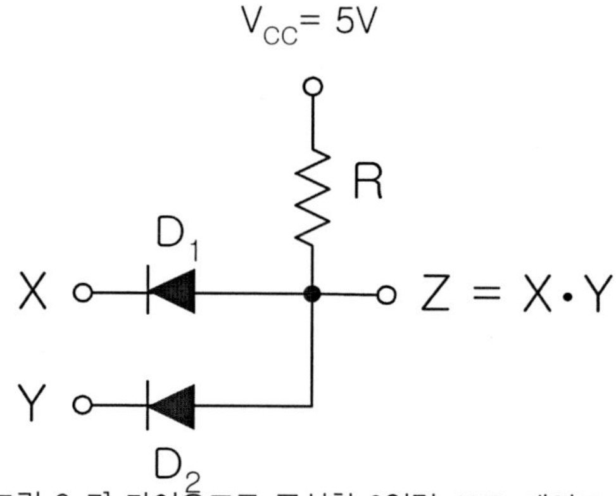

[그림 2-7] 다이오드로 구성한 2입력 AND 게이트

(1) AND 게이트의 기호 및 진리표

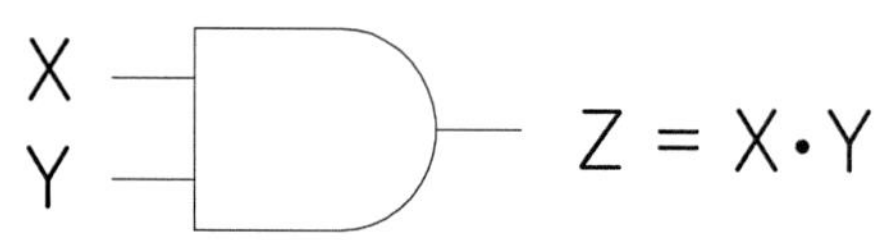

[그림 2-8] AND 게이트의 기호

표 2-3 AND 게이트의 진리표

입력		출력
X	Y	Z
0	0	0
0	1	0
1	0	0
1	1	1

(2) AND 게이트의 논리식 및 TTL IC 핀 구성

AND 게이트는 입력 X, Y 중 하나만 논리 0이면 출력 Z는 0이 되고, 입력 X, Y가 모두 1일 때에만 출력 Z가 1이 된다. AND 게이트의 논리식은 아래와 같다.

$$Z = X \cdot Y$$

[그림 2-9]는 표준 TTL 2입력 AND Gate (74LS08)로 하나의 IC 내에 2입력 AND 게이트가 4개 들어 있고 7번 핀은 접지, 14번 핀은 전원인가 핀이다. 이 밖에도 74LS09는 74LS08과 호환되는 결과를 얻을 수 있는 IC이다. 또한 3입력 AND 게이트로는 74LS11이 있으며, 4입력 AND 게이트로는 74LS21이 있다.

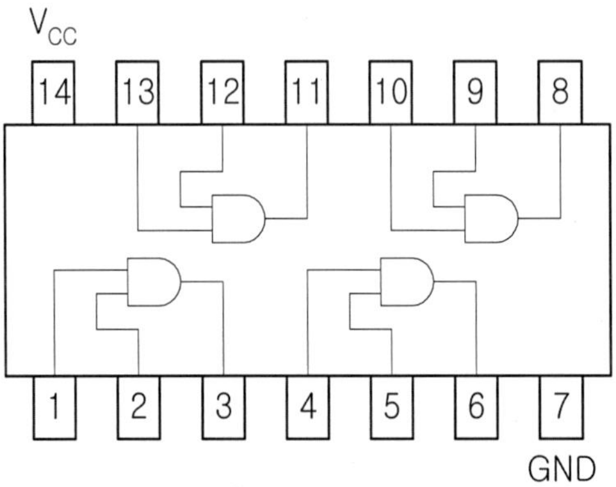

[그림 2-9] 74LS08의 핀 구성도

[예제 2.1]

다음 회로의 입력 X, Y의 파형이 아래와 같을 때 출력 Z의 파형을 그리시오.

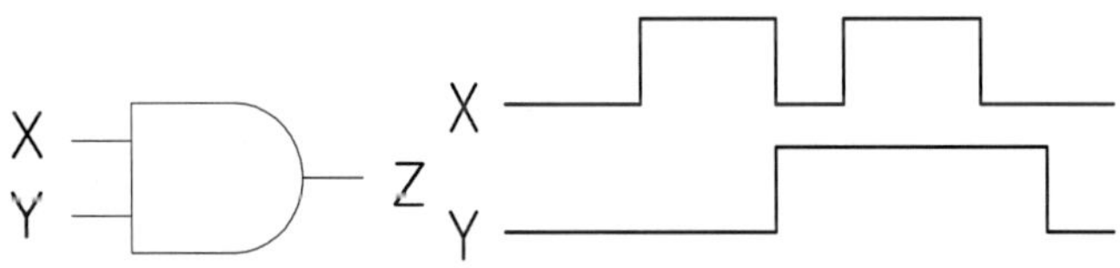

풀이 <<

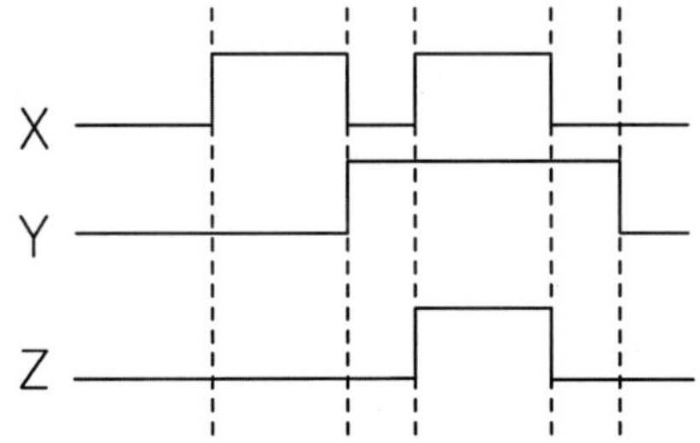

2.2.4 OR 게이트

OR 게이트는 다수의 입력 중 하나만 논리 High이면 출력은 High가 되고, 입력이 모두 Low일 때에만 출력이 Low가 된다.

[그림 2-10]은 다이오드와 저항으로 구성된 OR게이트로 입력 X, Y 중 어느 하나가 High(5V)이면 저항 R을 통해 입력이 High인 다이오드에 전류가 흐르기 때문에 출력 Z는 High(약 4.3V)로 된다. 모든 입력이 Low(0V)일 때에만 모든 다이오드가 도통되지 않아 출력 Y는 Low(0V)가 된다.

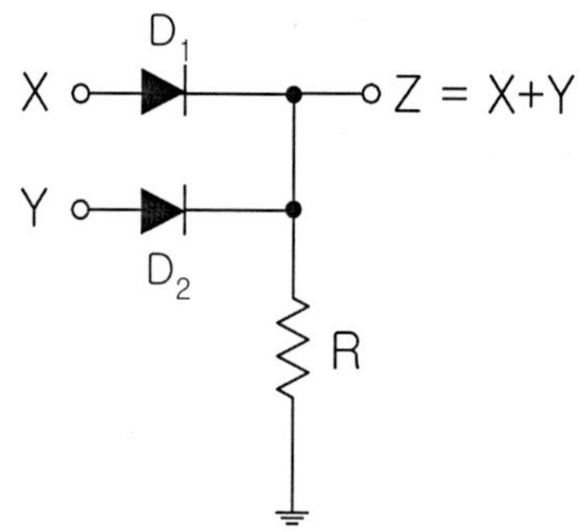

[그림 2-10] 다이오드로 구성한 2입력 OR 게이트

(1) OR 게이트의 기호 및 진리표

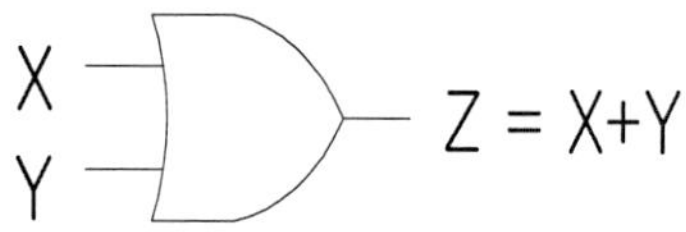

[그림 2-11] OR 게이트의 기호

표 2-4 OR 게이트의 진리표

입력		출력
X	Y	Z
0	0	0
0	1	1
1	0	1
1	1	1

(2) OR 게이트의 논리식 및 TTL IC 핀 구성

입력 X, Y 중 하나만 논리 1이면 출력 Z는 1이 되고, 입력 X, Y가 모두 0일 때에만 출력 Z가 0이 된다. OR 게이트의 논리식은 아래와 같다.

$$Z = X + Y$$

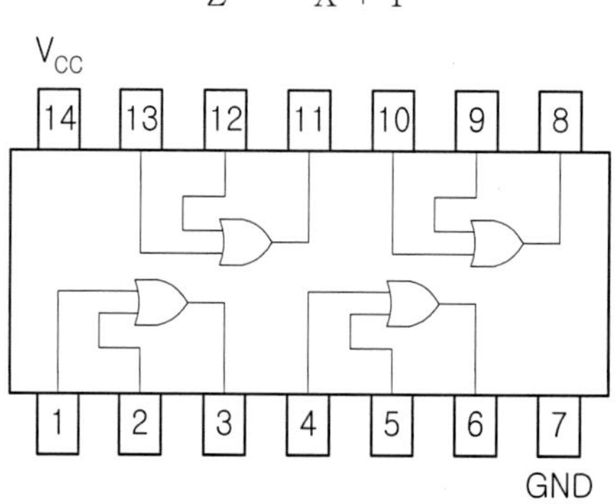

[그림 2-12] 74LS32의 핀 구성도

[그림 2-12]는 표준 TTL 2입력 OR Gate (74LS32)로 하나의 IC 내에 2입력 OR 게이트가 4개 들어 있고 7번 핀은 접지, 14번 핀은 전원인가 핀이다. 2입력 OR 게이트인 74LS32와

호환되는 IC는 없다. 또한 3입력 OR 게이트는 없으므로 3입력 NOR 게이트가(74LS27)이 있는데 이를 응용해야 할 것이며, 4입력 OR 게이트 또한 존재하지 않아 스트로브(strobe) 입력을 갖춘 4입력 NOR 게이트(74LS25)가 있으니 이 또한 응용해야 할 것이다.

[예제 2.2]

다음 회로의 출력 논리식 Z를 쓰시오.

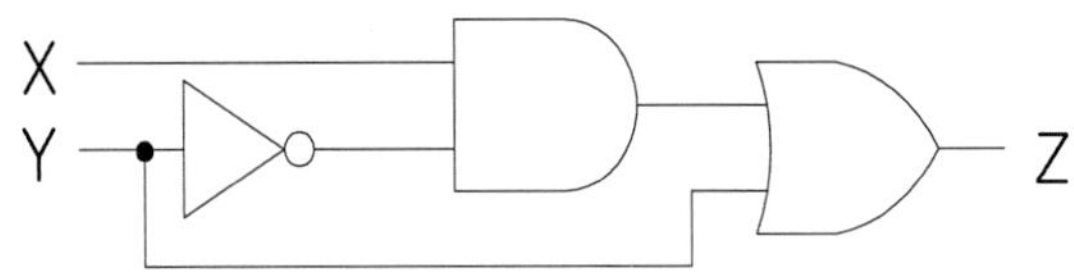

풀이 <<

$$Z = X \cdot \overline{Y} + Y$$

2.2.5 NAND 게이트

NAND 게이트는 다수의 입력 중 하나만 논리 Low이면 출력은 High가 되고, 입력이 모두 High 일 때에만 출력이 Low가 된다.

[그림 2-13]은 다이오드 AND 회로와 트랜지스터 인버터로 구성된 DTL NAND 회로이다. 입력 X, Y 중의 하나가 Low(0V)가 되면 다이오드 D1, D2 중 하나가 도통하기 때문에 a점은 약 0.7V로 되고 이 때 트랜지스터는 차단되고 베이스전류는 흐르지 않아 컬렉터 출력은 High(5V)가 된다. 입력 X, Y가 모두 High일 경우에만 D1, D2가 모두 Off 되어 V_{CC} → R1 → D3 → D4를 통해 트랜지스터의 베이스에 전류가 흘러 포화상태로 동작하고 이때 컬렉터 단의 출력은 Low(약 0.2V)가 된다.

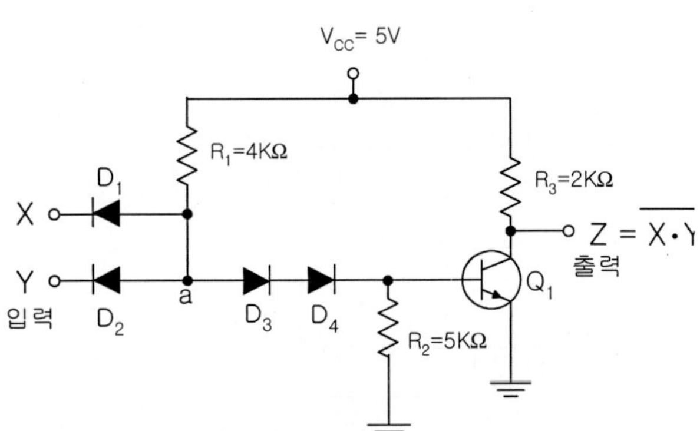

X	Y	a	Q1	Z
0V	0V	0.7V	OFF	5V
0V	5V	0.7V	OFF	5V
5V	0V	0.7V	OFF	5V
5V	5V	5V	ON	0.2V

[그림 2-13] DTL NAND 게이트의 회로 및 동작표

(1) NAND 게이트의 기호 및 진리표

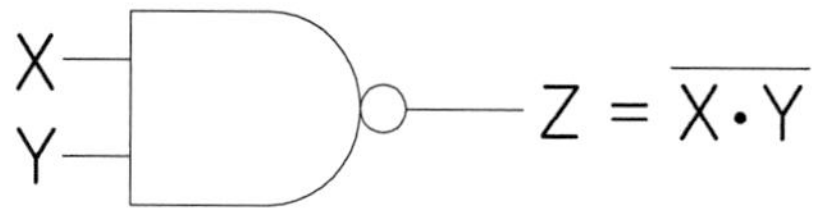

[그림 2-14] NAND 게이트의 기호

표 2-5 NAND 게이트의 진리표

입력		출력
X	Y	Z
0	0	1
0	1	1
1	0	1
1	1	0

(2) NAND 게이트의 논리식 및 TTL IC 핀 구성

입력 X, Y 중 하나만 논리 0 이면 출력 Z는 1이 되고, 입력 X, Y가 모두 1일 때에만 출력 Z가 0이 된다. NAND 게이트의 논리식은 아래와 같다.

$$Z = \overline{X \cdot Y}$$

[그림 2-15]는 표준 TTL 2입력 NAND 게이트 (74LS00)로 하나의 IC 내에 2입력 NAND 게이트가 4개 들어 있고 7번 핀은 접지, 14번 핀은 전원인가 핀이다. 또한 74LS01은 74LS00과 호환되는 결과를 얻을 수 있는 IC이다. 또한 3입력 NAND 게이트로는 74LS10이 있고, 4입력 NAND 게이트로는 74LS20이 있으며, 8입력 NAND 게이트로는 74LS30이 있다.

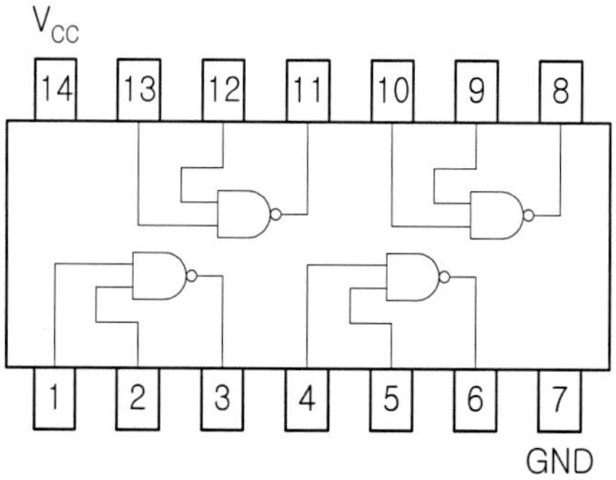

[그림 2-15] 74LS00의 핀 구성도

2.2.6 NOR 게이트

NOR 게이트는 다수의 입력 중 하나만 논리 High이면 출력은 Low가 되고, 입력이 모두 Low일 때에만 출력이 High가 된다.

[그림 2-16]은 저항과 트랜지스터로 구성된 RTL NOR 회로이다. 입력 X, Y 중 어느 하나가 High일 때는 두 개의 트랜지스터 중 하나가 도통하여 컬렉터 출력 Z는 Low로 된다. 입력 X, Y가 모두 Low일 때 양 트랜지스터는 모두 비도통(Off) 되어 출력 Z는 High로 된다.

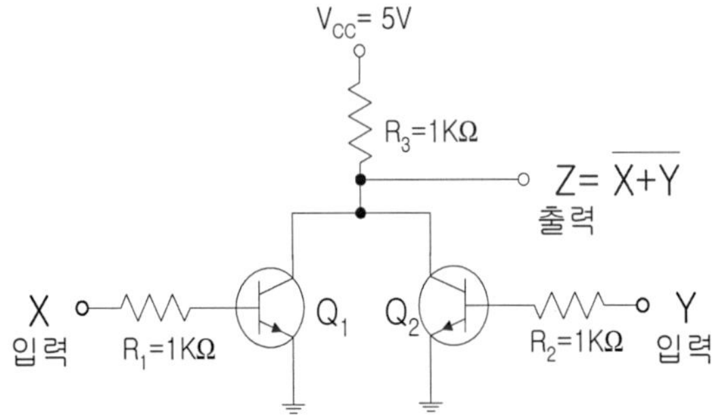

X	Y	Q1	Q2	Z
0V	0V	OFF	OFF	5V
0V	5V	OFF	ON	0.2V
5V	0V	ON	OFF	0.2V
5V	5V	ON	ON	0.2V

[그림 2-16] RTL NOR 게이트 회로 및 동작표

(1) NOR 게이트의 기호 및 진리표

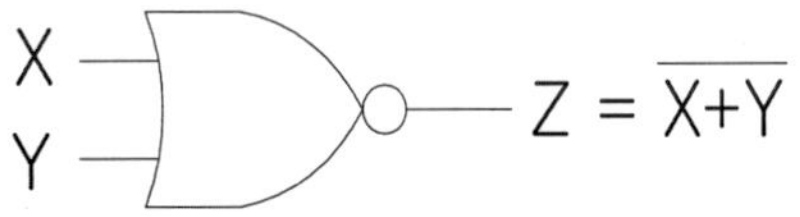

[그림 2-17] NOR 게이트의 기호

표 2-6 NOR 게이트의 진리표

입력		출력
X	Y	Z
0	0	1
0	1	0
1	0	0
1	1	0

(2) 논리식 및 TTL IC 핀 구성

입력 X, Y 중 하나만 논리 1이면 출력 Z는 0이 되고, 입력 X, Y가 모두 0일 때에만 출력 Z가 1이 된다. NOR 게이트의 논리식은 아래와 같다.

$$Z = \overline{X + Y}$$

[그림 2-18]은 표준 TTL 2입력 NOR Gate (74LS02)로 하나의 IC 내에 2입력 NOR 게이트가 4개 들어 있고 7번 핀은 접지, 14번 핀은 전원인가 핀이다. 2입력인 74LS33이 74LS02와 호환되는 결과를 얻을 수 있는 IC이다. 또한 3입력 NOR 게이트로는 74LS27이 있으며, 4입력 NOR 게이트로는 스트로브 기능을 지닌 74LS24와 74LS25를 사용하면 된다.

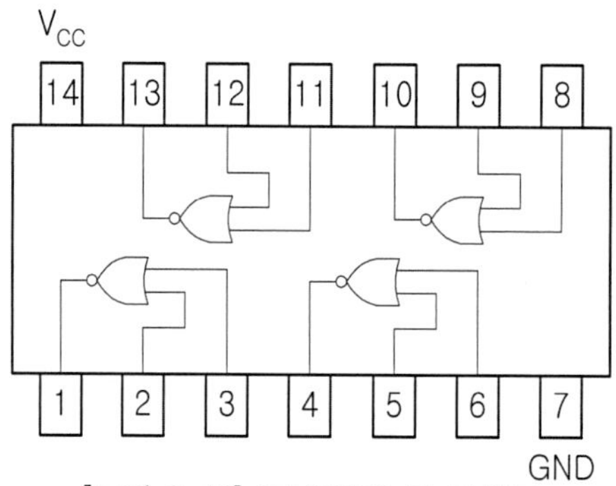

[그림 2-18] 74LS02의 핀 구성도

2.2.7 배타적 OR(Exclusive OR: XOR) 게이트

배타적 OR 게이트는 다수의 입력 중 논리 High의 개수가 짝수 개이면 출력은 Low가 되고, 논리 High의 개수가 홀수 개이면 출력은 High가 된다. 즉, 출력 Z는 $Z = X \oplus Y = X'Y + XY'$(또는 $Z = \overline{X}Y + X\overline{Y}$)와 같이 표현된다.

(1) 기호 및 진리표

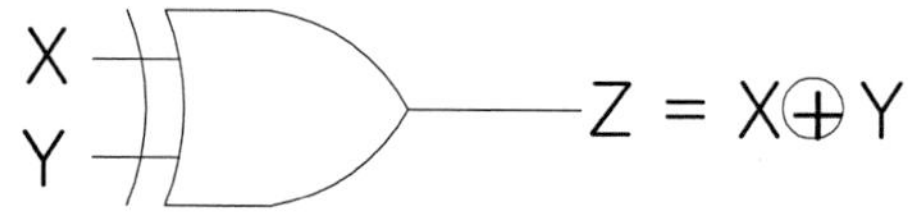

[그림 2-19] 배타적 OR(XOR) 게이트의 기호

표 2-7 XOR 게이트의 진리표

입력		출력
X	Y	Z
0	0	0
0	1	1
1	0	1
1	1	0

(2) 논리식 및 TTL IC 핀 구성

입력의 1의 개수가 짝수이면 출력은 0이고, 입력의 1의 개수가 홀수이면 출력은 1이 되고 논리식은 아래와 같다.

$$Z = X \oplus Y = \overline{X}Y + X\overline{Y}$$

[그림 2-20]은 표준 TTL 2입력 XOR 게이트 (74LS86)로 하나의 IC 내에 2입력 XOR 게이트가 4개 들어 있고 7번 핀은 접지, 14번 핀은 전원인가 핀이다. 74LS136은 74LS86과 호환되는 결과를 얻을 수 있는 IC이다. XOR 게이트는 논리상 2입력만이 존재함을 유의해야 한다.

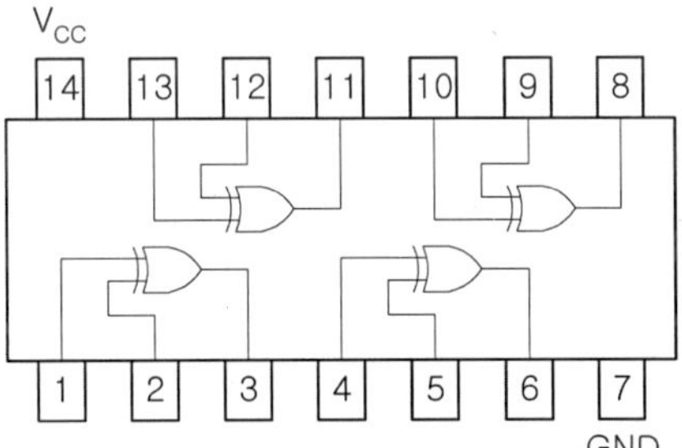

[그림 2-20] 74LS86의 핀 구성도

2.2.8 배타적 NOR(Exclusive OR: XNOR) 게이트

XNOR 게이트는 입력단에 입력된 값들의 배타적 논리합(exclusive OR)의 반전된 결과를 TTL IC를 통해 전파지연 시간 후 출력함을 확인한다. 예를 들어 XNOR 게이트의 기호는 [그림 2-21]을 통해 알 수 있듯이 XOR 게이트 출력단에 버블이 있다. 논리는 진리표에서와 같이 출력 Y는 Y=A · B+A' · B' (또는 $Y = AB + \overline{A}\,\overline{B}$)와 같으며 Y=A⊙B로도 표기한다. 즉 서로 같은 입력의 논리 두 가지가 각각 AND한 후 OR하여 그 중 하나라도 논리 1이면 논리 1(5V)이 출력되고, 그렇지 않은 경우에는 논리 0(0V)이 출력되며, 된다. XNOR 게이트 TTL IC로는 74LS810이 사용되며, 74LS266은 74LS810과 호환되는 결과를 얻을 수 있는 IC이다. XNOR 게이트 역시 논리상 2입력만이 존재한다.

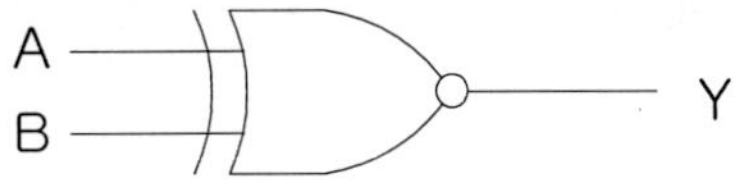

[그림 2-21] XNOR 게이트의 기호

논리식은 아래와 같이 표현한다.

$$Y = A \odot B = AB + \overline{A}\,\overline{B}$$

2-3 부울 대수(Boolean algebra)

디지털 회로는 가능한 간단하게 설계하여 회로 구성요소인 논리 게이트의 수를 최소화하여야 경제적이고 빠른 수행 결과를 얻을 수 있다. 이를 위하여 같은 논리식이라 하더라도 가장 간단한 논리식을 구현하여야 하는데 부울 대수(Boolean algebra)를 이용하여 논리식을 최소화 할 수 있다.

이 절에서는 부울 대수의 몇 가지 법칙과 규칙을 익히고 이러한 규칙을 이용하여 출력 논리식을 간략화하고 간단한 논리 회로를 구성하는 방법을 익힐 것이다.

2.3.1 부울 대수의 법칙과 정리

(1) 부울 대수의 공리

① $X \neq 1$ 이면 $X = 0$, $X \neq 0$ 이면 $X = 1$

② $0 \cdot 0 = 0$, $0 \cdot 1 = 0$, $1 \cdot 0 = 0$, $1 \cdot 1 = 1$

③ $0 + 0 = 0$, $0 + 1 = 1$, $1 + 0 = 1$, $1 + 1 = 1$

④ $\overline{1} = 0$, $\overline{0} = 1$

(2) 부울 대수의 정리

① $X \cdot 0 = 0$, $X \cdot 1 = X$, $X \cdot X = X$, $X \cdot \overline{X} = 0$

② $X + 0 = X$, $X + 1 = 1$, $X + X = X$, $X + \overline{X} = 1$

③ $\overline{\overline{X}} = X$ (이중부정)

④ $X+Y = Y+X$, $X \cdot Y = Y \cdot X$ (교환법칙)

⑤ $X+(Y+Z) = (X+Y)+Z$, $X \cdot (Y \cdot Z) = (X \cdot Y) \cdot Z$ (결합법칙)

⑥ $X \cdot (Y+Z) = (X \cdot Y)+(X \cdot Z)$, $X+(Y \cdot Z) = (X+Y) \cdot (X+Z)$ (분배법칙)

⑦ $X+X \cdot Y = X \cdot (1+Y) = X$

⑧ $X+\overline{X} \cdot Y = (X+\overline{X}) \cdot (X+Y) = X+Y$ → 컨센서스 정리 참고

⑨ $X \cdot (X+Y) = (X \cdot X)+(X \cdot Y) = X+X \cdot Y = X$

⑩ $X \cdot (\overline{X}+Y) = (X \cdot \overline{X})+(X \cdot Y) = X \cdot Y$

⑪ $(X+Y) \cdot (X+Z)$

$= XX+XY+XZ+YZ = X(1+Y)+XZ+YZ = X(1+Z)+YZ = X+YZ$

⑫ $XY+\overline{X}Z = XY+\overline{X}Z+YZ$ (컨센서스 정리)

[증명] $\boxed{XY+\overline{X}Z}$

$= XY(1+Z)+\overline{X}Z(1+Y)$

$= XY+XYZ+\overline{X}Z+\overline{X}YZ$

$= XY+\overline{X}Z+YZ(1+\overline{X})$

$= \boxed{XY+\overline{X}Z+YZ}$

$= X\overline{X}+XY+\overline{X}Z+YZ$

$= X(\overline{X}+Y)+Z(\overline{X}+Y)$

$= \boxed{(X+Z)(\overline{X}+Y)}$

[예제 2.3]

다음의 출력식에 대한 논리 회로를 그리고 또 부울 대수 법칙을 이용하여 간략화한 후 그에 대한 논리 회로를 그리시오.

$$Y = ABC + A\overline{B}C + AB\overline{C}$$

풀이 <<

① $Y = ABC + A\overline{B}C + AB\overline{C}$ 식에 대한 논리 회로

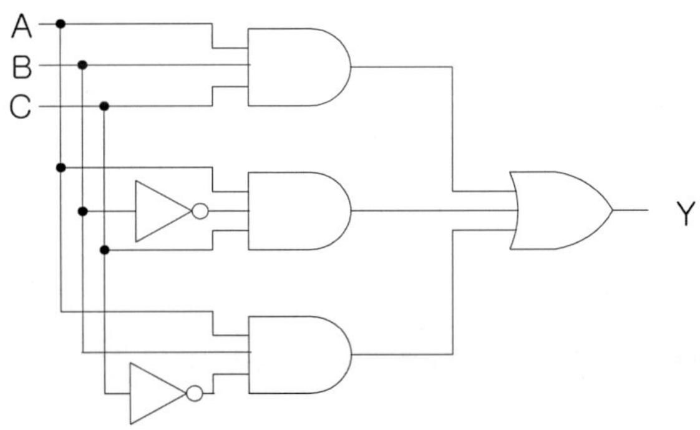

② $Y = ABC + A\overline{B}C + AB\overline{C}$

$= AB(C+\overline{C}) + A\overline{B}C = A(B+\overline{B}C)$

$= A(B+\overline{B})(B+C) = A(B+C)$

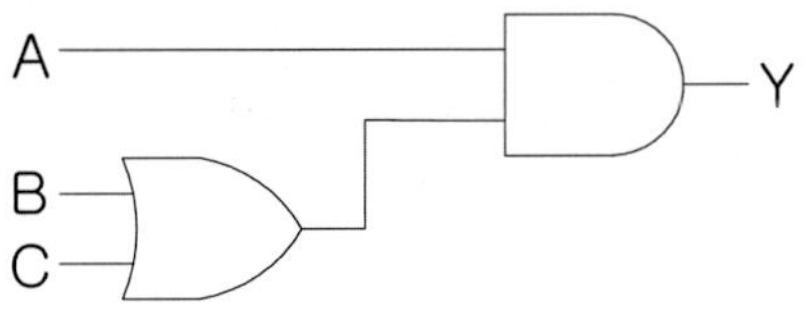

[예제 2.4]

다음에 주어진 논리식을 간단히 하시오.

$$Y = (A+B)\ (A+C)+AC$$

풀이 <<

$$Y = (A+B)\ (A+C)+AC$$
$$= A+(B\cdot C)+AC = A(1+C)+B\cdot C = A+B\cdot C$$

2.3.2 드모르간의 정리(De Morgan's Theorem)

(1) 드모르간의 정리(De Morgan's Theorem)

■ 제1정리

$$\overline{A+B} = \overline{A}\cdot\overline{B}$$

[그림 2-22] NOR 게이트의 등가회로

■ 제2정리

$$\overline{A\cdot B} = \overline{A}+\overline{B}$$

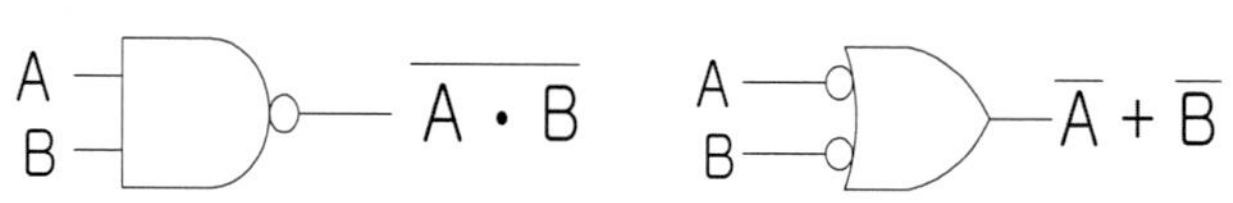

[그림 2-22] NAND 게이트의 등가회로

[예제 2.5]

드모르간 정리를 이용하여 다음 논리식을 다른 형태로 바꾸시오.

$$Y = \overline{\overline{A}+B}$$

풀이 <<

$$Y = \overline{\overline{A}+B} = A\cdot\overline{B}$$

[예제 2.6]

드모르간 정리를 이용하여 다음 논리식을 다른 형태로 바꾸시오.

$$Y = \overline{(AB+CD)(ABC+D)}$$

풀이<< $Y = \overline{(AB+CD)(ABC+D)} = (\overline{AB}\cdot\overline{CD}) + (\overline{ABC}\cdot\overline{D})$

$= (\overline{A}+\overline{B})\cdot(\overline{C}+\overline{D}) + (\overline{A}+\overline{B}+\overline{C})\cdot\overline{D}$

(2) 등가 게이트 회로

논리 회로 설계 시 부울 함수식 구현 시 가장 기본적으로 사용되는 NOT, AND, OR 게이트를 사용하기보다는 NAND 게이트나 NOR 게이트를 주로 사용한다. 이는 IC의 수를 줄여 보다 경제적인 회로 설계를 위하여 기본 논리 게이트를 드모르간 정리 등을 이용하여 NAND 게이트 또는 NOR 게이트로 변환하여 설계하는 것이 유리하기 때문이다. 이는 여러 종류의 게이트를 사용할 때보다 NAND 게이트나 NOR 게이트 중 한가지의 게이트만을 사용함으로써 게이트 수를 줄여 회로를 구현하는 비용을 절감하는 효과가 있기 때문에 NOT, AND, OR 게이트보다 자주 이용된다.

■ NAND 게이트로의 변환

① NOT 게이트와 등가인 NAND 게이트 회로

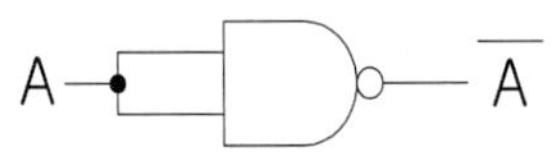

② AND 게이트와 등가인 NAND 게이트 회로

$$A\cdot B = \overline{\overline{A\cdot B}}$$

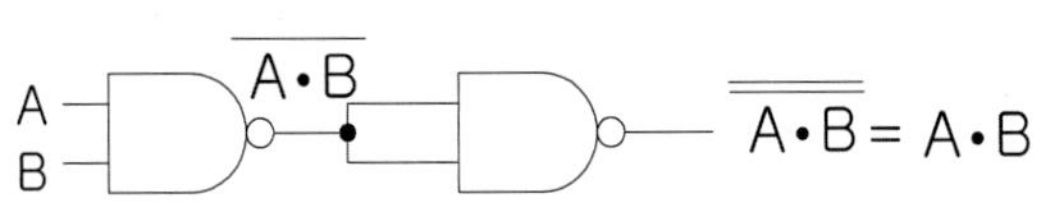

③ OR 게이트와 등가인 NAND 게이트 회로

$$A+B = \overline{\overline{A+B}} = \overline{\overline{A}\cdot\overline{B}}$$

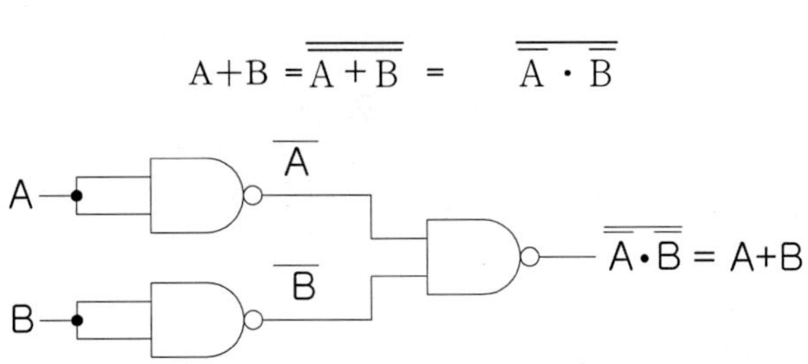

④ NOR 게이트와 등가인 NAND 게이트 회로

$$\overline{A+B} = \overline{A}\cdot\overline{B} = \overline{\overline{\overline{A}\cdot\overline{B}}}$$

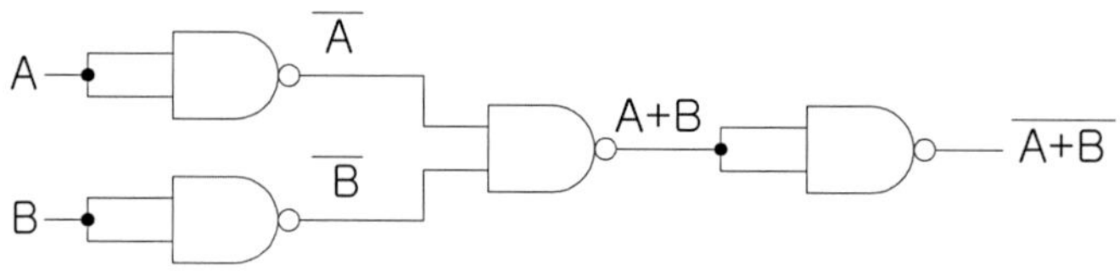

■ NOR 게이트로의 변환

① NOT 게이트와 등가인 NOR 게이트 회로

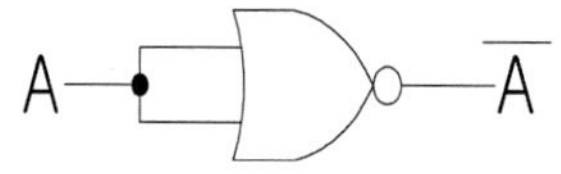

② AND 게이트와 등가인 NOR 게이트 회로

$$A \cdot B = \overline{\overline{A \cdot B}} = \overline{\overline{A} + \overline{B}}$$

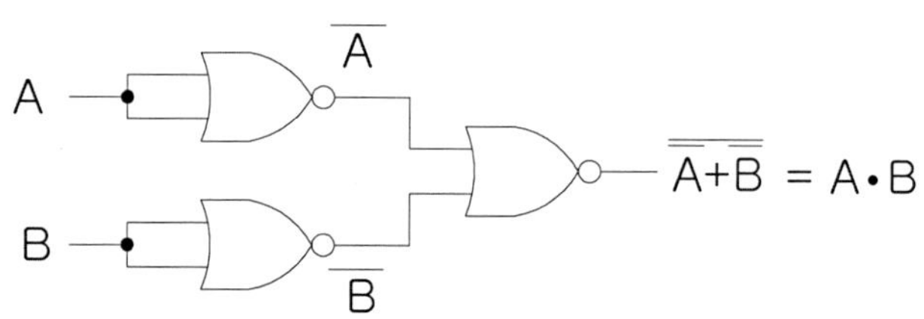

③ OR 게이트와 등가인 NOR 게이트 회로

$$A+B = \overline{\overline{A + B}}$$

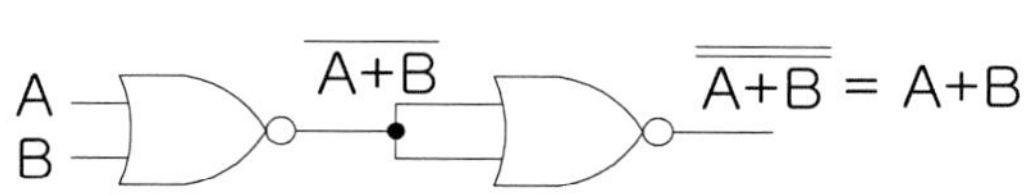

④ NAND 게이트와 등가인 NOR 게이트 회로

$$\overline{A \cdot B} = \overline{A} + \overline{B} = \overline{\overline{\overline{A} + \overline{B}}}$$

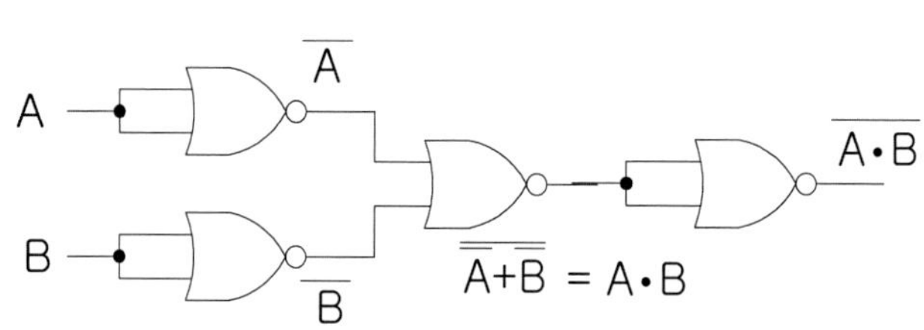

[예제 2.7]

다음 논리식에 대하여 물음에 답하시오.

$$Y = AB + CD$$

① 위 논리식과 등가인 논리 회로를 NAND 게이트만으로 구성하시오.

② 위 논리식과 등가인 논리 회로를 NOR 게이트만으로 구성하시오.

풀이 <<

① $Y = AB + CD = \overline{\overline{AB + CD}} = \overline{\overline{AB} \cdot \overline{CD}}$

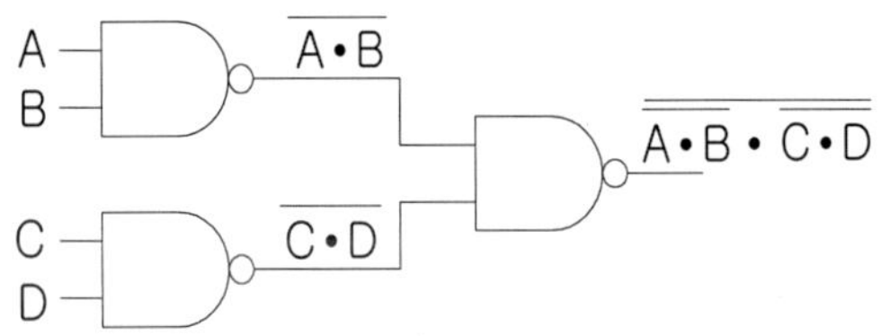

② $Y = AB + CD = \overline{\overline{AB}} + \overline{\overline{CD}} = \overline{\overline{A} + \overline{B}} + \overline{\overline{C} + \overline{D}}$

여기서 $\overline{A} + \overline{B}$를 X로, $\overline{C} + \overline{D}$를 Z로 치환하면

$Y = X + Z = \overline{\overline{X + Z}}$

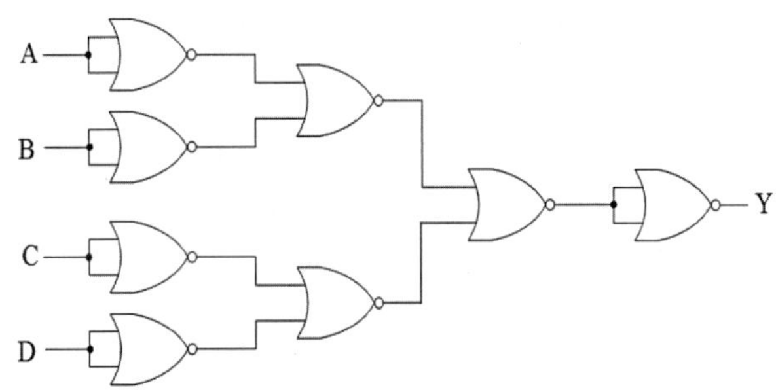

(3) NAND 게이트와 NOR 게이트로 구현

논리 회로 설계 시 부울 함수식 구현 시 최소항인 1의 항을 묶어 표현하는 것이 일반화되어 이를 쉽게 한가지의 게이트로 변환하기 쉬운 NAND 게이트를 사용한다. NAND 게이트로의 구현은 부울 함수 Y를 구해 쉽게 변형할 수 있다. 또한 NOR 게이트로의 구현은 최소항이 1이 아닌 0의 항을 묶어서 표현해야 간단하게 구현할 수 있다. 이 때는 부울 함수 Y'을 구한 다음 드모르간의 정리를 이용해 Y를 구하여 NOR 게이트로 변형해야 쉽게 구현할 수 있다.

[예제 2.8]

[예제 2-7]의 논리식에 대하여 위의 방식으로 NOR 게이트만으로 구성하시오.

Y = AB+CD

① 위 논리식과 등가인 논리 회로를 NOR 게이트만으로 구성하시오.

풀이 <<

① Y' = A'C'+A'D'+B'C'+B'D'

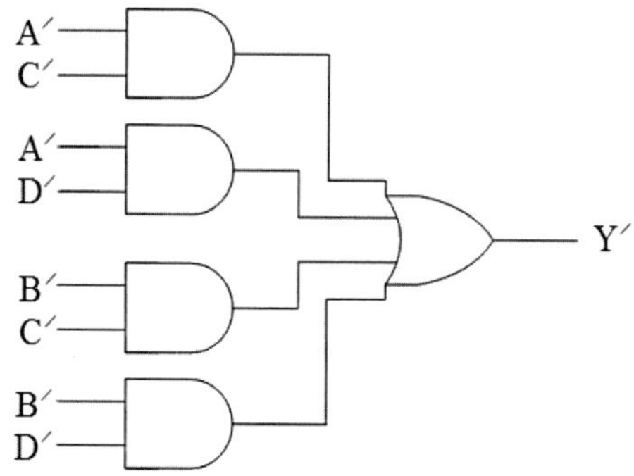

여기서 부울 함수 Y를 구하면

Y = (A+C)(A+D)(B+C)(B+D)

가 된다. 여기서 OR 게이트에 버블을 취하고 AND 게이트 입력단에 버블을 추가하고 버블 입력이 추가된 AND 게이트를 등가의 NOR 게이트로 변경하면 쉽게 NOR 게이트로만 이루어진 게이트로 구현된다.

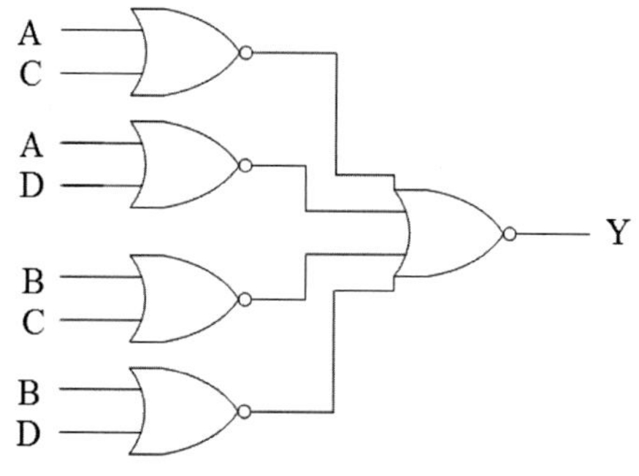

참고문헌

[1] 권오근, 권준식, 디지털공학의 이론과 실험, 2010년 3월, GS인터비전.

[2] 이승호, 민경옥, 디지털 공학 실험, 2013년 8월, 한빛미디어.

[3] M. Moris Mano & Michael D. Ciletti, Digital Design, 5th ed., 2012년 1월, Prentice Hall.

[4] 권오근, 권준식, 디지털 논리 실험, 2016년 6월, 홍릉과학출판사.

연습문제_

2.1 다음의 기본 논리 게이트에 대한 출력식, 진리표, 기호를 각각 쓰시오.

(1) AND 게이트 (2) OR 게이트 (3) INVERTER

(4) NAND 게이트 (5) NOR 게이트

2.2 입력 변수 A, B, C에 대하여 출력 Y1, Y2, Y3, Y4의 논리식이 아래와 같을 때 논리표의 출력값을 완성하시오.

(1) $Y1 = AB + C$ (2) $Y2 = AB + \overline{A}C$

(3) $Y3 = A\overline{B}\,\overline{C}$ (4) $Y4 = \overline{(A+B)}C$

입 력			출 력			
A	B	C	Y1	Y2	Y3	Y4
0	0	0				
0	0	1				
0	1	0				
0	1	1				
1	0	0				
1	0	1				
1	1	0				
1	1	1				

2.3 다음 각 식에 대한 논리 회로를 작성하시오.

(1) $X = \overline{A}B(C + \overline{D})$ (2) $Y = A\overline{B} + \overline{A}B$

2.4 부울 대수를 이용하여 다음 식을 간단히 하시오.

(1) $X = (A + \overline{B})(A + C)$ (2) $Y = AB + \overline{AB}C + A$

(3) $Z = \overline{A}B + \overline{A}B\overline{C} + \overline{A}BCD + \overline{A}B\overline{C}\,\overline{D}E$

2.5 부울 대수의 여러 정리를 이용하여 다음 논리식을 간략화 하시오.

(1) $X = AB + ABC + \overline{A}B + A\overline{B}C$

(2) $Y = (A + B)(A + \overline{B})(\overline{A} + B)$

2.6 부울 대수를 이용하여 다음 식을 간단히 하고 논리 회로를 그리시오.

$Y=ABCD+AB(\overline{CD})+(\overline{AB})CD$

2.7 다음 각 식에 드모르간의 정리를 적용하시오.

(1) $X=\overline{A\overline{B}(C+\overline{D})}$ (2) $Y=\overline{AB(CD+EF)}$ (3) $Z=\overline{(A+\overline{B\overline{C}}+CD)}+\overline{\overline{BC}}$

2.8 NAND 게이트만을 이용하여 다음 논리식에 대한 논리 회로를 그리시오.

$Y=AB+CD$

2.9 다음회로에 대하여 물음에 답하시오.

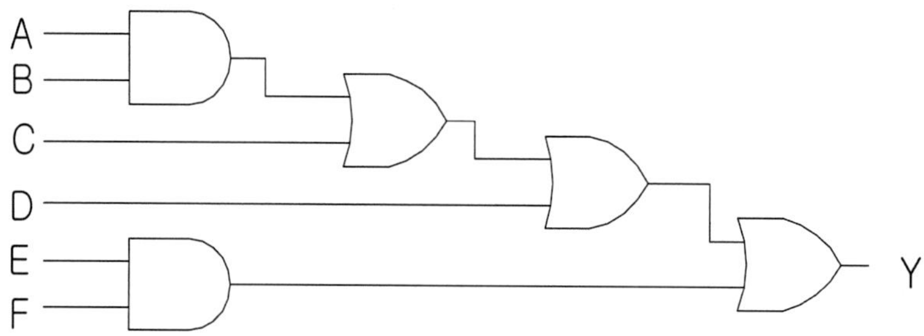

(1) NAND 게이트만을 이용하여 회로를 재구성하시오.
(2) NOR 게이트만을 이용하여 회로를 재구성하시오.

2.10 다음의 부울 함수를 **최소의 문자수**로 간략화한 후, 최소수의 **NAND 게이트**만으로 그리시오. 단 부울 대수만으로 간략화 할 것. (간략화하는 과정을 기술할 것)

1) $Y=(A'+C)(A'+C')(A+B+C'D)$
2) $A = xy+x(wz+wz')$
3) $Z = \overline{(C+D)\overline{A\overline{C}D}(\overline{A}C+\overline{D})}$

Chapter 3

논리 회로의 간략화

논리 회로의 설계는 보통 필요한 기능의 설명 또는 서술에서부터 시작한다. 논리 회로의 서술문으로부터 입력 변수와 출력 변수를 정하여 논리 회로의 기능을 진리표로 표현할 수 있으며, 이 진리표로부터 출력 변수를 입력 변수로 표현하는 출력 함수를 구한다. 논리 회로의 기능이 직접 진리표로 주어지는 경우에도 물론 진리표로부터 출력 함수의 논리식을 구할 수 있다. 논리 회로의 기능을 대수식으로 나타낸 출력 함수는 두 가지 표준 형식(standard form)인 논리곱의 합(sum of product)형태나 논리합의 곱(product of sum)형태로 표현된다. 논리곱의 합 형태의 출력 함수 중 각 항이 최소항(minterm)만으로 구성되었거나, 논리합의 곱 형태의 출력 함수 중 각 항이 최대항(maxterm)만으로 구성된 표준 형식으로 표현된 부울 함수는 특히 정준 형식(canonical form)으로 구성되었다고 한다. 출력 함수식을 구한 다음에는 경제적인 논리 회로를 구현하기 위해 출력 함수의 논리식을 간략화 하는 것이 필수적이다. 또한 이 장에서는 다소 까다로울 수 있는 부울 함수의 간략화 기법을 아주 간단한 표를 이용해 간략하도록 하는 카르노도(Karnaugh map)에 대해 학습한다. [그림 3-1]에는 출력 함수식 간략화 기법에 대하여 정리하였다.

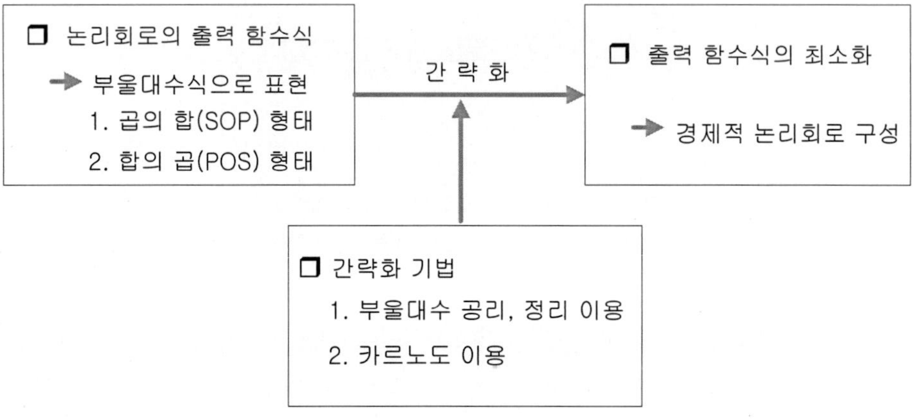

[그림 3-1] 출력 함수식 간략화 기법

3-1 최소항(minterm)

3.1.1 최소항(minterm)

디지털 시스템에서 n개의 입력 변수가 존재할 때 이 변수의 총 조합 가능한 수는 2^n개이고, 각각의 조합에서 변수가 0일 때에는 변수의 부정형으로 1일 때에는 변수의 비부정형으로 변수를 나타내어 AND 연산으로 만들어진 하나의 항을 최소항 또는 민텀(minterm) 항이라고 한다. 따라서 입력 변수가 n개이면 최소항의 개수는 2^n개가 된다.

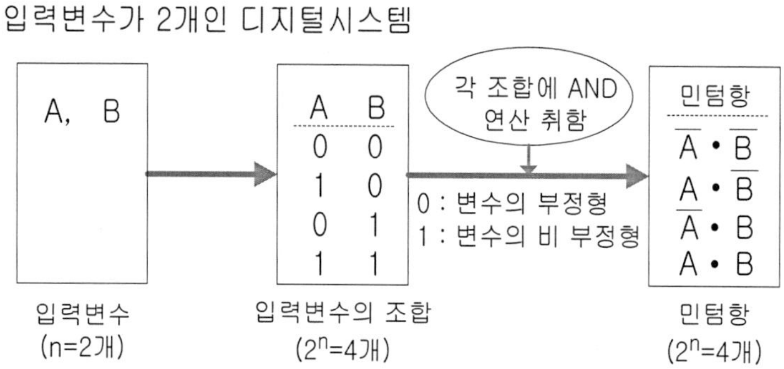

[그림 3-2] 2입력 변수에 대한 민텀항

두 개의 입력 변수 A, B에 대한 최소항은 [그림 3-2]와 [표 3-1]에서와 같이 표시되고 기호는 m_0, m_1, … 등으로 표시한다.

표 3-1 2입력 최소항

입 력		민 텀	
A	B	민텀항	기호
0	0	$\overline{A}\cdot\overline{B}$	m_0
0	1	$\overline{A}\cdot B$	m_1
1	0	$A\cdot\overline{B}$	m_2
1	1	$A\cdot B$	m_3

이와 같이 민텀(minterm) 또는 표준적(standard product)은 입력 변수가 0이면 부정형과 1이면 비부정형과 대응됨을 알 수 있고 입력이 세 개인 경우도 마찬가지로 적용되어 [표 3-2]와 같이 표시된다.

표 3-2 3입력 최소항

입력			민텀	
A	B	C	민텀항	기호
0	0	0	$\overline{A}\cdot\overline{B}\cdot\overline{C}$	m_0
0	0	1	$\overline{A}\cdot\overline{B}\cdot C$	m_1
0	1	0	$\overline{A}\cdot B\cdot\overline{C}$	m_2
0	1	1	$\overline{A}\cdot B\cdot C$	m_3
1	0	0	$A\cdot\overline{B}\cdot\overline{C}$	m_4
1	0	1	$A\cdot\overline{B}\cdot C$	m_5
1	1	0	$A\cdot B\cdot\overline{C}$	m_6
1	1	1	$A\cdot B\cdot C$	m_7

3.1.2 최소항의 합

임의의 디지털 회로의 진리표와 최소항을 이용하면 입・출력 간의 함수를 부울 대수식으로 표시할 수 있다. 진리표 상의 출력이 1인 최소항들을 OR 연산하면 출력 함수식이 된다. 이렇게 하여 구한 출력 함수식을 최소항의 합으로 표시한다. 또한 최소항의 합에서 논리합의 기호(symbol)는 $\sum$를 사용한다. 이렇게 최소항의 합으로 표시된 부울 함수는 정준 형식(canonical form)이라고 한다. 기본 게이트들의 진리표를 이용하여 최소항의 합 형태의 출력 함수식을 구하면 다음과 같다.

(1) AND 게이트

입력		출력
X	Y	Z
0	0	0
0	1	0
1	0	0
1	1	1

→

- 출력이 1인 민텀항
  X・Y 만 존재
- AND 게이트의 출력 함수 식
  $Z(X,Y) = X\cdot Y = m_3 = \sum(3)$

(2) OR 게이트

입 력		출 력
X	Y	Z
0	0	0
0	1	1
1	0	1
1	1	1

- 출력이 1인 민텀항

  $\overline{X}Y, X\overline{Y}, XY$

- OR 게이트의 출력 함수 식

  $Z(X,Y) = \overline{X}Y + X\overline{Y} + XY = \overline{X}Y + X(\overline{Y} + Y)$

  $= \overline{X}Y + X = (X + \overline{X})(X + Y) = X + Y$

  $= m_1 + m_2 + m_3 = \sum(1,2,3)$

(3) NAND 게이트

입 력		출 력
X	Y	Z
0	0	1
0	1	1
1	0	1
1	1	0

- 출력이 1인 민텀항

  $\overline{X}\,\overline{Y}, \overline{X}Y, X\overline{Y}$

- NAND 게이트의 출력 함수 식

  $Z(X,Y) = \overline{X}\,\overline{Y} + \overline{X}Y + X\overline{Y} = \overline{X}(\overline{Y} + Y) + X\overline{Y}$

  $= \overline{X} + X\overline{Y} = (X + \overline{X})(\overline{X} + \overline{Y}) = \overline{X} + \overline{Y}$

  $= \overline{X + Y}$

  $= m_0 + m_1 + m_2 = \sum(0,1,2)$

(4) NOR 게이트

입 력		출 력
X	Y	Z
0	0	1
0	1	0
1	0	0
1	1	0

- 출력이 1인 민텀항

  $\overline{X}\,\overline{Y}$

- NOR 게이트의 출력 함수 식

  $Z(X,Y) = \overline{X}\,\overline{Y} = \overline{X + Y}$

  $= m_0 = \sum(0)$

(5) XOR 게이트

입 력		출 력
X	Y	Z
0	0	0
0	1	1
1	0	1
1	1	0

- 출력이 1인 민텀항

  $\overline{X}Y, X\overline{Y}$

- XOR 게이트의 출력 함수 식

  $Z(X,Y) = \overline{X}Y + X\overline{Y} = X \oplus Y$

  $= m_1 + m_2 = \sum(1,2)$

[예제 3.1]

아래의 진리표를 보고 물음에 답하시오.

① 이 진리표를 만족하는 최소항의 합 형태의 출력 함수식을 구하시오.

② 부울 대수식을 이용하여 출력 함수식을 간략화 하시오.

③ 이 진리표를 만족하는 논리 회로를 그리시오.

풀이 <<

입 력			출 력
A	B	C	Y
0	0	0	0
0	0	1	1
0	1	0	0
0	1	1	0
1	0	0	1
1	0	1	1
1	1	0	0
1	1	1	0

① 출력 함수식

$$Y(A,B,C) = \overline{A}\,\overline{B}C + A\overline{B}\,\overline{C} + A\overline{B}C = m_1 + m_4 + m_5 = \Sigma(1,\ 4,\ 5)$$

② 출력 함수식의 간략화

$$Y(A,B,C) = \overline{A}\,\overline{B}C + A\overline{B}\,\overline{C} + A\overline{B}C = \overline{B}C(\overline{A}+A) + A\overline{B}\,\overline{C}$$

$$= \overline{B}(C + A\overline{C}) = \overline{B}(C+A)(C+\overline{C}) = \overline{B}(C+A)$$

③ 논리 회로

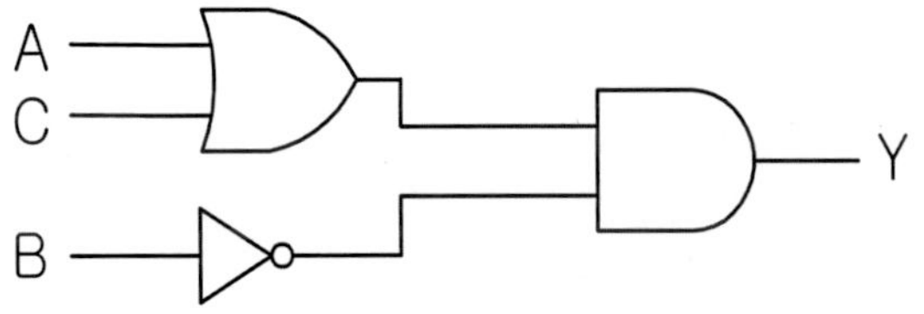

[예제 3.2]

아래의 출력 함수식에 대하여 물음에 답하시오.

$$Y = A + B\overline{C}$$

① 최소항의 합 형태로 변환하시오.

② 진리표를 작성하시오

풀이 << ① 최소항의 합 형태

출력 함수를 최소항의 합으로 표현하기 위해서는 각 항이 반드시 모든 입력 포함해야 한다. 이 예제에서는 입력 변수가 세 개 즉, A, B, C인데 첫 번째 항은 입력 변수 B와 C가 빠져 있고 두 번째 항은 입력 변수 A가 빠져 있으므로 각 항에 세 개의 입력변수를 모두 포함하기 위하여 다음과 같이 표시한다.

$$
\begin{aligned}
Y(A,B,C) &= A + B\overline{C} = A(B+\overline{B}) + B\overline{C} = AB + A\overline{B} + B\overline{C} \\
&= AB(C+\overline{C}) + A\overline{B}(C+\overline{C}) + (A+\overline{A})B\overline{C} \\
&= ABC + AB\overline{C} + A\overline{B}C + A\overline{B}\,\overline{C} + AB\overline{C} + \overline{A}B\overline{C} \\
&= ABC + AB\overline{C} + A\overline{B}C + A\overline{B}\,\overline{C} + \overline{A}B\overline{C} \\
&= m_2 + m_4 + m_5 + m_6 + m_7 \\
&= \Sigma(2,\ 4,\ 5,\ 6,\ 7)
\end{aligned}
$$

② 진리표를 작성

입 력			출 력
A	B	C	Y
0	0	0	0
0	0	1	0
0	1	0	1
0	1	1	0
1	0	0	1
1	0	1	1
1	1	0	1
1	1	1	1

[예제 3.3]

출력 함수 $Y = AB\overline{C} + B\overline{C}D + ABCD$ 를 최소항의 합으로 표현하시오.

풀이 <<

$$
\begin{aligned}
Y(A,B,C,D) &= AB\overline{C}(D+\overline{D}) + B\overline{C}D(A+\overline{A}) + ABCD \\
&= AB\overline{C}D + AB\overline{C}\,\overline{D} + AB\overline{C}D + \overline{A}B\overline{C}D + ABCD \\
&= AB\overline{C}D + AB\overline{C}\,\overline{D} + \overline{A}B\overline{C}D + ABCD \\
&= m_5 + m_{12} + m_{13} + m_{15} \\
&= \Sigma(5,\ 12,\ 13,\ 15)
\end{aligned}
$$

3-2 최대항(maxterm)

3.2.1 최대항(maxterm)

최소항은 입력 변수들을 AND 연산에 의해 조합한 항이었지만, 최대항은 n개의 입력 변수들을 OR 연산에 의해 조합하며, 조합된 각각의 항을 최대항 또는 맥스텀(maxterm)항이라 한다. 최대항에서는 각각의 조합 중 0은 변수의 비부정형으로 변환하고 1은 변수의 부정형으로 대응시켜 OR(논리합) 결합된다. 또한 입력 변수가 n개이면 최대항의 개수도 2^n개가 된다. 이렇게 최대항의 곱으로 표시된 부울 함수는 정준 형식(canonical form)이라고 한다.

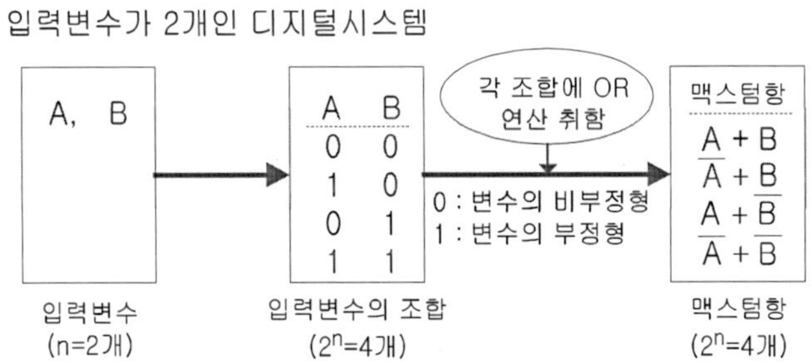

[그림 3-3] 2입력 변수에 대한 최대항

두 개의 입력 변수 A, B에 대한 맥스텀항은 [그림 3-3]과 [표 3-3]에서와 같이 표시되고 기호는 M_0, M_1, … 등으로 표시한다.

표 3-3 2입력 최대항

입력		맥스텀	
A	B	맥스텀항	기호
0	0	A+B	M_0
0	1	A+$\overline{B}$	M_1
1	0	$\overline{A}$+B	M_2
1	1	$\overline{A}$+$\overline{B}$	M_3

이와 같이 맥스텀(maxterm) 또는 표준합(standard sum)은 입력 변수가 0이면 비부정형과 1이면 부정형과 대응됨을 알 수 있고 입력이 세 개인 경우도 마찬가지로 적용

될 것이므로 [표 3-4]와 같이 표시된다.

표 3-4 3입력의 최대항

입력			맥스텀	
A	B	C	맥스텀항	기호
0	0	0	$A+B+C$	M_0
0	0	1	$A+B+\overline{C}$	M_1
0	1	0	$A+\overline{B}+C$	M_2
0	1	1	$A+\overline{B}+\overline{C}$	M_3
1	0	0	$\overline{A}+B+C$	M_4
1	0	1	$\overline{A}+B+\overline{C}$	M_5
1	1	0	$\overline{A}+\overline{B}+C$	M_6
1	1	1	$\overline{A}+\overline{B}+\overline{C}$	M_7

3.2.2 최대항의 곱

임의의 디지털 회로의 진리표와 최대항을 이용하면 입·출력 간의 함수를 부울 대수식으로 표시할 수 있듯이 진리표와 최대항을 이용하면 입·출력 간의 함수를 부울 대수식으로 표시할 수 있다. 진리표 상의 출력이 0인 최대항들을 AND 연산하면 출력 함수식이 된다. 이렇게 하여 구한 출력 함수식은 최대항들을 곱한 것이므로 최대항의 곱으로 표시한다. 또한 최대항의 곱에서 논리곱의 기호는 Π를 사용한다. 기본 게이트들의 진리표를 이용하여 최대항의 곱 형태의 출력 함수식을 구하면 다음과 같다.

(1) AND 게이트

입력		출력
X	Y	Z
0	0	0
0	1	0
1	0	0
1	1	1

- 출력이 0인 맥스텀항
  $X+Y$, $X+\overline{Y}$, $\overline{X}+Y$ 의 3개
- AND 게이트의 출력 함수 식

$$
\begin{aligned}
Z(X,Y) &= (X+Y)\cdot(X+\overline{Y})\cdot(\overline{X}+Y) \\
&= (XX+X\overline{Y}+XY+Y\overline{Y})\cdot(\overline{X}+Y) \\
&= X\overline{X}+XY = \mathbf{X\cdot Y} \\
&= M_0\cdot M_1\cdot M_2 \\
&= \Pi(0,1,2)
\end{aligned}
$$

(2) OR 게이트

입 력		출 력
X	Y	Z
0	0	0
0	1	1
1	0	1
1	1	1

- 출력이 0인 맥스텀항
  $X+Y$ 만 존재
- OR 게이트의 출력 함수 식

$$
\begin{aligned}
Z(X,Y) &= X+Y \\
&= M_0 \\
&= \prod(0)
\end{aligned}
$$

(3) NAND 게이트

입 력		출 력
X	Y	Z
0	0	1
0	1	1
1	0	1
1	1	0

- 출력이 0인 맥스텀항
  $\overline{X}+\overline{Y}$ 만 존재
- NAND 게이트의 출력 함수 식

$$
\begin{aligned}
Z(X,Y) &= \overline{X}+\overline{Y} = \overline{X\ Y} \\
&= M_3 \\
&= \prod(3)
\end{aligned}
$$

(4) NOR 게이트

입 력		출 력
X	Y	Z
0	0	1
0	1	0
1	0	0
1	1	0

- 출력이 0인 맥스텀항
  $(X+\overline{Y})$, $(\overline{X}+Y)$, $(\overline{X}+\overline{Y})$ 의 3개
- NOR 게이트의 출력 함수 식

$$
\begin{aligned}
Z(X,Y) &= (X+\overline{Y})\cdot(\overline{X}+Y)\cdot(\overline{X}+\overline{Y}) \\
&= (X\overline{X}+XY+\overline{X}\,\overline{Y}+Y\overline{Y})\cdot(\overline{X}+\overline{Y}) \\
&= X\overline{X}\,Y+X\overline{Y}\,Y+\overline{X}\,\overline{X}\,\overline{Y}+\overline{X}\,\overline{Y}\,\overline{Y} \\
&= \overline{X}\ \overline{Y} = \overline{X+Y} \\
&= M_1\cdot M_2\cdot M_3 \\
&= \prod(1,2,3)
\end{aligned}
$$

(5) XOR 게이트

입 력		출 력
X	Y	Z
0	0	0
0	1	1
1	0	1
1	1	0

- 출력이 0인 맥스텀항
  $X+Y$, $\overline{X}+\overline{Y}$
- XOR 게이트의 출력 함수 식

$$
\begin{aligned}
Z(X,Y) &= (X+Y)(\overline{X}+\overline{Y}) \\
&= X\overline{X}+X\overline{Y}+\overline{X}\,Y+Y\overline{Y} \\
&= \overline{X}\,Y+X\overline{Y} = X\oplus Y \\
&= M_0\cdot M_3 \\
&= \prod(0,3)
\end{aligned}
$$

[예제 3.4]

아래의 진리표를 만족하는 최대항의 곱 형태의 출력 함수식을 구하시오.

풀이 <<

입 력			출 력
A	B	C	Y
0	0	0	1
0	0	1	0
0	1	0	1
0	1	1	1
1	0	0	0
1	0	1	1
1	1	0	0
1	1	1	0

$$Y(A,B,C) = (A+B+\overline{C})(\overline{A}+B+C)(\overline{A}+\overline{B}+C)(\overline{A}+\overline{B}+\overline{C})$$
$$= M_1 \cdot M_4 \cdot M_6 \cdot M_7 = \Pi(1,\ 4,\ 6,\ 7)$$

[예제 3.5]

부울 함수 $Y = AB + \overline{A}C$ 를 논리합의 곱 형태로 표현하시오.

풀이 << 위의 함수는 논리곱의 합 형태로 되어있기 때문에 논리합의 곱 형태로 바꾸어야 한다. 따라서 분배법칙을 적용하여 정리하면 다음과 같다.

$$Y(A,B,C) = (AB+\overline{A})(AB+C) = (A+\overline{A})(B+\overline{A})(A+C)(B+C)$$
$$= (\overline{A}+B)(A+C)(B+C)$$

이 함수의 입력 변수는 A, B, C 세 개이나 첫째 항은 C가 둘째 항은 B가 셋째 항은 A가 빠져있기 때문에 첫째 항에는 $C\overline{C}$를 더해주고 둘째 항에는 $B\overline{B}$를 셋째 항에는 $A\overline{A}$를 더해 주어도 논리의 변화 없이 최대항을 구할 수 있게 된다.

$$Y(A,B,C) = (\overline{A}+B+C\overline{C})(A+C+B\overline{B})(B+C+A\overline{A})$$
$$= (\overline{A}+B+C)(\overline{A}+B+\overline{C})(A+B+C)(A+\overline{B}+C)(A+B+C)(\overline{A}+B+C)$$
$$= (A+B+C)(A+\overline{B}+C)(\overline{A}+B+C)(\overline{A}+B+\overline{C})$$
$$= M_0M_2M_4M_5 = \Pi(0,\ 2,\ 4,\ 5)$$

3-3 정준 형식 간의 변환

최소항의 합으로 표시된 함수를 구해서 그 함수의 보수를 취하면 0인 항들의 합과 같다. 예를 들어 함수 Y를

$$Y(A,B,C) = \sum(0,\ 1,\ 4,\ 5,\ 7)$$

라 하고, 함수 Y'을 구하면

$$Y'(A,B,C) = \sum(2,\ 3,\ 6) = m_2 + m_3 + m_6$$

가 되고, 드모르간의 정리를 이용하여 Y'의 보수를 취하면

$$Y(A,B,C) = (m_2 + m_3 + m_6)' = m_2' \cdot m_3' \cdot m_6' = M_2 \cdot M_3 \cdot M_6 = \prod(2,\ 3,\ 6)$$

가 된다. 이로부터 다음 관계가 증명된다.

$$m_j' = M_j$$

3-4 논리곱의 합(SOP)과 논리합의 곱(POS)의 관계

최소항의 합이 아닌 논리곱의 합(Sum of Product : SOP) 형태(AND항들의 합 형태)와 최대항의 곱이 아닌 논리합의 곱(Product of Sum : POS) 형태(OR항들의 곱 형태)는 표준 형식(standard form)이라 한다. 정준 형식과는 달리 최소항의 합이나 최대항의 곱 형식이 아니라 별개의 표현인 임의의 논리 회로에 대한 부울 함수식을 수립하는 기법으로 표준 형식은 이들 두 가지 형식(SOP나 POS) 중 어느 것을 이용하든지 같은 결과를 얻는다. 즉 논리곱의 합(SOP) 형식을 이용하여 구한 출력 함수식이나 논리합의 곱(POS) 형식을 이용하여 구한 출력 함수식은 결국 같은 결과값을 얻는다.

[예제 3.6]

아래의 진리표를 보고 물음에 답하시오.

① 이 진리표를 만족하는 SOP 형태의 출력 함수식을 구하시오

② 이 진리표를 만족하는 POS 형태의 출력 함수식을 구하시오.

③ ①과 ②에서 구한 식이 동일한 식임을 증명하시오

풀이 <<

입 력			출 력
A	B	C	Y
0	0	0	0
0	0	1	1
0	1	0	0
0	1	1	1
1	0	0	0
1	0	1	1
1	1	0	0
1	1	1	1

① 이 진리표를 만족하는 SOP 형태의 출력 함수식

$$Y = \overline{A}\,\overline{B}C + \overline{A}BC + A\overline{B}C + ABC = \Sigma(1, 3, 5, 7)$$

② 이 진리표를 만족하는 POS 형태의 출력 함수식

$$Y = (A+B+C)(A+\overline{B}+C)(\overline{A}+B+C)(\overline{A}+\overline{B}+C) = \Pi(0, 2, 4, 6)$$

③ ①과 ②에서 구한 식이 동일한 식임을 증명

$$Y = \overline{A}\,\overline{B}C + \overline{A}BC + A\overline{B}C + ABC = \overline{A}C(\overline{B}+B) + AC(\overline{B}+B) = \overline{A}C + AC$$

$$= C = C + A\overline{A} = (C+A)(C+\overline{A}) = (C+A+B\overline{B})(C+\overline{A}+B\overline{B})$$

$$= (A+B+C)(A+\overline{B}+C)(\overline{A}+B+C)(\overline{A}+\overline{B}+C)$$

3-5 카르노도(Karnaugh Map)에 의한 논리의 간략화

논리 회로 설계 시 가장 먼저 입・출력 함수의 최적 형식을 찾아야 하며 최적의 기준은 회로의 동작 속도와 가격을 결정하는 요인이 된다. 고속의 동작과 경제적인 회로 제작을 위해서는 논리 레벨 및 게이트 수를 최소화 하여야 하며 이를 위해서 부울 대수의 정리 또는 카르노도(Karnaugh Map) 등에 의해 입・출력 함수식을 가장 간략한 형태로 변환하여야 한다. 부울 대수의 정리를 이용한 간략화는 시행착오가 많아 확실한 결과를 얻을 수 없는 반면 카르노도를 이용하면 정확하게 논리식을 간략화 할 수 있다. 이 절에서는 카르노도에 의한 논리식 간략화 방법에 대하여 설명한다.

카르노도를 이용한 논리식 간략화 방법은 논리곱의 합(SOP)을 이용하는 방법과 논리합의 곱(POS)을 이용하는 방법의 두 가지 형태가 있고 카르노도 상에서 최소항은 1로, 최대항은 0으로 표시된다. 두 가지 방법 중 어떤 방법으로 간략화 하든지 같은 결과를 얻으므로 사용자가 편리한 방법을 선택하면 되나 일반적으로 출력 함수는 논리곱의 합 형태로 표시되므로 이 방법을 중심으로 하여 설명하기로 한다. 또한 SOP를 이용하는 방법은 NAND 게이트만으로 설계할 때 간편하게 설계할 수 있고, POS를 이용하는 방법은 NOR 게이트만으로 설계할 때 간편하게 설계할 수 있다.

3.5.1 카르노도 작성 및 간략화 방법

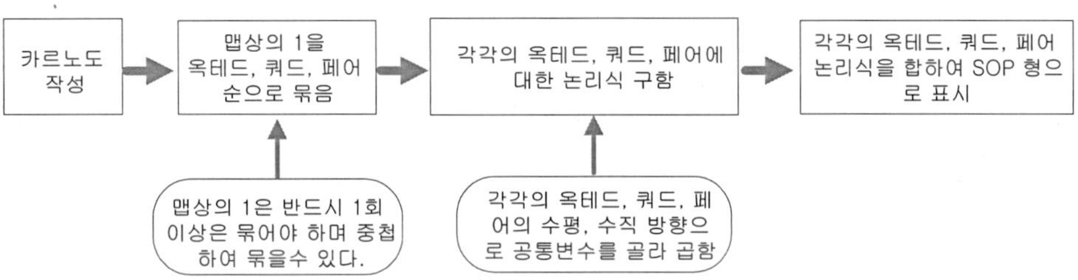

[그림 3-4] 카르노도에 의한 논리 간략화 방법

(1) 카르노도(Karnaugh Map) 의 작성법

일반적으로 입력 변수가 n개이면 최소항의 개수나 최대항의 개수는 2^n 개이므로 카르노도의 맵의 사각형 영역도 2^n개가 존재하고 하나의 사각형 내에 하나의 최소항이 대응된다. [표 3-5]에 정리된 것처럼 입력 변수가 2개일 때 최소항의 개수는 4개이고, 카르노도의 사각영역 수도 4개가 된다.

표 3-5 입력 변수 개수와의 관계

입력 변수의 개수(n)	민텀항의 개수(2^n)	사각형 영역 수(카르노도 맵)
2	4	4
3	8	8
4	16	16

■ 입력 변수가 2개 일 때의 카르노도

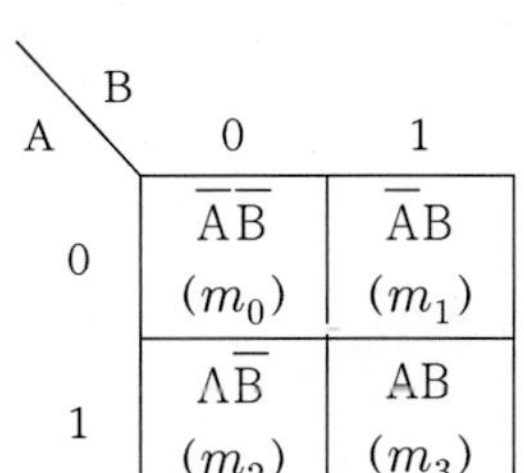

[그림 3-5] 2입력 변수 카르노도

[예제 3.7]

다음 진리표에 대한 카르노도를 작성해 보자.

풀이 <<

입 력		출 력
A	B	Y
0	0	1
0	1	0
1	0	1
1	1	0

A \ B	0	1
0	1	
1	1	

Y(A,B) = $m_0 + m_2$ $\Sigma(0,2)$ = B'

■ 입력 변수가 3개 일 때의 카르노도

A \ BC	00	01	11	10
0	m_0	m_1	m_3	m_2
1	m_4	m_5	m_7	m_6

[그림 3-6] 3입력 변수 카르노도

[예제 3.8]

다음 진리표에 대한 카르노도를 작성해 보자

풀이 <<

입 력			출 력
A	B	C	Y
0	0	0	0
0	0	1	1
0	1	0	0
0	1	1	1
1	0	0	0
1	0	1	0
1	1	0	1
1	1	1	1

A \ BC	00	01	11	10
0		1	1	
1			1	1

Y(A,B,C) = $m_1 + m_3 + m_6 + m_7$ $\Sigma(1,3,6,7)$ = = A'C + AB

■ 입력 변수가 4개 일 때의 카르노도

AB \ CD	00	01	11	10
00	m_0	m_1	m_3	m_2
01	m_4	m_5	m_7	m_6
11	m_{12}	m_{13}	m_{15}	m_{14}
10	m_8	m_9	m_{11}	m_{10}

[그림 3-7] 4입력 변수 카르노도

[예제 3.9]

다음 진리표에 대한 카르노도를 작성해 보자.

풀이 <<

입 력				출 력
A	B	C	D	Y
0	0	0	0	0
0	0	0	1	0
0	0	1	0	1
0	0	1	1	0
0	1	0	0	0
0	1	0	1	1
0	1	1	0	1
0	1	1	1	0
1	0	0	0	0
1	0	0	1	0
1	0	1	0	1
1	0	1	1	0
1	1	0	0	0
1	1	0	1	1
1	1	1	0	1
1	1	1	1	0

AB \ CD	00	01	11	10
00				1
01		1		1
11		1		1
10				1

Y(A,B,C,D) = $m_2 + m_5 + m_6 + m_{10} + m_{13} + m_{14}$ = $\sum(2,5,6,10,13,14)$ = CD' + BC'D

(2) 카르노도에 의한 논리식 간략화 방법

카르노도가 작성되면 맵 상에 나타난 1을 옥텟, 쿼드, 페어 순으로 묶어서 논리 간략화를 한다.

① 페어(pair)

두 개의 1이 수평 또는 수직 방향으로 인접하여 묶여 있는 것을 페어(pair)라고 한다. 페어로 묶은 후 이 묶음이 수평 방향과 수직 방향으로 공통으로 가지고 있는 변수를 곱하면 그 페어에 대한 간략화 된 논리식이 얻어진다.

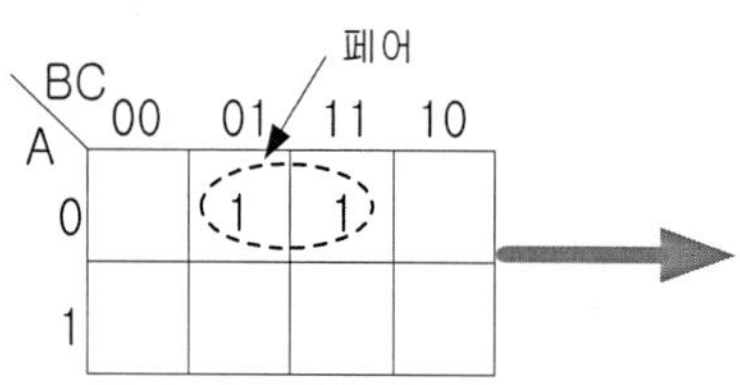

이 페어의 가로축 공통변수는 $\overline{A}$, 세로축 공통변수는 C 이므로 출력 함수식은 $Y = \overline{A}C$가 된다.

그림에서 맵 상의 1은 반드시 1회 이상 묶여야 하며 여러 번 중첩되어 묶을 수도 있다. 여러 개의 페어가 동시에 존재할 때 출력 함수식은 각각의 페어에 대한 논리식을 합하여 SOP 형태로 표현하면 된다.

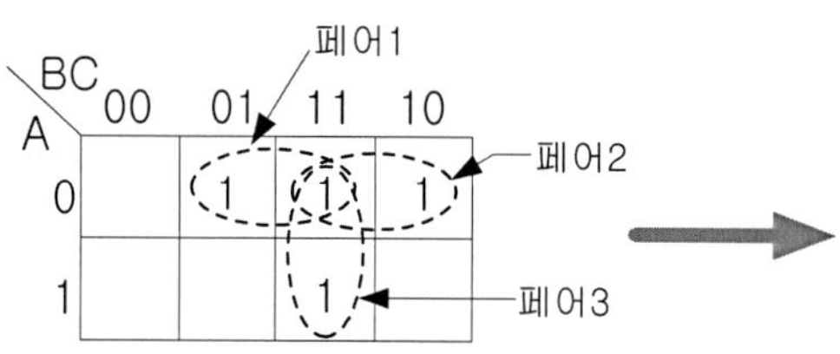

페어1은 $\overline{A}C$, 페어2는 $\overline{A}B$, 페어3은 BC 이므로 출력 함수식은

$Y = \overline{A}C + \overline{A}B + BC$가 된다.

② 쿼드(quad)

네 개의 1이 수평 또는 수직 방향으로 인접하여 묶여 있는 것을 쿼드(quad)라고 한다. 쿼드의 논리식은 페어와 마찬가지로 수직방향과 수평방향의 공통 변수를 골라 곱하여 [그림 3-8]처럼 구한다.

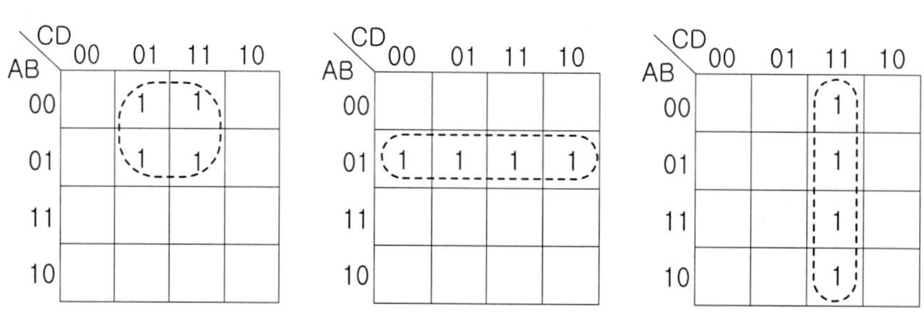

$Y = \overline{A}D$ $Y = \overline{A}B$ $Y = CD$

[그림 3-8] 쿼드의 예

카르노도의 1을 묶을 때 좌변과 우변은 서로 인접한 것으로 간주하고, 또한 상변과 하변도 서로 인접한 것으로 간주하여 [그림 3-9]처럼 묶을 수 있다.

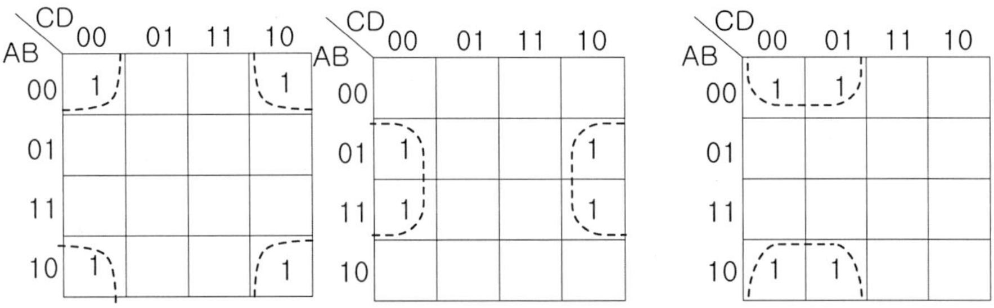

$Y = \overline{B} \cdot \overline{D}$ $Y = B \cdot \overline{D}$ $Y = \overline{B} \cdot \overline{C}$

[그림 3-9] 쿼드의 다른 예

③ 옥텟(octet)

여덟 개의 1이 수평 또는 수직 방향으로 인접하여 묶여 있는 것을 옥텟(octet)이라고 하고 논리식은 앞에서와 같이 수직 방향과 수평 방향의 공통 변수를 골라 곱하여 [그림 3-10]처럼 구한다.

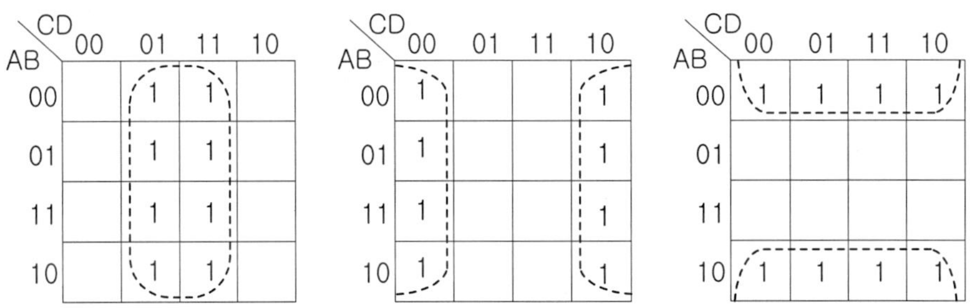

$Y = D$ $Y = \overline{D}$ $Y = \overline{B}$

[그림 3-10] 옥텟의 예

④ 옥텟, 쿼드, 페어가 조합된 형태

옥텟, 쿼드, 페어가 조합된 형태에서는 [그림 3-11]의 예처럼 가장 큰 묶음 즉 옥텟, 쿼드, 페어 순으로 묶어 각각의 논리식을 구한 후 합한다.

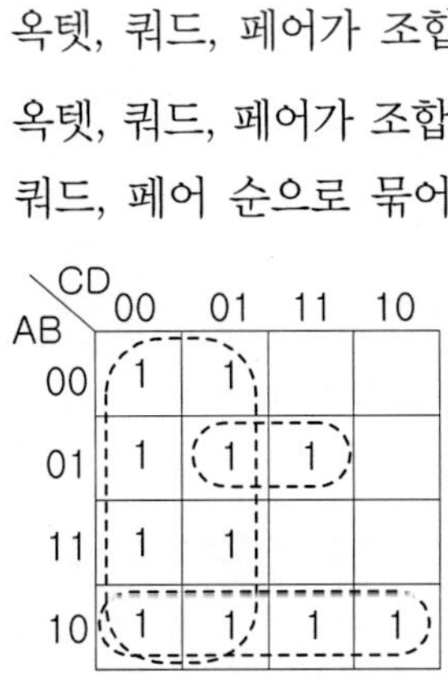

이 그림에서 옥텟의 논리식은 $\overline{C}$이고, 쿼드의 논리식은 $A\overline{B}$, 페어의 논리식은 $\overline{A}BD$이므로 출력 함수식은 $Y = \overline{C} + A\overline{B} + \overline{A}BD$ 가 된다.

[그림 3-11] 옥텟, 쿼드, 페어 조합

[예제 3.10]

다음 카르노도에 해당하는 간략화된 부울식을 쓰시오.

AB \ CD	00	01	11	10
00	1			
01				
11		1	1	
10	1	1	1	1

풀이 <<

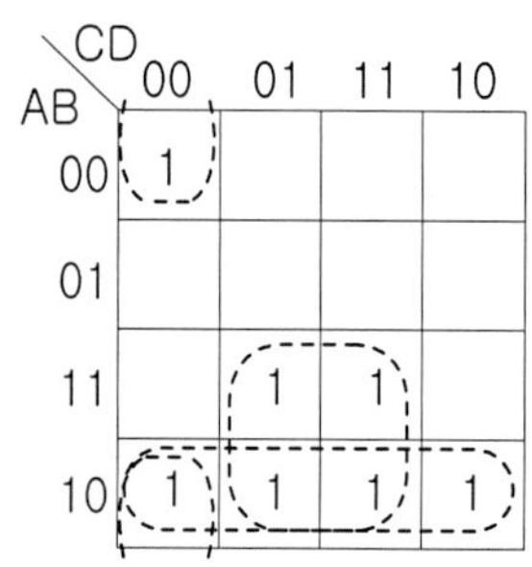

$$Y = A\overline{B} + AD + \overline{B}\,\overline{C}\,\overline{D}$$

[예제 3.11]

다음 논리식을 카르노도를 이용하여 간략화 하시오.

$$Y = \overline{A}\,\overline{B}\,\overline{C}D + \overline{A}B\overline{C}D + \overline{A}BCD + AB\overline{C}\,\overline{D} + AB\overline{C}D$$
$$+ABCD + ABC\overline{D} + A\overline{B}\,\overline{C}\,\overline{D} + A\overline{B}C\overline{D}$$

풀이 <<

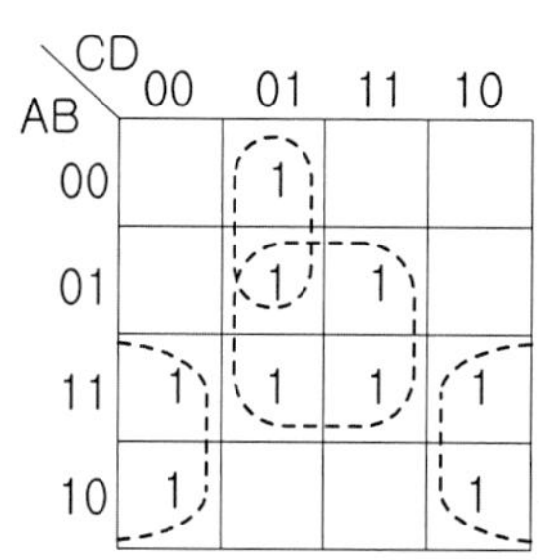

$$Y = BD + A\overline{D} + \overline{A}\,\overline{C}D$$

[예제 3.12]

다음 논리식을 카르노도를 이용하여 간략화 하시오.

$$Y = \overline{A}\,\overline{B}\,\overline{C} + \overline{B}C\overline{D} + \overline{A}BC\overline{D} + A\overline{B}\,\overline{C}$$

풀이<<

$$Y = \overline{A}\,\overline{B}\,\overline{C} + \overline{B}\,C\,\overline{D} + \overline{A}BC\overline{D} + A\overline{B}\,\overline{C}$$
$$= \overline{A}\,\overline{B}\,\overline{C}(D+\overline{D}) + (A+\overline{A})\overline{B}\,C\,\overline{D} + \overline{A}BC\overline{D} + A\overline{B}\,\overline{C}(D+\overline{D})$$
$$= \overline{A}\,\overline{B}\,\overline{C}D + \overline{A}\,\overline{B}\,\overline{C}\,\overline{D} + A\overline{B}\,C\,\overline{D} + \overline{A}\,\overline{B}\,C\,\overline{D} + \overline{A}BC\overline{D} + A\overline{B}\,\overline{C}D + A\overline{B}\,\overline{C}\,\overline{D}$$
$$= \Sigma(1,\ 0,\ 10,\ 2,\ 6,\ 9,\ 8)$$

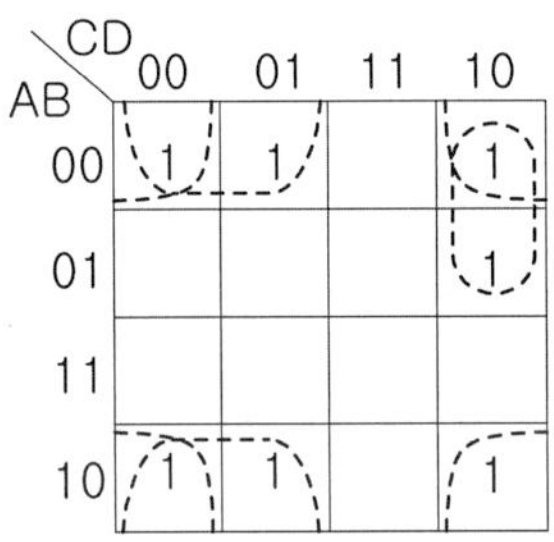

$$Y = \overline{B}\,\overline{C} + \overline{B}\,\overline{D} + \overline{A}C\overline{D}$$

[예제 3.13]

다음 진리표를 보고 물음에 답하시오.

① 진리표에 해당하는 카르노도를 작성하고 논리식을 구하시오.

② 논리식에 의한 논리 회로를 그리시오.

풀이<<

입력				출력
A	B	C	D	Y
0	0	0	0	0
0	0	0	1	1
0	0	1	0	1
0	0	1	1	1
0	1	0	0	0
0	1	0	1	0
0	1	1	0	1
0	1	1	1	0
1	0	0	0	1
1	0	0	1	1
1	0	1	0	1
1	0	1	1	0
1	1	0	0	1
1	1	0	1	1
1	1	1	0	1
1	1	1	1	0

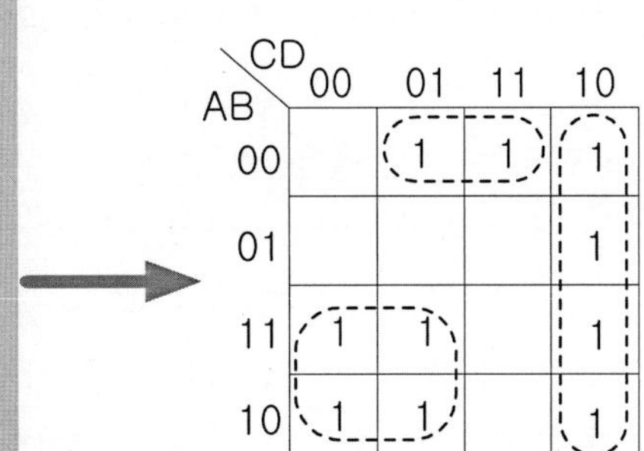

$$Y = \overline{A}\,\overline{B}D + A\overline{C} + C\overline{D}$$

이 함수식에 대한 논리 회로는

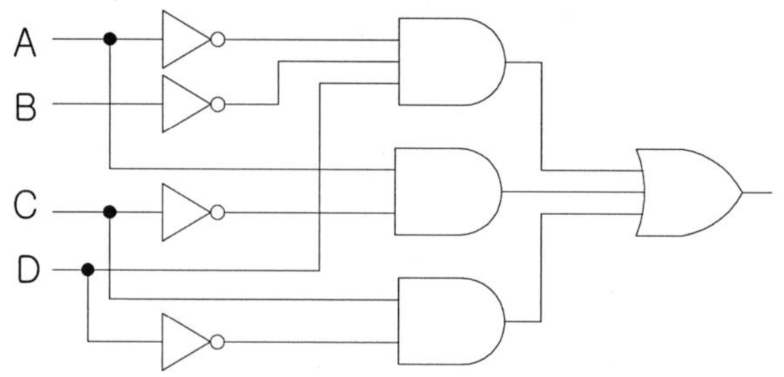

〈카르노도에 의한 논리식 간략화 법에 대한 정리〉

1. 진리표상의 출력이 1인 최소항을 모두 찾아서 카르노도 상의 해당 자리에 1을 써넣는다.
2. 옥텟, 쿼드, 페어 순으로 찾아 묶는다. 가능한 큰 묶음을 얻도록 묶는다.
3. 1이 반드시 1회 이상 묶일 수 있도록 한다.
4. 각 묶음에 대하여 수평방향과 수직방향으로 공통인 변수를 골라내고 이 변수들을 AND 연산한다.
5. 4에서 구한 각 묶음에 대한 AND 연산(논리적)을 OR연산하여 부울대수식을 완성한다.

3.5.2 don't care 조건을 포함한 카르노도

(1) don't care 조건

부울 함수에 포함된 최소항들은 1로 규정되고, 그렇지 않은 최소항들은 0으로 규정된다. 하지만 실제의 부울 함수를 다루다 보면 어느 경우에도 포함되지 않는 경우가 종종 발생된다. 예를 들어 보면 4비트의 10진수를 표현하다 보면 6개의 수(10, 11, 12, 13, 14, 15)가 사용되지 않는다. 이들 수는 부울 함수에 포함되어 있지 않아 최소항이 0에 포함되는 것이 옳은 것 같지만 사실은 최소항의 값이 0에 속하든 1에 속하든 무방하다. 이러한 수를 don't care 항, 또는 don't care 조건이라 하는데 카르노도 상에는 X로 표시한다. 부울 함수를 구할 때 이들 조건이 반드시 부울 함수에 포함되어야만 하는 것이 아니다. 만일 포함되어 부울 함수가 보다 간략하게 표현되는데 도움이 된다면 포함하여 부울 함수를 간략화하면 된다.

(2) don't care 조건이 포함된 부울 함수 구하기

부울 함수와 함께 don't care 조건이 함께 주어진 경우 부울 함수에 포함된 최소항은 1로, don't care 조건은 X로 표시하고 최대한 부울 함수가 간략하게 구해질 수 있게 기존 방법처럼 부울 함수를 구하게 된다.

예제 3.14

다음 부울 함수와 don't care 조건이 주어질 때 다음에 대하여 물음에 답하시오.

$$Y(A, B, C, D) = \sum(2,5,6,7,10,13,14)$$
$$d(A, B, C, D) = \sum(11,15)$$

논리곱의 합(SOP) 형태로 간략화 하시오.

풀이 << ① 논리곱의 합(SOP) 형태로 간략화하기 위하여 최소항의 합 형태와 don't care 조건을 카르노도에 표시하면,

AB \ CD	00	01	11	10
00				1
01		1	1	1
11		1	X	1
10			X	1

② 논리합의 곱(SOP) 형태로 간략화 하면,

$$Y = C\overline{D} + BD$$

이 된다. 하지만 don't care 조건이 포함되어 있지 않았다면 부울 식은

$$Y = C\overline{D} + B\overline{C}D + \overline{A}BC$$

또는,

$$Y = C\overline{D} + B\overline{C}D + \overline{A}BD$$

가 되어 부울 함수도 복잡하고 실제 회로에 사용될 게이트 수도 늘어난다.

3.5.3 최대항(maxterm)을 이용한 카르노도 작성 및 간략화 방법

지금까지 최소항(minterm)을 이용하여 카르노도를 작성하고 이를 간략화 하였으나 최대항을 이용하여 같은 결과를 얻을 수 있다. 최대항을 이용하는 방법은 아래와 같으며 논리합의 곱(POS) 형태로 간략화하기 위한 방법이다.

① 진리표 상의 출력이 0인 최대항을 모두 찾아서 카르노도 상의 해당 자리에 0을 써 넣는다.

② 맵 상의 0을 옥텟, 쿼드, 페어 순으로 찾아 묶는다. 가능한 큰 묶음을 얻도록 묶는다.

③ 각 묶음에 해당하는 간략화된 논리식을 구한다. 이 때 주의할 것은 각 묶음의 수평, 수직 방향으로 공통변수를 찾아 최대항 형태로 쓰되 0은 변수의 비부정형, 1은 변수의 부정형임에 주의할 것.

④ 각 묶음에 대한 간략화된 논리식을 AND 연산을 수행하여 POS 형태의 출력 함수식을 구한다. 이 때의 함수식은 0의 항으로 만들어지므로 Y′ 또는 $\overline{Y}$ 이다. 이 Y′으로부터 드모르간의 법칙을 이용해 최종적인 함수식 Y를 구한다.

[표 3-6]의 진리표를 최대항을 이용한 카르노도 작성 후, 출력 함수식을 간략화하면

표 3-6 3입력 진리표

입 력			출 력
A	B	C	Y
0	0	0	0
0	0	1	1
0	1	0	0
0	1	1	1
1	0	0	0
1	0	1	0
1	1	0	1
1	1	1	1

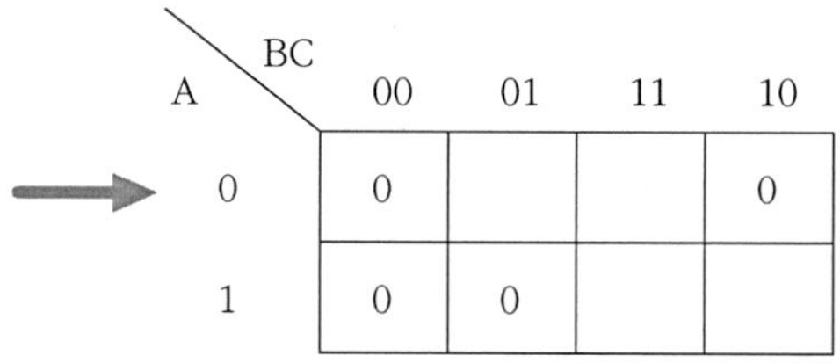

맵 상의 0을 묶고 각 묶음에 대한 논리식을 구하면 다음 [그림 3-12]와 같다.

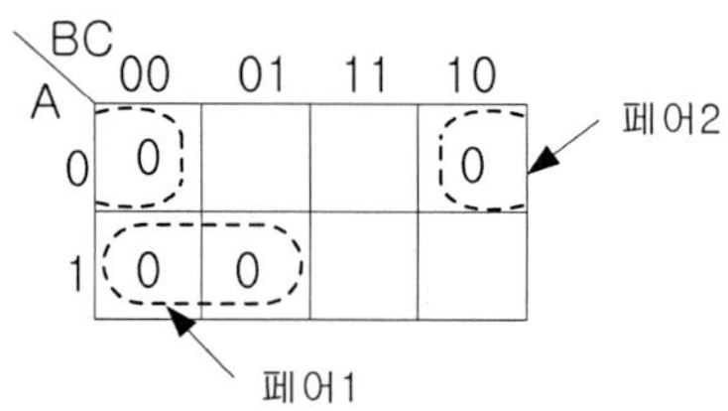

[그림 3-12] 0의 항으로 표현한 카르노드

페어1에 대한 간략화 식은 AB'으로 이의 보수식은 (A'+B)이고, 페어2에 대한 간략화 식은 A'C'으로 이의 보수식은 (A+C)가 되어 전체적인 출력 함수식은

$$Y' = AB' + A'C'$$

가 되며, 이 식으로부터 드모르간의 법칙을 적용해 출력 함수 Y를 구하면

$$Y = (AB'+A'C')' = (AB')'(A'C')' = (A'+B)(A+C)$$
$$= A'A+A'C+AB+BC = A'C+AB+BC$$

가 된다. 이식은 컨센서스 정리에 의하여 $Y = \overline{A}C + AB$로 간략화 된다. 이번에는 이 진리표에 대하여 최소항을 이용한 카르노도 간략화를 수행하면,

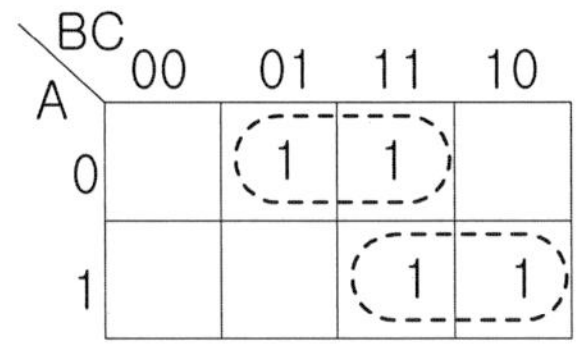

$Y = \overline{A}C + AB$ 이 된다.

따라서 최대항을 이용한 간략화 결과나 최소항에 의한 간략화 결과가 일치함을 알 수 있다.

예제 3.15

다음 부울 함수에 대하여 물음에 답하시오.

$Y(A, B, C, D) = \Sigma(0, 1, 5, 8, 9, 10, 12, 13)$

① 논리곱의 합(SOP) 형태로 간략화 하시오.

② 논리합의 곱(POS) 형태로 간략하 하시오.

풀이<< ① 논리곱의 합(SOP) 형태로 간략화 하기 위하여 최소항의 합 형태로 다시 쓰면,

$$Y = \overline{A}\,\overline{B}\,\overline{C}\,\overline{D} + \overline{A}\,\overline{B}\,\overline{C}D + \overline{A}B\overline{C}D + A\overline{B}\,\overline{C}\,\overline{D} + A\overline{B}\,\overline{C}D + A\overline{B}C\overline{D} + AB\overline{C}\,\overline{D} + AB\overline{C}D$$

이고 카르노도에 의하여 간략화 하면 다음과 같다.

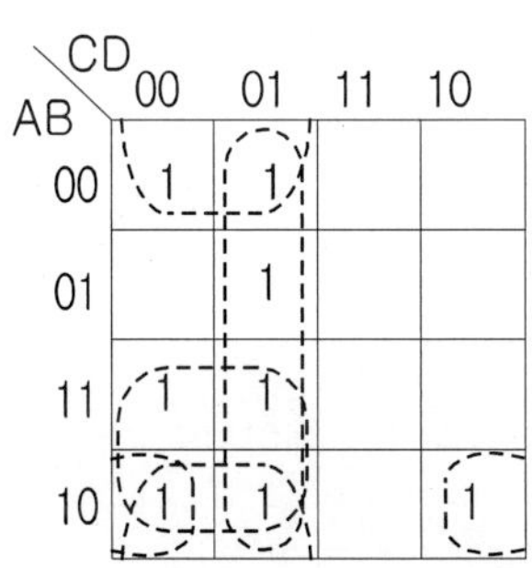

$$Y = A\overline{C} + \overline{B}\,\overline{C} + \overline{C}D + A\overline{B}\,\overline{D}$$

② 논리합의 곱(POS) 형태로 간략화 하면,

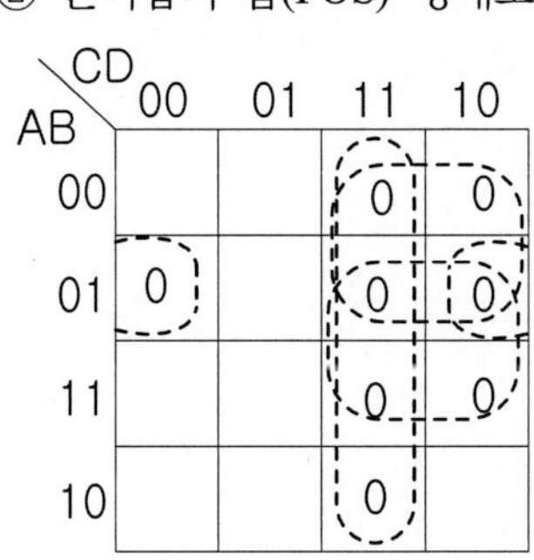

$$Y = (A + \overline{B} + D)(A + \overline{C})(\overline{B} + \overline{C})(\overline{C} + \overline{D})$$

이 식은 $Y = (A+\overline{B}+D)(A+\overline{C})(\overline{B}+\overline{C})(\overline{C}+\overline{D})$

$= (AA+A\overline{B}+AD+A\overline{C}+\overline{B}\,\overline{C}+\overline{C}D)(\overline{B}\,\overline{C}+\overline{B}\,\overline{D}+\overline{C}\,\overline{C}+\overline{C}\,\overline{D})$

$= (A+\overline{B}\,\overline{C}+\overline{C}D)(\overline{C}+\overline{B}\,\overline{D})$

$= A\overline{C}+A\overline{B}\,\overline{D}+\overline{B}\,\overline{C}\,\overline{C}+\overline{B}\,\overline{C}\,\overline{B}\,\overline{D}+\overline{C}D\overline{C}+\overline{C}D\overline{B}\,\overline{D}$

$= A\overline{C}+A\overline{B}\,\overline{D}+\overline{B}\,\overline{C}(1+\overline{D})+\overline{C}D$

$= A\overline{C}+A\overline{B}\,\overline{D}+\overline{B}\,\overline{C}+\overline{C}D$

가 되어 ①과 ②에서 구한 식은 같은 결과를 얻음을 알 수 있다.

3-6 카르노도를 이용하여 NAND, NOR 게이트만으로의 간소화

3.6.1. SOP를 이용한 NAND 게이트만으로의 간소화

논리곱의 합(SOP) 형태를 이용하여 논리식을 구하여 드모르간의 법칙을 이용하게 되면 모든 게이트를 NAND 게이트만으로 설계할 수 있다. 이 경우 SOP는 don' t care 조건을 포함할 수 있어 1과 X 항을 묶어서 구한다.

예제 3.16

다음 부울 함수와 don't care 조건이 주어질 때 다음에 대하여 물음에 답하시오.

$Y(A, B, C, D) = \Sigma(2,5,6,7,10,13,14)$

$d(A, B, C, D) = \Sigma(11,15)$

논리곱의 합(SOP) 형태로 간략화하고, NAND 게이트로만 설계하시오.

풀이 << ① 논리곱의 합(SOP) 형태로 간략화하기 위하여 최소항의 합 형태와 don't care 조건을 카르노도에 표시하면,

AB \ CD	00	01	11	10
00				1
01		1	1	1
11		1	X	1
10			X	1

② 논리곱의 합(SOP) 형태로 간략화 하면,

$$Y = C\overline{D} + BD$$

가 되며, 논리도는 다음과 같다.

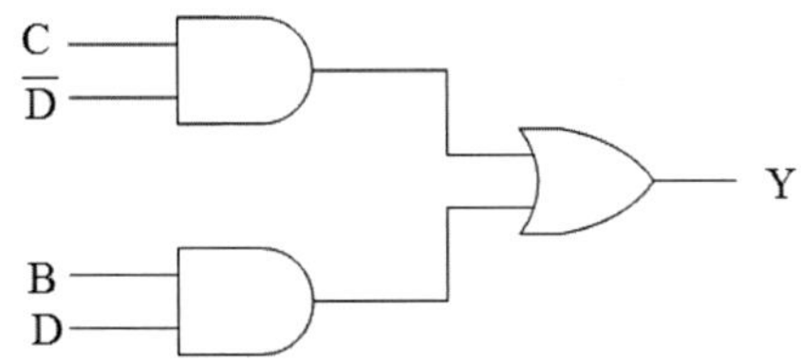

또한 이 논리식은 드모르간을 법칙을 이용하면 Y = $\overline{\overline{C\overline{D}}\cdot\overline{BD}}$ 가 되며, 논리도는 다음과 같아져 모든 게이트가 NAND 게이트로 구성되어 있음을 알 수 있다.

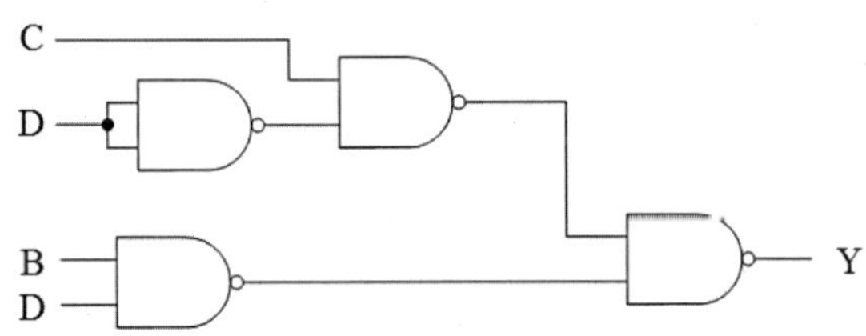

3.6.2. POS를 이용한 NOR 게이트만으로의 간소화

논리합의 곱(POS) 형태를 이용하여 논리식을 구하여 드모르간의 법칙을 이용하게 되면 모든 게이트를 NOR 게이트만으로 설계할 수 있다. 이 경우 POS는 don' t care 조건을 포함할 수 있어 0과 X 항을 묶어서 구한다. 이 때 구한 논리식은 0의 항을 묶은 것이므로 Y'(또는 $\overline{Y}$)가 되므로 이 식으로부터 Y를 구하면 된다.

예제 3.17

다음 부울 함수와 don't care 조건이 주어질 때 다음에 대하여 물음에 답하시오.

$$Y(A,\ B,\ C,\ D) = \Sigma(2,5,6,7,10,13,14)$$
$$d(A,\ B,\ C,\ D) = \Sigma(11,15)$$

논리합의 곱(POS) 형태로 간략화하고, NOR 게이트로만 설계하시오.

풀이<< ① 논리합의 곱(POS) 형태로 간략화하기 위하여 최소항의 합 형태와 don't care 조건을 카르노도에 표시하면,

AB \ CD	00	01	11	10
00	0	0	0	1
01	0	1	1	1
11	0	1	X	1
10	0	0	X	1

② 0과 X항으로 구성된 논리합의 곱(POS) 형태로 간략화하여 부의 논리식을 구하면,

$$\overline{Y} = \overline{C}\,\overline{D} + \overline{B}D$$

가 되며, 부의 논리식으로부터 논리식 Y를 구하면

$$Y = \overline{\overline{C}\,\overline{D} + \overline{B}D} = \overline{\overline{C}\,\overline{D}} \cdot \overline{\overline{B}D} = (C + D) \cdot (B + \overline{D})$$

가 되므로 논리도는 다음과 같다.

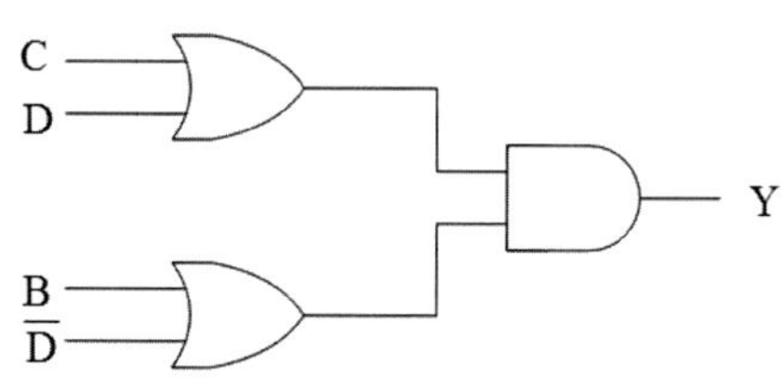

또한 이 논리식은 드모르간을 법칙을 이용하면 $Y = \overline{\overline{C+D} + \overline{B+\overline{D}}}$ 가 되며, 논리도는 다음과 같아져 모든 게이트가 NOR 게이트로 구성되어 있음을 알 수 있다.

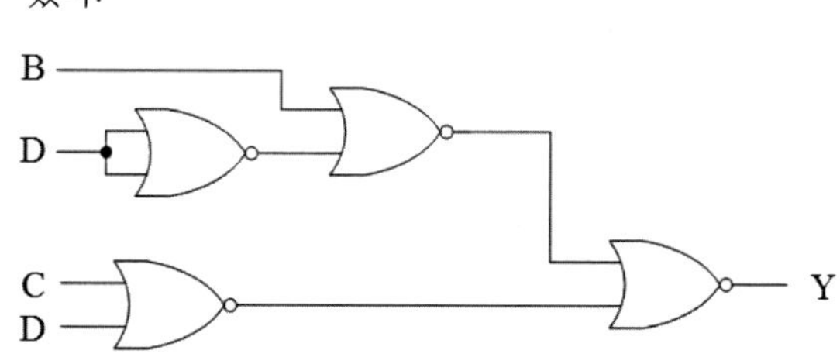

3-7 배타적(Exclusive) OR 게이트(XOR 게이트)

3.7.1 XOR 게이트

XOR 게이트는 다수의 입력 중 논리 High의 개수가 짝수 개이면 출력은 Low가 되고, 논리 High의 개수가 홀수 개이면 출력은 High가 된다. 즉 XOR 게이트는 우수(even) 패리티 발생회로라고 할 수 있다.

(1) 2입력 XOR 게이트

① 진리표 및 출력 함수식

표 3-7 2입력 XOR 게이트 진리표

입 력		출 력
A	B	Y
0	0	0
0	1	1
1	0	1
1	1	0

이 게이트의 출력 함수식은

$$Y = \overline{A}B + A\overline{B} = A \oplus B$$

로 표시된다.

② XOR 게이트의 회로도 및 기호

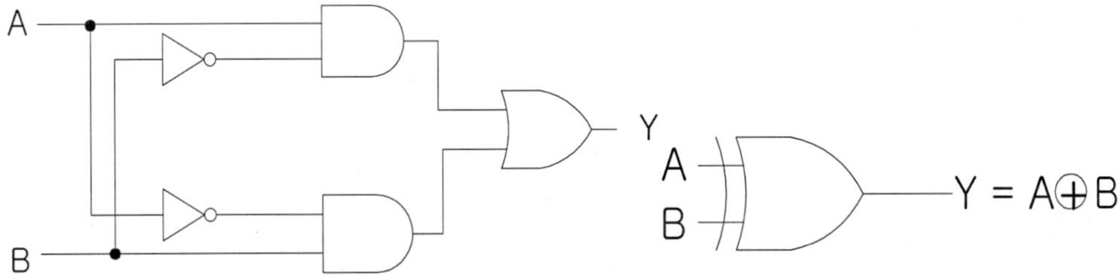

[그림 3-13] XOR 게이트 회로도 및 기호

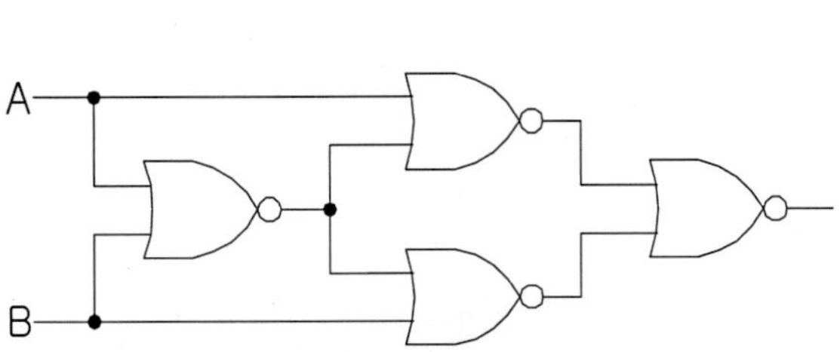

[그림 3-14] NOR 게이트로 구성한 XOR 게이트

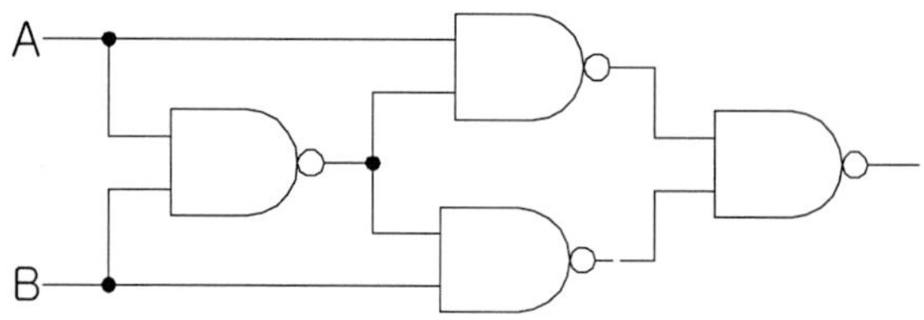

[그림 3-15] NAND 게이트로 구성한 XOR 게이트

(2) 3입력 XOR 게이트

① 진리표 및 출력 함수식

표 3-8 3입력 XOR 게이트의 진리표

입 력			출 력
A	B	C	Y
0	0	0	0
0	0	1	1
0	1	0	1
0	1	1	0
1	0	0	1
1	0	1	0
1	1	0	0
1	1	1	1

이 게이트의 출력 함수식은 $Z = \overline{A}\,\overline{B}C + \overline{A}B\overline{C} + A\overline{B}\,\overline{C} + ABC = A \oplus B \oplus C$ 로 표시한다.

3.7.2 Exclusive-NOR 게이트(XNOR 게이트)

Exclusive NOR 게이트는 XOR 게이트의 역 논리를 수행하는 게이트로써 이 게이트의 진리표는 [표 3-9]와 같고, 이 게이트의 출력 함수식은

$$
\begin{aligned}
Y &= AB + \overline{A}\,\overline{B} \\
&= (A + \overline{B})(\overline{A} + B) \\
&= A \odot B
\end{aligned}
$$

로 된다. XNOR 게이트는 입력의 1의 개수가 홀수이면 0, 짝수이면 1이 되어 기수패리티를 발생하는 회로이다. XNOR 게이트의 기호는 [그림 3-16]과 같다.

표 3-9 2입력 Exclusive-NOR 게이트의 진리표

입 력		출 력
A	B	Y
0	0	1
0	1	0
1	0	0
1	1	1

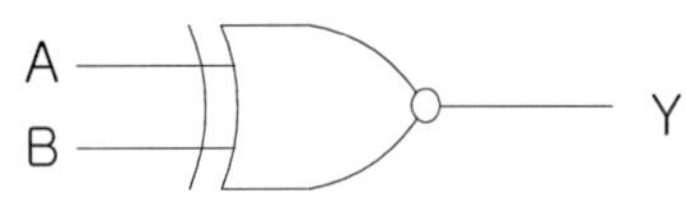

[그림 3-16] 2입력 Exclusive-NOR 게이트의 기호

■ Exclusive OR와 Exclusive NOR 게이트 간의 관계

$$A \oplus B = \overline{A \odot B} = \overline{AB + \overline{A}\,\overline{B}} = \overline{AB} \cdot \overline{\overline{A}\,\overline{B}} = (\overline{A} + \overline{B}) \cdot (A + B) = \overline{A}B + A\overline{B}$$

$$A \odot B = \overline{A \oplus B} = \overline{\overline{A}B + A\overline{B}} = \overline{\overline{A}B} \cdot \overline{A\overline{B}} = (A + \overline{B}) \cdot (\overline{A} + B) = AB + \overline{A}\,\overline{B}$$

연습문제_

3.1 다음 논리 회로에 대한 진리표를 작성하고 간략화된 부울 함수식을 구하시오.

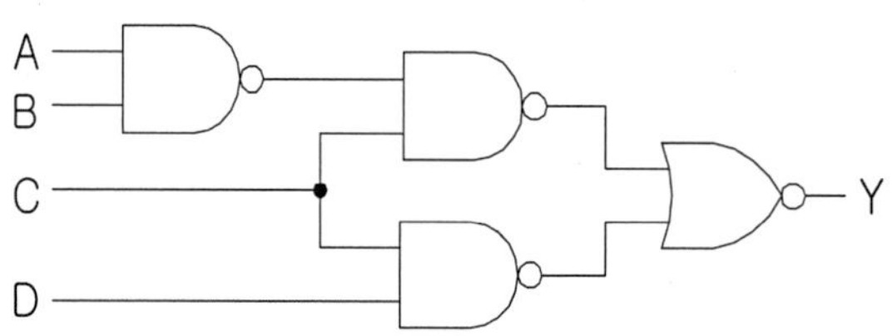

3.2 다음의 논리식을 최소항(minterm)의 합 형식으로 표현하시오.

(1) $Y(A,B,C) = A\overline{B} + C$

(2) $Y(A,B,C,D) = A\overline{B} + BCD + \overline{A}\,\overline{C}\,D$

(3) $Y(A,B,C,D) = B + \overline{A}\,\overline{C} + A\overline{B}CD$

3.3 다음의 논리함수 F를 카르노도를 이용하여 간략화 하시오.

(1) $F(A,\ B,\ C,\ D) = \Sigma(0,\ 2,\ 3,\ 4,\ 8,\ 9,\ 10,\ 11,\ 15)$

(2) $F(A,\ B,\ C,\ D) = \Sigma(0,\ 2,\ 3,\ 5,\ 6,\ 7,\ 11,\ 14,\ 15)$

3.4 다음 카르노도를 보고 물음에 답하시오.

AB \ CD	00	01	11	10
00	1		1	1
01	1		1	1
11	1	1	1	
10	1	1	1	

(1) 이 카르노도에 해당하는 논리식을 최소항(minterm)의 합 형태로 표시하시오.

(2) 간략화 된 논리식을 쓰시오.

3.5 다음 진리표를 보고 물음에 답하시오.

(1) 출력 F를 최소항(minterm)의 합 형태로 표시하시오.

(2) 출력 F를 최대항(maxterm)의 곱 형태로 표시하시오.
(3) 카르노도를 이용하여 간략화된 출력 함수식 F를 쓰시오.

입 력			출 력
A	B	C	F
0	0	0	0
0	0	1	1
0	1	0	1
0	1	1	0
1	0	0	1
1	0	1	0
1	1	0	0
1	1	1	1

3.6 어떤 논리함수표가 다음 입력 상태에서 출력 1을 가질 때 다음 물음에 답하시오.

ABCD = 0011, ABCD = 0110, ABCD = 1000, ABCD = 1100

(1) 논리함수표를 작성하시오.
(2) 카르노도를 작성하여 간략화된 출력 함수식을 구하시오.

3.7 다음 논리표를 보고 물음에 답하시오.

입 력			출 력
A	B	C	F
0	0	0	1
0	0	1	1
0	1	0	1
0	1	1	0
1	0	0	0
1	0	1	0
1	1	0	0
1	1	1	0

(1) 출력 F를 최소항(minterm)의 합 형태로 표시하시오.
(2) 카르노도를 이용하여 간략화된 출력 함수식 F를 쓰시오.
(3) 출력 함수식에 의한 논리 회로를 NAND 게이트만을 이용하여 그리시오.

3.8 어떤 진리표에서 입력 변수 A, B, C, D와 출력 변수 Y의 관계가 다음과 같이 주어졌을 때 가장 간단한 논리방정식을 구하시오.

ABCD = 0000~0010 일 때 Y=0, ABCD = 0011 일 때 Y=1,
ABCD = 0100~0101 일 때 Y=0, ABCD = 0110~0111 일 때 Y=1,
ABCD = 1000~1001 일 때 Y=0, ABCD = 1010~1111 일 때 Y는 don't care.

3.9 다음 논리 회로에서 W의 부울 함수를 쓰고, 타이밍도를 완성하시오.

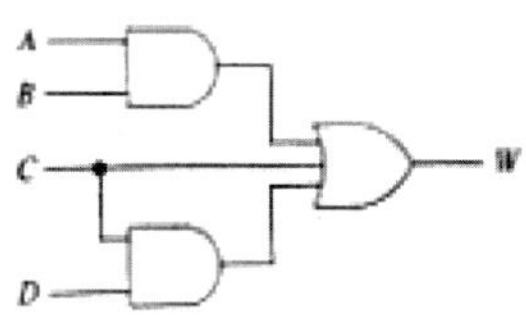

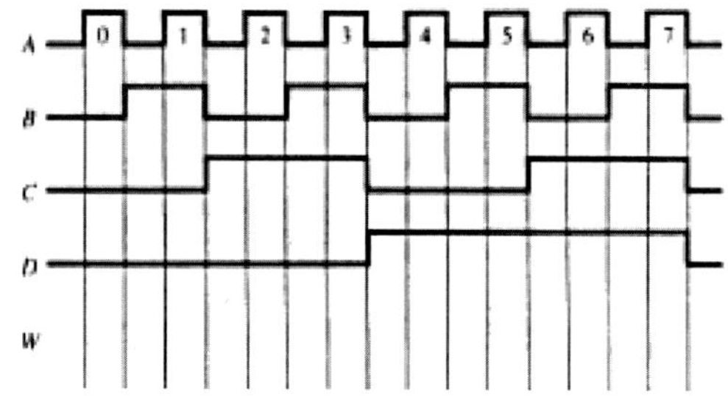

3.10 다음 논리식을 카르노도를 이용해서 최대한 간략화하고 NAND 게이트만으로 구현하시오.

(1) $X = AB + \overline{A}(\overline{B} + C) + B(C + D)$

(2) $Y = [\overline{A}\,\overline{B}(C + \overline{B}D) + \overline{A}\,\overline{B}](C + D)$

3.11 다음 논리식을 카르노도를 이용해서 최대한 간략화하고 NOR 게이트만으로 구현하시오.

(1) $X = A\overline{B}C + \overline{A}BC + \overline{A}\,\overline{B}C + \overline{A}\,\overline{B}\,\overline{C} + A\overline{B}\,\overline{C}$

(2) $Y = \overline{A}\,\overline{B}\,\overline{C}\,\overline{D} + \overline{A}\,\overline{B}CD + \overline{A}B\overline{C}\,\overline{D} + AB\overline{C}\,\overline{D} + A\overline{B}\,\overline{C}\,\overline{D} + A\overline{B}CD + \overline{A}BC\overline{D}$

3.12 (1) 다음 그림의 부울 함수 X를 구한 후, (2) 부울 대수 정리로 간략화하고, (3) 간략화된 회로를 NAND 게이트만으로 설계하시오.

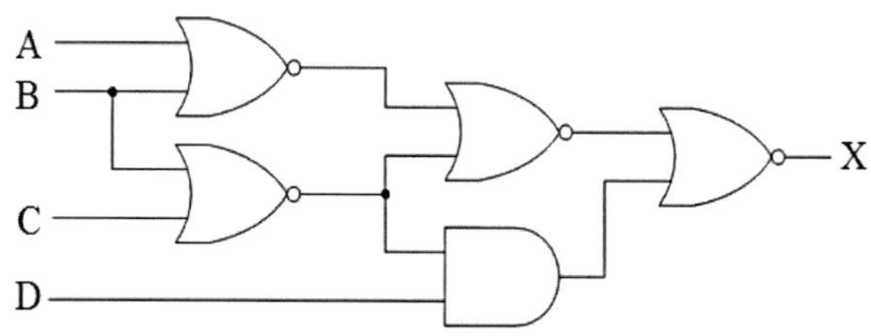

3.13 위 문제 [12]의 회로를 Karnaugh map을 이용하여 최소화한 Boole 함수 X를 구한 후 **NOR gate**만으로 다시 설계하시오.

3.14 다음 논리 회로의 최소화한 부울 함수 X를 구한 후 **NAND gate**만으로 다시 설계하시오.

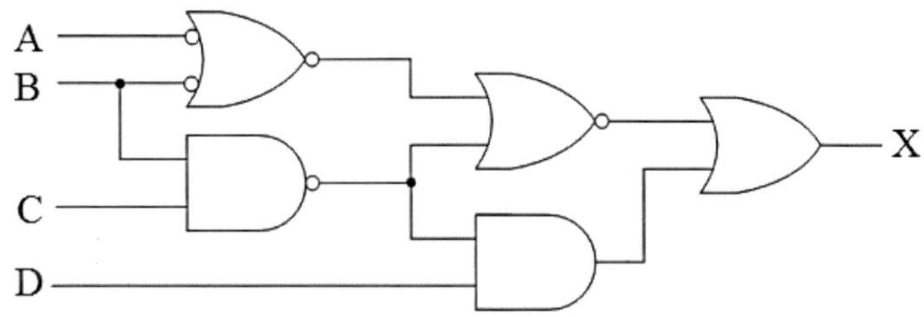

3.15 2421 코드에서 사용되지 않는 6개의 bit조합 중에서 임의의 하나가 입력되면 1을 출력하는 에러 검출 회로를 **NAND gate**만으로 설계하시오.

3.16 다음 회로가 XOR 게이트 회로로 동작함을 증명하시오.

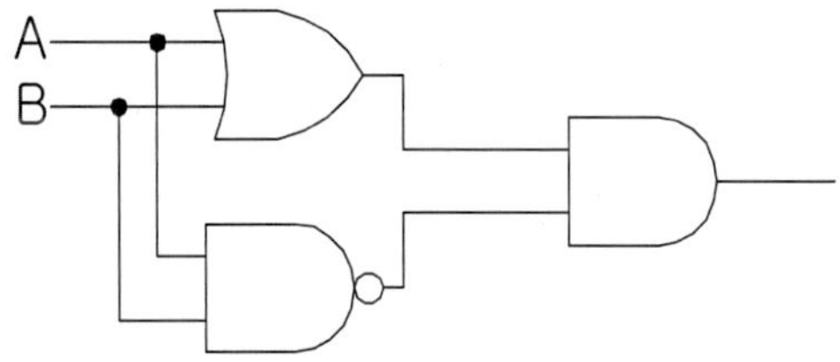

3.17 다음 회로가 XNOR 게이트 회로로 동작함을 증명하시오.

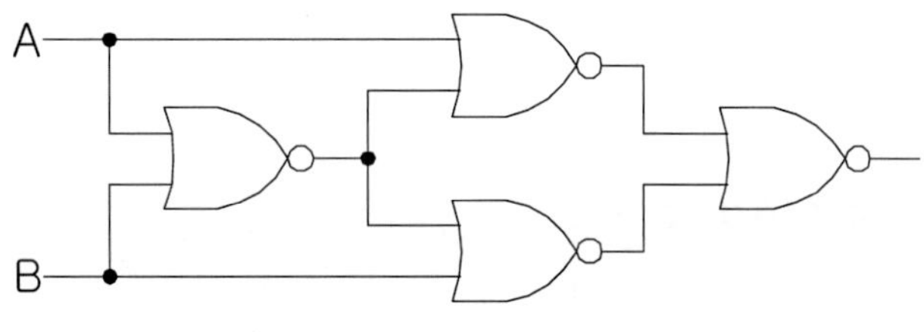

Chapter 4

조합 논리 회로

일반적으로 디지털 시스템의 회로는 조합 논리 회로(Combinational logic circuits)와 순차 논리 회로(Sequential logic circuits)로 구분할 수 있고, 이 중 조합 논리 회로는 현재 가해지는 입력의 조합에 의해서만 출력이 결정되는 회로를 말하고, 순차 논리 회로는 현재의 입력과 함께 과거 입력에 의해 출력이 결정된다. 즉 순차 논리 회로는 조합 논리 회로에 메모리 기능이 추가된 논리 회로를 말한다. 이 장에서는 조합 논리 회로인 가산기(adder), 감산기(subtracter), 패리티 검사 회로(parity checker), 디코더(decoder), 인코더(encoder), 멀티플렉서(multiplexer), 디멀티플렉서(demultiplexer) 등의 회로에 대하여 설명한다.

4-1 가산기(Adder)

2진수의 가산기의 종류에는 반가산기와 전가산기가 있다. 반가산기는 한자리수(1bit)의 이진수 두 개만을 더할 수 있는 가산기이고, 전가산기는 두 자릿수(2bits) 이상의 이진수를 더할 때 이전 자리에서 발생된 자리 올림수(carry)까지 포함하여 3개의 2진수를 더할 수 있는 가산기이다.

4.1.1 반가산기(Half Adder)

반가산기는 1bit짜리 2진수 두 개를 더하여 1bit의 합(sum)과 1bit의 자리 올림수(캐리)를 발생하는 회로이다. 1bit짜리 2진수 두 개를 더하면 발생될 수 있는 경우의 수는 [그림 4-1]과 같다.

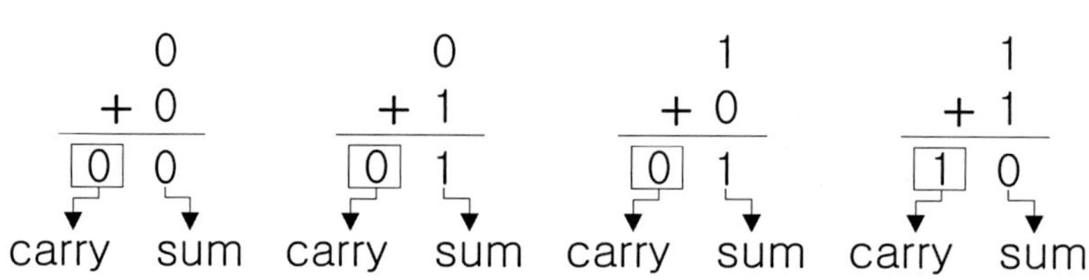

[그림 4-1] 1비트 가산

위의 네 가지 경우에 대하여 피가수를 A, 가수를 B, 합(sum)을 S, 캐리(carry)를 C로 하여 진리표를 작성하면 [표 4-1]와 같고 A, B는 입력 변수가 되고 S, C는 각각 출력 변수가 된다.

표 4-1 반가산기 진리표

입 력		출 력	
A	B	C	S
0	0	0	0
0	1	0	1
1	0	0	1
1	1	1	0

[표 4-1]에 대하여 출력 함수식을 구하면,

$$S = \overline{A}B + A\overline{B} = A \oplus B$$
$$C = A \cdot B$$

따라서 출력 함수식에 의한 논리도를 작성하면 [그림 4-2]과 같은 반가산기 회로를 구성할 수 있다.

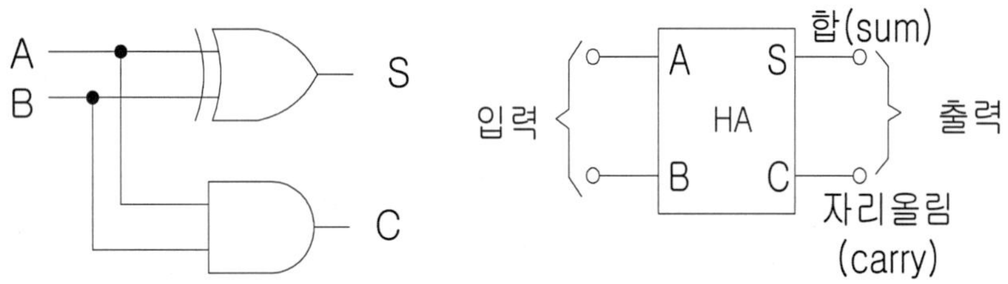

[그림 4-2] 반가산기의 회로도 및 블록도

4.1.2 전가산기(Full Adder)

2bit 이상의 2진수 두 개를 더할 때 가산기는 피가수, 가수는 물론 이전 자리 수에서 발생된 자리 올림수(캐리)를 같이 더할 수 있어야 한다. 이러한 덧셈이 가능한 회로를 전가산기라 한다. 따라서 전가산기는 피가수, 가수, 이전 자리에서 발생된 자리 올림수 등의 3개의 2진수를 더할 수 있는 논리 회로로 입력은 피가수(A), 가수(B), 이전 자리의 자리 올림수(C) 등 3개이고, 출력은 합(sum)과 캐리(carry)의 2개가 된다. 예를 들어 A= 111, B = 011인 두 개의 2진수를 더할 때 피가수와 가수는 [표 4-2]와 같이 되고, 0번째 자릿수는 이전 자릿수에서 캐리가 발생되지 않으므로 반가산기에 의해 덧셈이 수행될 수 있으나 1번째 자리는 0번째 자리의 캐리를 고려하여 덧셈을 수행하여

야 하고, 2번째 자릿수는 1번째 자리에서 발생된 캐리를 고려하여 덧셈을 하여야 하므로 전가산기가 필요하다.

표 4-2 3비트 가산

피가수	A	1 1 1 (A_2 A_1 A_0)
가수	B	0 1 1 (B_2 B_1 B_0)

따라서 덧셈 수행과정을 보면 [그림 4-3]과 같다.

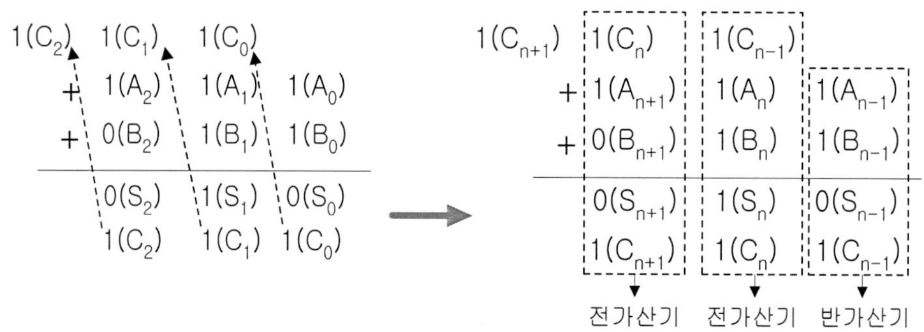

[그림 4-3] 3비트 가산 과정

따라서 이 연산을 수행하기 위해서는 두 개의 전가산기와 한 개의 반가산기 회로가 필요하다. 또한 전가산기에 대한 진리표를 작성하면 [표 4-3]과 같다.

표 4-3 전가산기 진리표

입 력			출 력	
A_n (피가수)	B_n (가수)	C_{n-1} (이전단의 캐리)	C_n (현재단의 캐리)	S_n (합)
0	0	0	0	0
0	0	1	0	1
0	1	0	0	1
0	1	1	1	0
1	0	0	0	1
1	0	1	1	0
1	1	0	1	0
1	1	1	1	1

이 진리표에 의해 전가산기의 출력 함수식을 구하면

$$S_n = \overline{A}_n\overline{B}_nC_{n-1} + \overline{A}_nB_n\overline{C}_{n-1} + A_n\overline{B}_n\overline{C}_{n-1} + A_nB_nC_{n-1}$$
$$= A_n \oplus B_n \oplus C_{n-1}$$

$$C_n = \overline{A}_nB_nC_{n-1} + A_n\overline{B}_nC_{n-1} + A_nB_n\overline{C}_{n-1} + A_nB_nC_{n-1}$$
$$= C_{n-1}(A_n \oplus B_n) + A_nB_n$$

따라서 출력 함수식에 의해 전가산기의 논리 회로를 구성하면 [그림 4-4]와 같다.

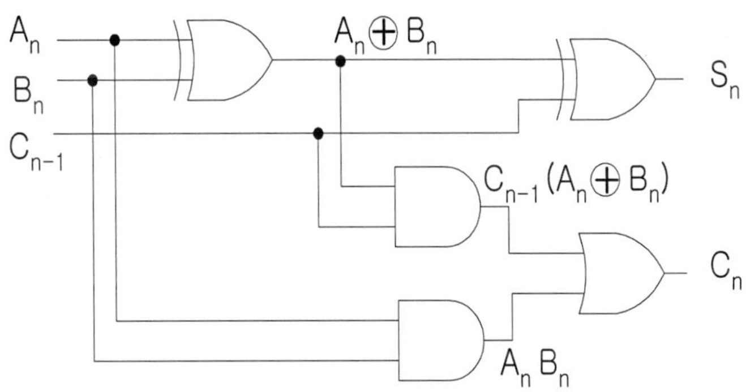

[그림 4-4] 전가산기 회로도

전가산기 회로는 [그림 4-5]에서와 같이 반가산기 두 개와 OR 게이트 하나로 구성할 수도 있다.

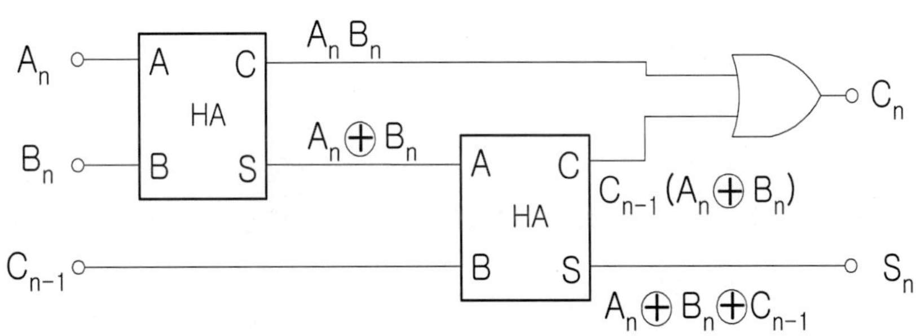

[그림 4-5] 반가산기로 구성한 전가산기

[그림 4-4]의 전가산기 회로를 실제 TTL IC로 구성하면 XOR, AND, OR 게이트의 3개를 사용하여야 하나, XOR와 NAND 게이트로 구성하면 실제 회로 구성 시 IC의 개수를 2개로 줄일 수 있다. 따라서 드모르간의 정리와 부울 정리 등을 이용하여 AND, OR 게이트에 대한 논리를 NAND 게이트로 구현하여야 한다. 이를 위하여 전가산기 논리식

을 다시 전개하면 다음과 같다.

$$S_n = \overline{A}_n\overline{B}_nC_{n-1} + \overline{A}_nB_n\overline{C}_{n-1} + A_n\overline{B}_n\overline{C}_{n-1} + A_nB_nC_{n-1}$$
$$= A_n \oplus B_n \oplus C_{n-1}$$

$$C_n = C_{n-1}(A_n \oplus B_n) + A_nB_n$$
$$= \overline{\overline{C_{n-1}(A_n \oplus B_n) + A_nB_n}} = \overline{\overline{C_{n-1}(A_n \oplus B_n)} \cdot \overline{A_nB_n}}$$

이 논리식에 의하여 XOR 게이트와 NAND 게이트만으로 전가산기를 구성하면 [그림 4-6]과 같은 회로를 구성할 수 있다.

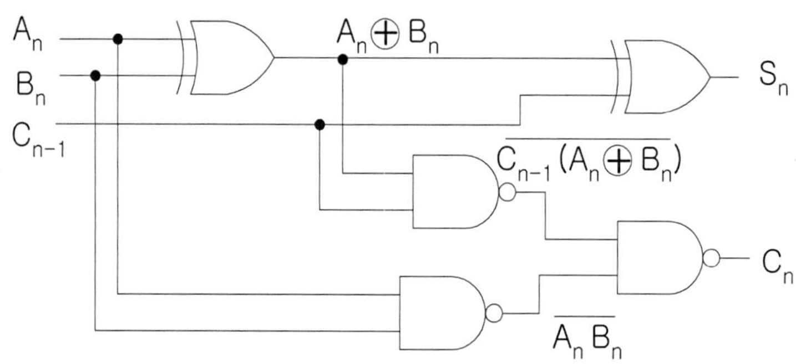

[그림 4-6] XOR와 NAND로 구성한 전가산기

4-2 감산기(Subtracter)

2진수의 감산기도 앞 절의 가산기와 마찬가지로 반감산기와 전감산기가 있다. 반감산기는 한자리수(1bit)의 이진수 두 개의 차를 구하는 것이고, 전감산기는 두 자릿수(2bits) 이상의 이진수를 뺄 때 이전 자리에서 요구한 자리 빌림수까지 포함하여 3개의 2진수를 뺄 수 있는 감산기이다.

4.2.1 반감산기(Half Subtracter)

반감산기는 1bit짜리 2진수 두 개를 빼서 1bit의 차(difference)와 다음 자릿수에서의 자리 빌림수(borrow) 1bit를 발생하는 회로이다. 1bit짜리 2진수를 뺄 때 발생될 수 있는 경우의 수는 [그림 4-7]과 같다.

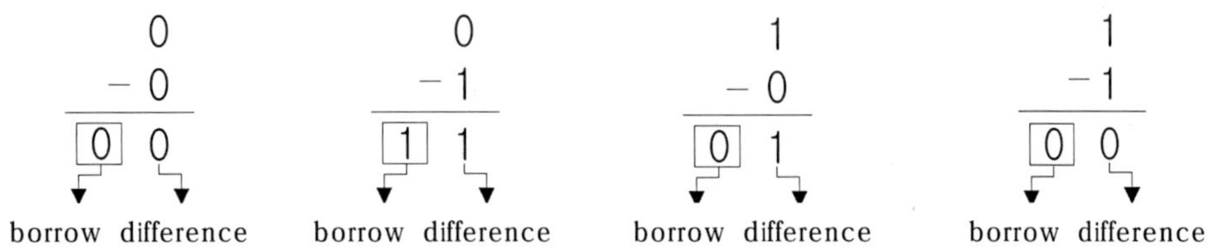

[그림 4-7] 1비트 감산

위의 네 가지 경우에 대하여 피감수를 A, 감수를 B, 차(difference)를 d, 자리빌림수(borrow)를 b로 하여 진리표를 그리면 A, B는 입력 변수가 되고 d, b는 출력 변수가 된다.

표 4-4 반가산기 진리표

입 력		출 력	
A	B	b	d
0	0	0	0
0	1	1	1
1	0	0	1
1	1	0	0

이 진리표에 대하여 출력 함수식을 구하면

$$d = \overline{A}B + A\overline{B} = A \oplus B$$

$$b = \overline{A} \cdot B$$

따라서 출력 함수식에 의한 논리 회로를 작성하면 [그림 4-8]와 같은 반가산기 회로를 구할 수 있다.

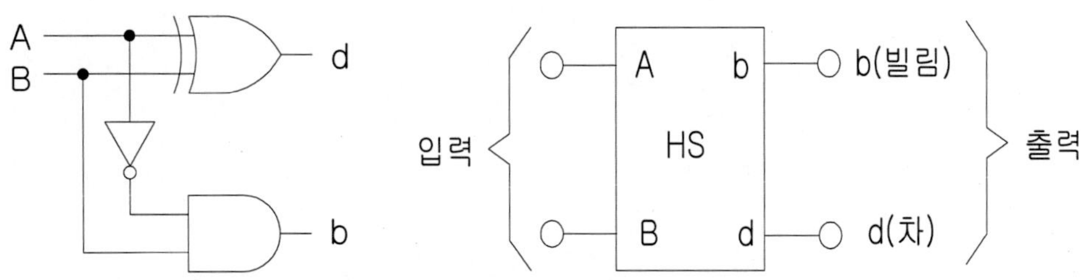

[그림 4-8] 반감산기의 회로도 및 블럭도

4.2.2 전감산기(Full Subtracter)

2 bit 이상의 2진수 두 개를 뺄 때 감산기는 피감수에서 감수와 이전 자릿수에서 요구한 자리 빌림수(낮은 자리에 빌려준 수)를 같이 뺄 수 있어야 한다. 이러한 뺄셈이 가능한 회로를 전감산기라 한다. 따라서 전감산기는 [그림 4-9]와 같이 피감수(A_n)에서 감수(B_n)와 이전 자리에서 발생된 자리 빌림수(b_n)를 뺄셈하는 연산을 수행하고, 이 때 피감수(A_n)가 감수(B_n)와 이전 자리에서 발생된 자리 빌림수(b_n)의 합보다 적을 경우($A_n < B_n + b_n$) 다음 자리에서 자리 빌림을 하여야 하며 그렇지 않을 경우($A_n \geq B_n + b_n$) 다음 자리에서 자리 빌림(b_{n+1})을 할 필요없이 뺄셈을 수행할 수 있다.

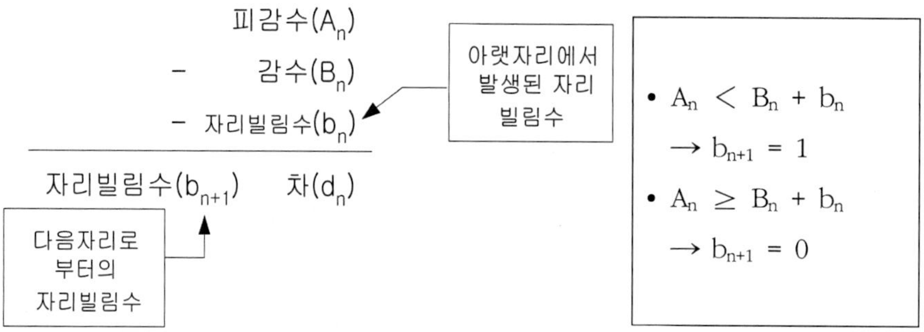

[그림 4-9] 전감산기의 입력 및 출력

이 논리 회로의 입력은 피감수(A_n), 감수(B_n), 이전 자리의 자리 빌림수(b_n) 등 3개이고 출력은 차(d_n)와 다음 자릿수에서의 자리 빌림수 (b_{n+1})의 2개가 된다. 뺄셈 수행 과정을 보면 아래와 같다.

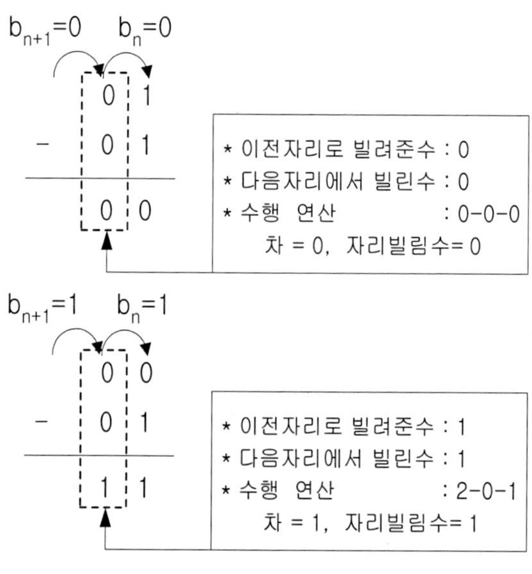

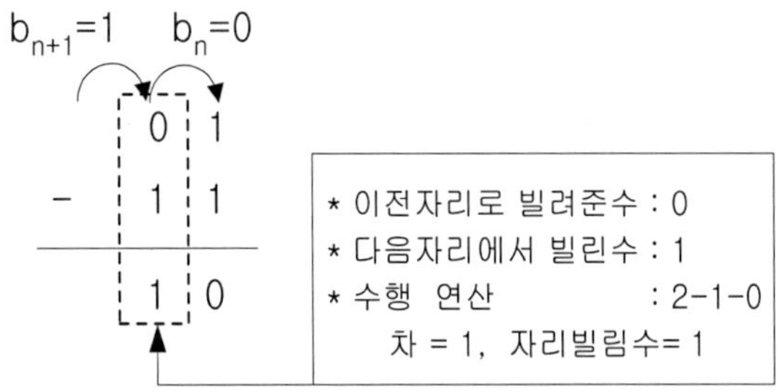

b_{n+1}=1 b_n=0
0 1
− 1 1
1 0
* 이전자리로 빌려준수 : 0
* 다음자리에서 빌린수 : 1
* 수행 연산 : 2-1-0
차 = 1, 자리빌림수= 1

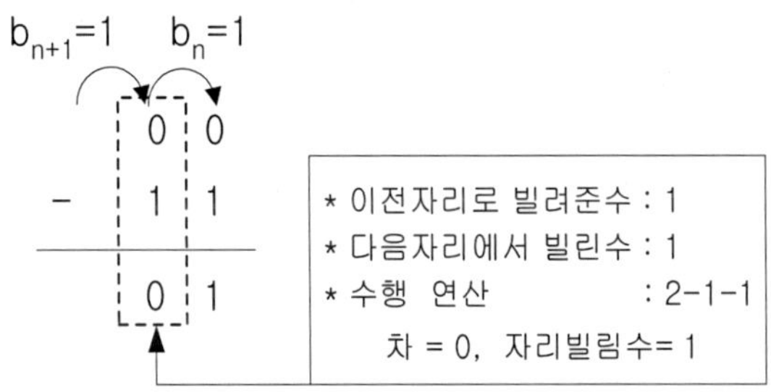

b_{n+1}=1 b_n=1
0 0
− 1 1
0 1
* 이전자리로 빌려준수 : 1
* 다음자리에서 빌린수 : 1
* 수행 연산 : 2-1-1
차 = 0, 자리빌림수= 1

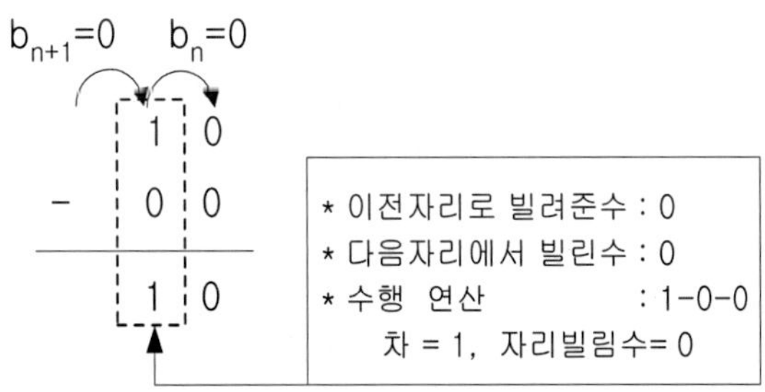

b_{n+1}=0 b_n=0
1 0
− 0 0
1 0
* 이전자리로 빌려준수 : 0
* 다음자리에서 빌린수 : 0
* 수행 연산 : 1-0-0
차 = 1, 자리빌림수= 0

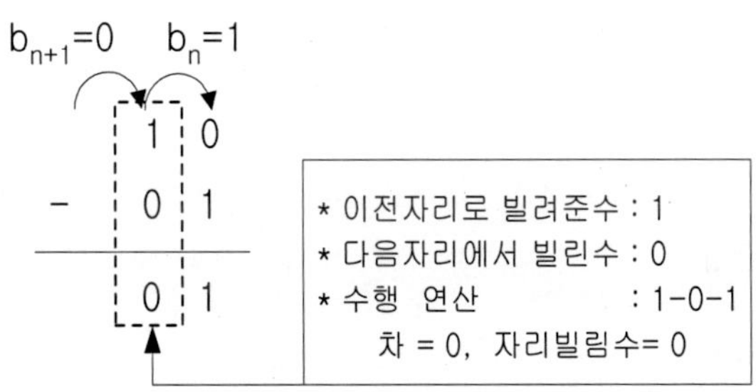

b_{n+1}=0 b_n=1
1 0
− 0 1
0 1
* 이전자리로 빌려준수 : 1
* 다음자리에서 빌린수 : 0
* 수행 연산 : 1-0-1
차 = 0, 자리빌림수= 0

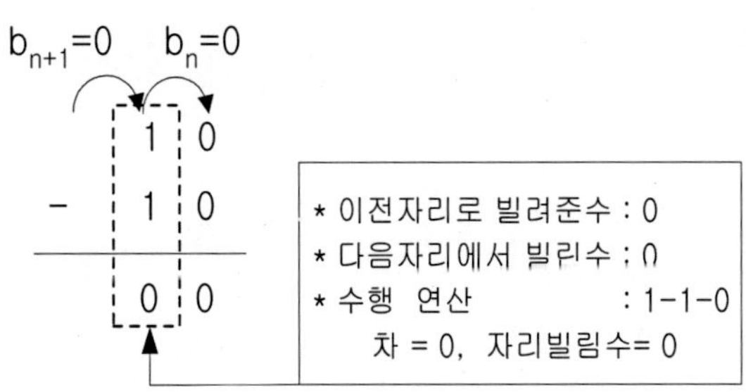

b_{n+1}=0 b_n=0
1 0
− 1 0
0 0
* 이전자리로 빌려준수 : 0
* 다음자리에서 빌린수 : 0
* 수행 연산 : 1-1-0
차 = 0, 자리빌림수= 0

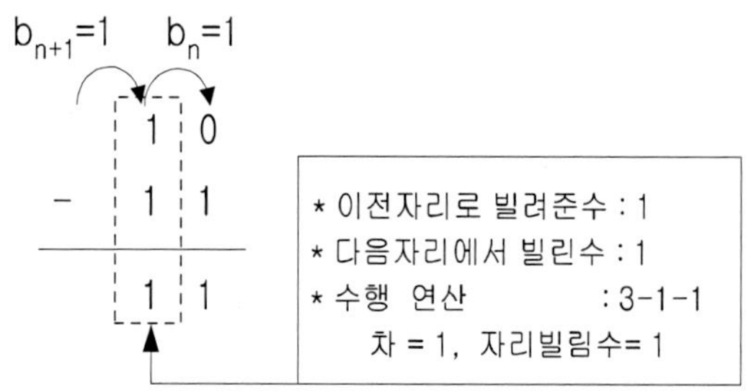

위의 뺄셈 연산을 정리하면 [표 4-5]과 같은 전감산기의 진리표를 얻을 수 있다.

표 4-5 전감산기 진리표

입 력			출 력	
A_n (피감수)	B_n (감수)	b_n (이전단의 자리빌림)	b_{n+1} (다음단에서의 자리빌림)	d_n (차)
0	0	0	0	0
0	0	1	1	1
0	1	0	1	1
0	1	1	1	0
1	0	0	0	1
1	0	1	0	0
1	1	0	0	0
1	1	1	1	1

진리표에 의한 전감산기의 출력 함수식을 구하면

$$d_n = \overline{A}_n\overline{B}_n b_n + \overline{A}_n B_n \overline{b}_n + A_n \overline{B}_n \overline{b}_n + A_n B_n b_n$$
$$= A_n \oplus B_n \oplus b_n$$

$$b_{n+1} = \overline{A}_n\overline{B}_n b_n + \overline{A}_n B_n \overline{b}_n + \overline{A}_n B_n b_n + A_n B_n b_n$$
$$= \overline{A}_n(B_n \oplus b_n) + B_n b_n$$

이 함수식에 의한 전감산기 회로를 구성하면 [그림 4-10]과 같다.

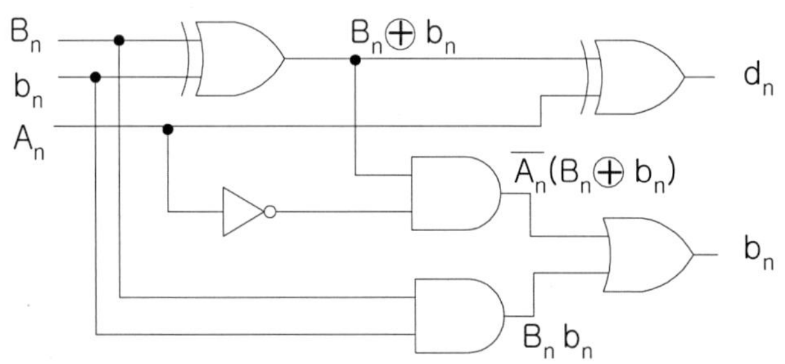

[그림 4-10] 전감산기 회로도

또는 b_{n+1} 는 다음 식과 같이 전개할 수 있다.

$$
\begin{aligned}
b_{n+1} &= \overline{A}_n\overline{B}_n b_n + \overline{A}_n B_n \overline{b}_n + \overline{A}_n B_n b_n + A_n B_n b_n \\
&= (\overline{A}_n\overline{B}_n + A_n B_n) b_n + \overline{A}_n B_n \\
&= b_n\overline{(A_n \oplus B_n)} + \overline{A}_n B_n
\end{aligned}
$$

이 식에 의해 전감산기를 설계하면 [그림 4-11]과 같고, 따라서 반감산기 2개와 OR 게이트를 이용하여 전감산기를 [그림 4-12]와 같이 설계할 수 있다.

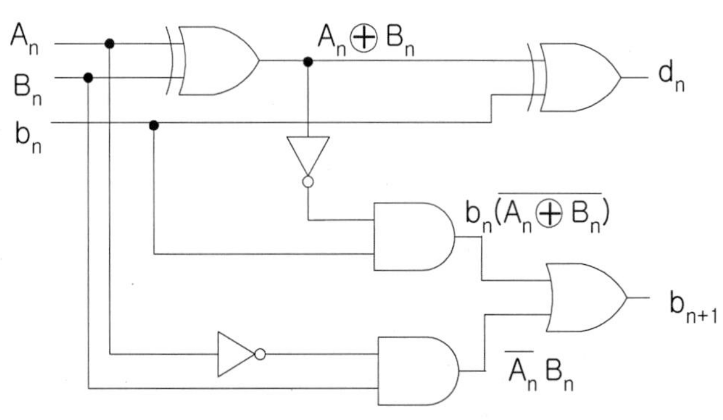

[그림 4-11] 전감산기 회로도

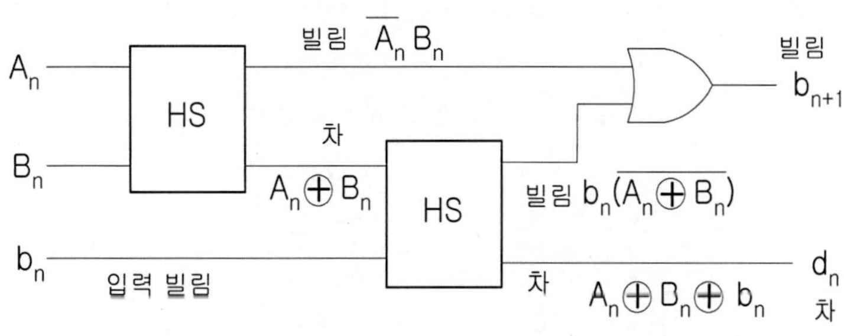

[그림 4-12] 반감산기로 구성한 전감산기

4-3 병렬 2진 가산기

두 개의 n비트 2진수를 더하려면 n개의 전가산기를 병렬로 연결하여 구성한다. 즉 한 개의 가산기는 한 비트씩 더할 수 있으므로 가산기를 n개 연결하면 n비트의 2진수를 더할 수 있다. 예를 들어 4 비트 이진수 A, B가 $A=A_4A_3A_2A_1$, $B=B_4B_3B_2B_1$로 구성되어 있는 경우를 살펴보자.

$$\begin{array}{r} A_4\ A_3\ A_2\ A_1 \\ +\ B_4\ B_3\ B_2\ B_1 \\ \hline S_5\ S_4\ S_3\ S_2\ S_1 \end{array}$$

우측 첫 번째 열의 덧셈은 두 개의 비트만 더하면 되므로 반가산기가 필요하고 나머지 자릿수는 이전 자리의 캐리를 고려하여야 하므로 전가산기가 필요하다. 따라서 이 연산에서는 반가산기 1개와 전가산기 3개가 필요하지만, 첫 번째 자릿수 이전 단에서 자리 올림이 있었다면 전가산기 4개를 필요로 한다. [그림 4-13]은 4비트 2진수를 더하는 병렬 2진 가산기 회로이다.

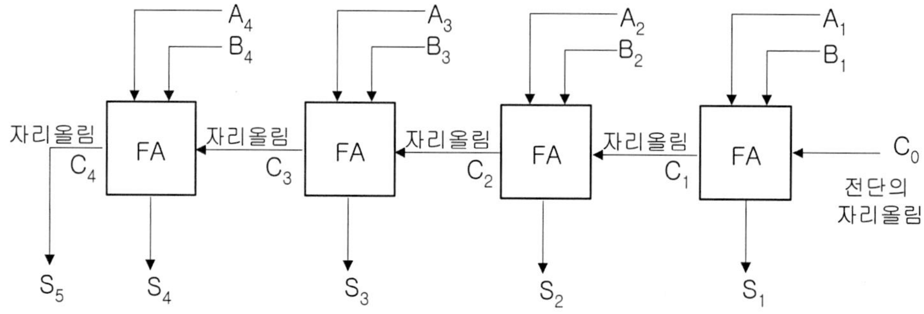

[그림 4-13] 병렬 2진 가산기

[예제 4.1]

실제로 4비트 2진수 A = 1011과 B = 0111의 합을 구하는 병렬2진 가산기 회로를 구성하시오.

풀이 <<

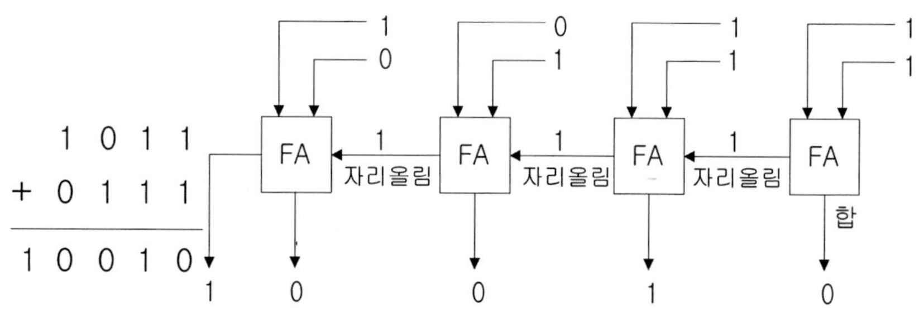

[그림 4-13]에서와 같은 TTL IC 중 74LS83은 4비트 전가산기의 논리를 수행하는 IC로, 몇 개를 종속 접속하면 다수 비트의 병렬가산 회로를 구성할 수 있다.

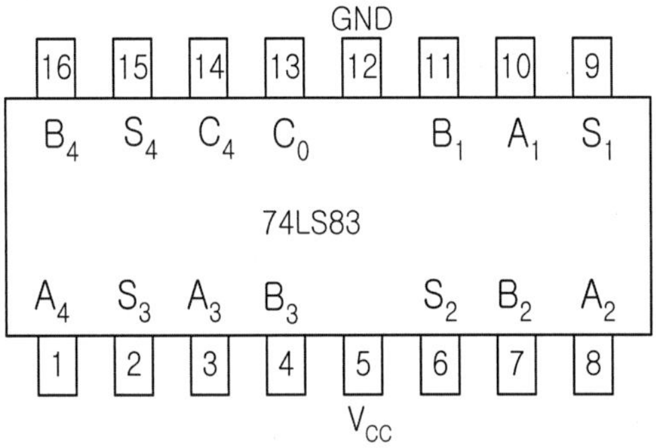

[그림 4-14] 4비트 병렬 2진 가산기(74LS83)

4-4 병렬 2진 가 · 감산기

두 개의 n비트 2진수를 더하거나 빼려면 n개의 전가산기를 병렬로 연결한 후 [그림 4-15]처럼 XOR 게이트를 피가수인 B 입력단에 연결하여 쉽게 전가감산기를 구성할 수 있다. 또한 오버플로우(overflow) V는 C4와 C3를 XOR 연산하여 구할 수 있다.

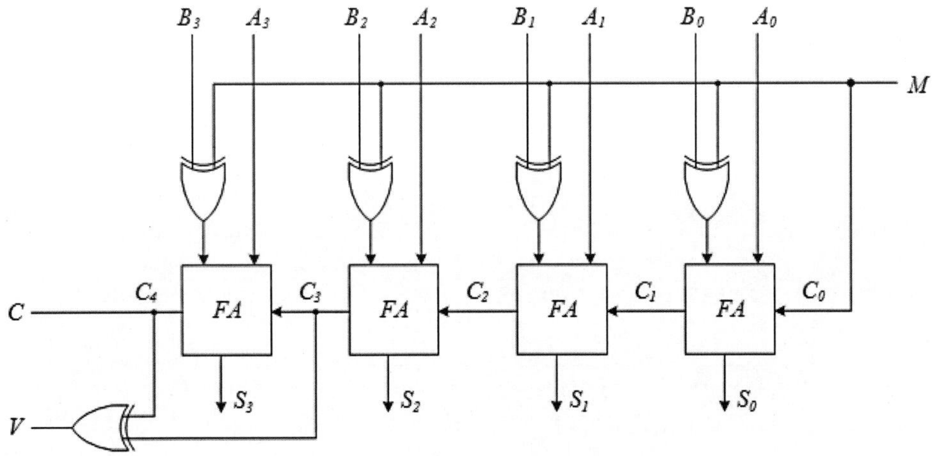

[그림 4-15] 4비트 병렬 전가감산기

[그림 4-15]의 회로에서 입력 M이 회로의 기능을 결정한다. M=0이면 4비트 전가산기로 동작하며, M=1이면 4비트 전감산기로 동작한다. M과 B가 XOR 연산이 되므로 $B_n \oplus M = B_n'M + B_nM'$의 결과로 기능이 결정되는 것이다. 우선 M이 0인 경우를 살펴보면,

$$B_n \oplus 0 = B_n' \cdot 0 + B_n \cdot 0' = B_n$$

가 되어 [그림 4-13]과 같은 4비트 병렬 가산기가 된다. 또한 M이 1인 경우를 살펴보면,

$$B_n \oplus 1 = B_n' \cdot 1 + B_n \cdot 1' = B_n'$$

가 되어 모든 자리의 전가산기에는 B′이 입력되고, M이 1이므로 C_0에 1이 입력된다. 뺄셈이 A-B=A+(-B)인 것에서 알 수 있듯이 -B를 2의 보수로 표현하면 B′+1이 되어 뺄셈은 A+B′+1인 것이다. 즉, $A_3A_2A_1A_0+B'_3B'_2B'_1B'_0+1$이 되는 것이다. 또한 오버플로우(overflow) V는 C4와 C3를 XOR 연산하여 구할 수 있다. 즉 $V=C_4 \oplus C_3$로 V가 1이면 오버플로우가 발생한 것이다.

4-5 코드 변환 회로(Code converter)

코드 변환 회로는 두 시스템이 서로 다른 2진 코드를 사용할 경우 두 시스템에서 사용하는 코드를 서로 변환하여 두 시스템에서 하나의 코드를 이용할 수 있도록 하는 회로이다.

4.5.1 8421 코드의 3증코드(excess-3 code) 변환

① 진리표

8421 코드의 3증코드 변환을 위한 논리표는 [표 4-6]과 같다.

표 4-6 8421 코드의 3증코드 변환을 위한 논리표

입 력 (8421 코드)				출 력 (3증코드)			
A	B	C	D	w	x	y	z
0	0	0	0	0	0	1	1
0	0	0	1	0	1	0	0
0	0	1	0	0	1	0	1
0	0	1	1	0	1	1	0
0	1	0	0	0	1	1	1
0	1	0	1	1	0	0	0
0	1	1	0	1	0	0	1
0	1	1	1	1	0	1	0
1	0	0	0	1	0	1	1
1	0	0	1	1	1	0	0

② 출력 함수식 간략화(카르노도 이용)

AB \ CD	00	01	11	10
00				
01		1	1	1
11	x	x	x	x
10	1	1	x	x

$w = \sum(5, 6, 7, 8, 9)$

$= A + BC + BD = A + B(C + D)$

AB \ CD	00	01	11	10
00		1	1	1
01	1			
11	x	x	x	x
10		1	x	x

$x = \sum(1, 2, 3, 4, 9)$

$= \overline{B}C + \overline{B}D + B\overline{C}\,\overline{D} = \overline{B}(C + D) + B(\overline{C + D})$

AB \ CD	00	01	11	10
00	1		1	
01	1		1	
11	x	x	x	x
10	1		x	x

$y = \sum(0, 3, 4, 7, 8)$

$= CD + \overline{C}\,\overline{D} = CD + (\overline{C + D})$

AB \ CD	00	01	11	10
00	1			1
01	1			1
11	x	x	x	x
10	1		x	x

$z = \sum(0, 2, 4, 6, 8)$

$= \overline{D}$

③ 회로도 작성

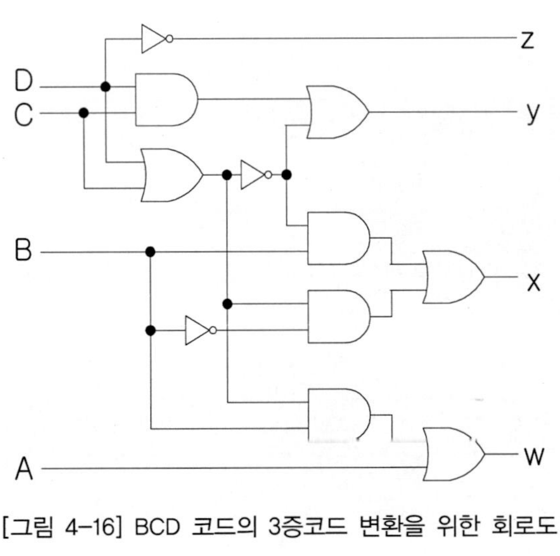

[그림 4-16] BCD 코드의 3증코드 변환을 위한 회로도

4.5.2 2진수와 그레이 코드 간의 변환회로

① 4비트 2진수의 그레이 코드 변환회로

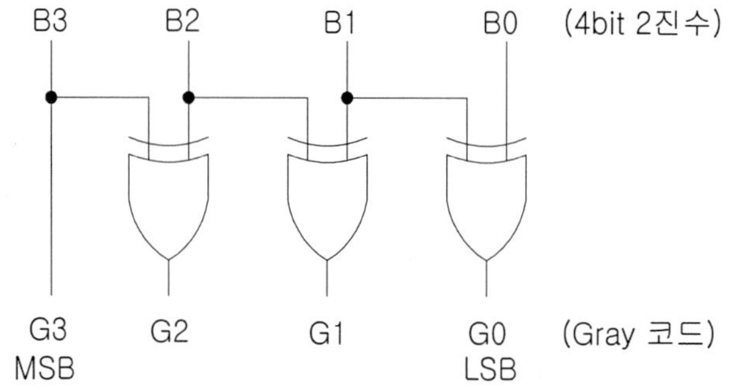

[그림 4-17] 4비트 2진수의 그레이 코드 변환회로

② 4비트 그레이 코드의 2진수 변환회로

[표 4-7]의 논리표에서 카르노도를 이용하여 출력 논리식을 구하면,

$$B0 = G3 \oplus G2 \oplus G1 \oplus G0, \quad B1 = G3 \oplus G2 \oplus G1, \quad B2 = G3 \oplus G2, \; B3 = G3$$

가 되어 논리 회로를 작성하면 [그림 4-18]과 같다.

표 4-7 Gray-2진 코드 변환을 위한 논리표

입력(gray 코드)				출력(2진 코드)			
G3	G2	G1	G0	B3	B2	B1	B0
0	0	0	0	0	0	0	0
0	0	0	1	0	0	0	1
0	0	1	0	0	0	1	1
0	0	1	1	0	0	1	0
0	1	0	0	0	1	1	1
0	1	0	1	0	1	1	0
0	1	1	0	0	1	0	0
0	1	1	1	0	1	0	1
1	0	0	0	1	1	1	1
1	0	0	1	1	1	1	0
1	0	1	0	1	1	0	0
1	0	1	1	1	1	0	1
1	1	0	0	1	0	0	0
1	1	0	1	1	0	0	1
1	1	1	0	1	0	1	1
1	1	1	1	1	0	1	0

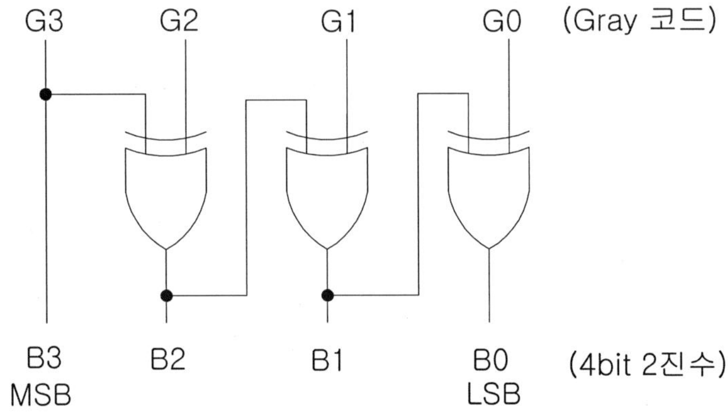

[그림 4-18] 그레이 코드의 2진수 변환회로

4-6 인코더(encoder)와 디코더(decoder)

디지털 시스템에서는 모든 부호가 0과 1의 2진수로 표시되고, 가장 많이 쓰이는 2진 부호는 2장에서 배운 바와 같이 BCD(8421) 코드, Excess-3 코드, 그레이 코드, ASCII 코드 등이며 이러한 부호 간의 변환이 필요하다. 이런 일을 수행하는 조합 논리 회로를 부호변환기(code converter)라고 하며 부호 변환기에는 **인코더(encoder : 부호기)와 디코더(decoder : 복호기)가 있다. 인코더는 m개의 입력 신호 중 1개만이 1이 되면 그 신호에 대응하여 n 비트의 부호가 출력되는 조합논리 회로이고, 디코더는 이와 반대로 n 비트의 부호를 입력하고 그에 대응하는 단 하나의 출력 신호를 1로 하는 조합 논리 회로이다.** [그림 4-19]에서와 같이 휴대용 계산기에서 키패드의 임의의 숫자를 누르면 인코더에 의해 4bit의 BCD 코드로 변환되어 CPU에 의해 연산이 수행된 후 이 BCD 코드는 디코더에 의해 다시 십진 코드로 변환된다.

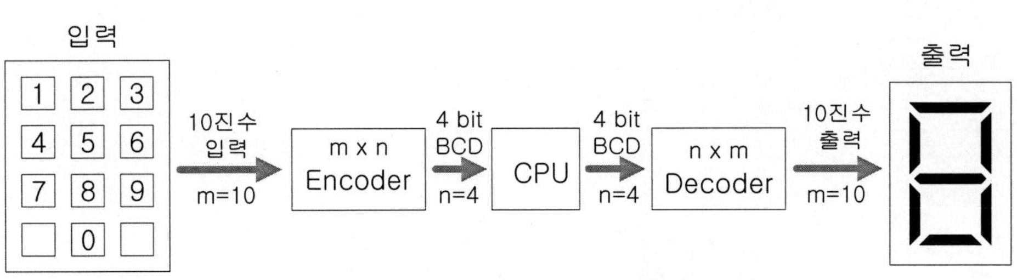

[그림 4-19] 인코더와 디코더의 활용 예

4.6.1 인코더(Encoder)

인코더는 10진수나 8진수를 입력으로 받아들여 BCD 코드나 2진수 코드로 변환하는 회로로서 [그림 4-20]에서와 같이 최대 $m=2^n$ 개의 입력선과 n개의 출력선을 가진다.

입력 개수 $m = 2^n$	출력 개수 n
최대 8	3
최대 16	4

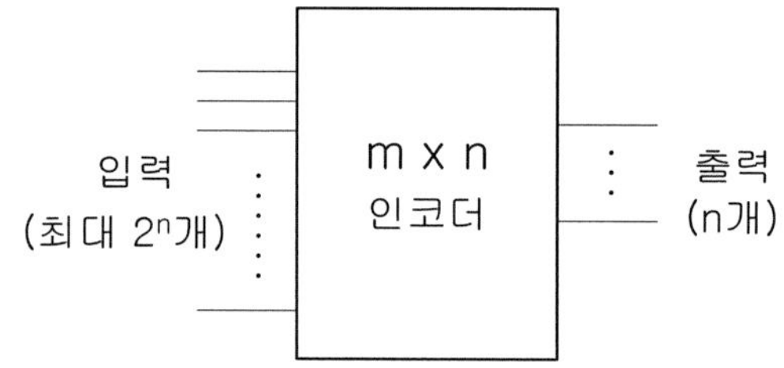

[그림 4-20] 인코더의 블럭도

(1) 10진- BCD 인코더(Decimal-to-BCD encoder)

이 인코더는 [표 4-8]에서와 같이 10개의 10진수 입력과 이에 대응하는 4비트의 BCD 코드값에 해당하는 4개의 출력으로 구성되어 10×4 인코더가 된다.

표 4-8 10진-BCD 인코더 진리표

(입 력) 십진수	(출 력) BCD 코드 Y3 Y2 Y1 Y0
0(D0)	0 0 0 0
1(D1)	0 0 0 1
2(D2)	0 0 1 0
3(D3)	0 0 1 1
4(D4)	0 1 0 0
5(D5)	0 1 0 1
6(D6)	0 1 1 0
7(D7)	0 1 1 1
8(D8)	1 0 0 0
9(D9)	1 0 0 1

이 표의 진리에 의한 출력 함수식을 구하면

Y0 = D1+D3+D5+D7+D9

Y1 = D2+D3+D6+D7

Y2 = D4+D5+D6+D7

Y3 = D8+D9

이상의 논리식에 의해 10진-BCD 인코더의 논리 회로를 작성하면 [그림 4-21]과 같고 이 논리 회로는 [그림 4-22]와 같은 블럭도로 표시된다.

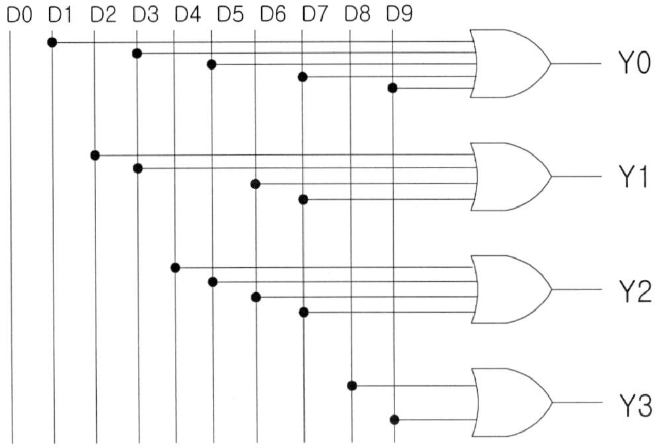

[그림 4-21] 10진-BCD 인코더 회로도

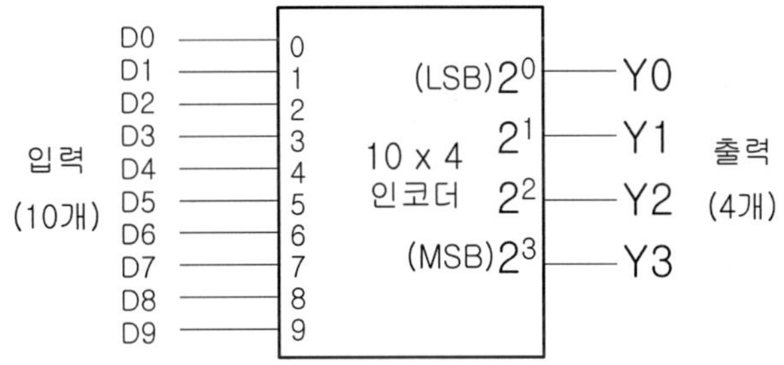

[그림 4-22] 10진-BCD 인코더 블럭도

인코더는 m개의 입력 신호 중 1개만이 1이 되면 그 신호에 대응하여 n비트의 부호가 출력되는 조합 논리 회로이므로 [그림 4-21]의 10진-BCD 인코더 회로를 예를 들면, 10개의 입력선 중에서 D9 하나가 High가 되고 나머지 입력이 Low가 되면 Y0, Y3은 High가 되고 Y1, Y2는 Low 가 되어 10진수 9에 해당하는 BCD 출력 Y3 Y2 Y1 Y0 = 1 0 0 1이 출력된다. 그러나 경우에 따라서 입력 중 여러 개를 동시에 High로 했을 때 인코더는 오동작할 수가 있다. 이런 것을 피하기 위하여 다음절에서 설명하는 우선순위 인코더가 필요하다.

(2) 10진-BCD 우선 인코더(Decimal-to-BCD priority encoder)

10진수 입력이 동시에 여러 개 입력될 때 인코더는 오동작할 수 있다. 이를 피하기 위하여 [그림 4-23]에서와 같이 10진-BCD 우선 인코더(Decimal-to-BCD priority encoder)

에서는 각 입력에 우선 순위를 부여하여 여러 개의 입력이 동시에 지정되면 가장 큰 숫자가 우선 출력하도록 설계되어 있다. 10진-BCD 우선 인코더 IC는 74LS147이 있고 이에 대한 핀 배치도와 구성도는 [그림 4-24]와 같다. 이 IC에 대한 논리표는 [표 4-9]와 같다.

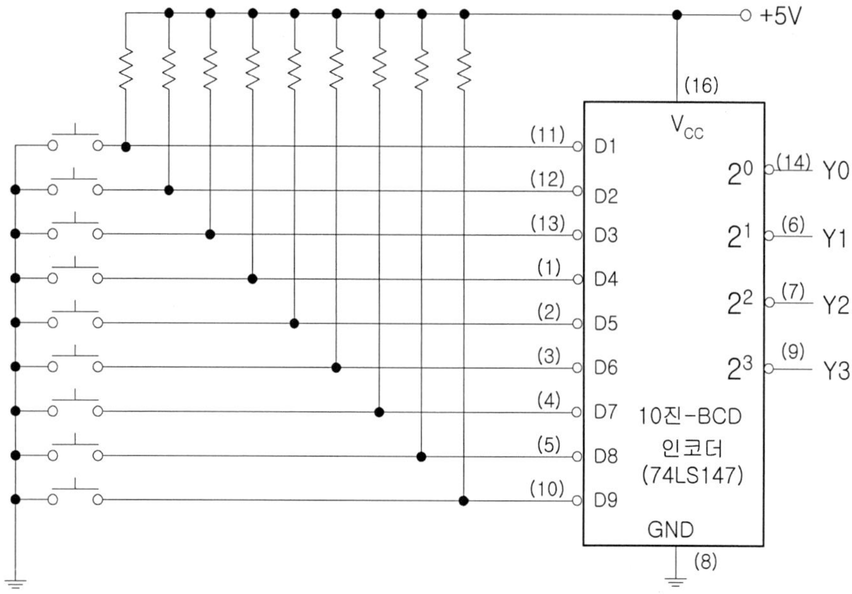

[그림 4-23] 10진-BCD 우선 인코더 회로

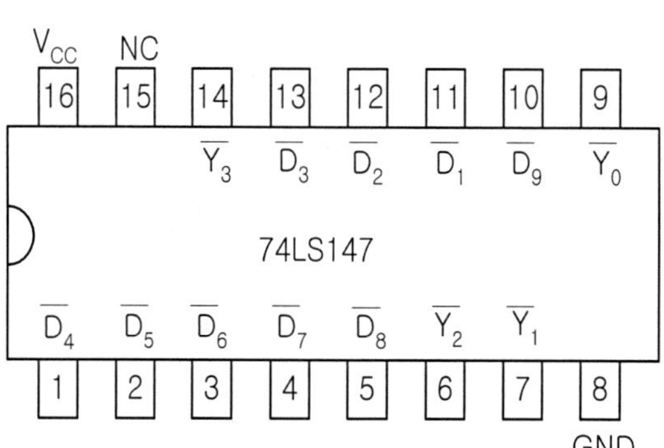

[그림 4-24] 10진-BCD 우선 인코더(74LS147) IC

표 4-9 10진-BCD 우선 인코더의 논리표

입 력									출 력			
$\overline{D1}$	$\overline{D2}$	$\overline{D3}$	$\overline{D4}$	$\overline{D5}$	$\overline{D6}$	$\overline{D7}$	$\overline{D8}$	$\overline{D9}$	$\overline{Y3}$	$\overline{Y2}$	$\overline{Y1}$	$\overline{Y0}$
1	1	1	1	1	1	1	1	1	1	1	1	1
×	×	×	×	×	×	×	×	0	0	1	1	0
×	×	×	×	×	×	×	0	1	0	1	1	1
×	×	×	×	×	×	0	1	1	1	0	0	0
×	×	×	×	×	0	1	1	1	1	0	0	1
×	×	×	×	0	1	1	1	1	1	0	1	0
×	×	×	0	1	1	1	1	1	1	0	1	1
×	×	0	1	1	1	1	1	1	1	1	0	0
×	0	1	1	1	1	1	1	1	1	1	0	1
0	1	1	1	1	1	1	1	1	1	1	1	0

[그림 4-23]에서 입력에 버블(○)을 붙인 것은 Low일 때 동작함을 의미하며 이러한 동작을 액티브 Low(Active Low)라고 하고 출력도 버블이 있으므로 액티브 Low 이다. 이 IC의 동작은 2개 또는 그 이상의 입력(십진수)이 동시에 Low가 되면 그 중 가장 높은 십진수가 선택이 되어 그에 해당하는 출력이 발생한다. 즉 $\overline{D3}$, $\overline{D6}$, $\overline{D9}$가 동시에 Low가 되면 $\overline{D9}$가 선택이 되어 출력은 $\overline{Y3}\ \overline{Y2}\ \overline{Y1}\ \overline{Y0}$ = 0110이 된다. 이 출력값은 십진수 9의 BCD 코드값의 보수임을 알 수 있고 액티브 Low인 논리에서는 보수로 출력됨을 알 수 있다. 이 IC는 BCD 인코더이나 $\overline{D1}$ ~ $\overline{D9}$까지의 9개의 입력만 존재하여 십진수 0에 대한 입력 단자가 존재하지 않는다. 십진수 0에 대한 BCD 출력을 얻으려면 모든 입력을 High로 하여 출력 1111을 얻는다. 즉 출력 상태 1111의 1의 보수는 0000이 되어 BCD 0에 대한 출력이 된다.

[예제 4.2]

74LS147은 10진-BCD 우선 인코더로서 입·출력 모두 액티브 Low이다. 이 IC의 1번, 4번, 13번에 Low 신호를 인가하였을 때 4개의 출력 상태를 적어보시오. (단, 다른 모든 입력은 High이다.)

풀이 << 핀 1번은 십진수 4, 핀 4번은 십진수 7, 핀 13번은 10진수 3의 입력을 받아들이므로 최상위 10진 입력은 4번 핀의 7이고 이때 출력은 액티브 Low이고, $\overline{Y}$= 1 0 0 0 이 된다. 그러므로 출력은 Y=0 1 1 1인 7임

(3) 8×3 우선 인코더(8-Line to 3-Line priority encoder)

TTL IC중 74LS148은 우선순위 기능을 갖고 있는 8×3 인코더이다. 이 IC의 핀 구성도는 [그림 4-25]와 같고 진리표는 [표 4-10]과 같다.

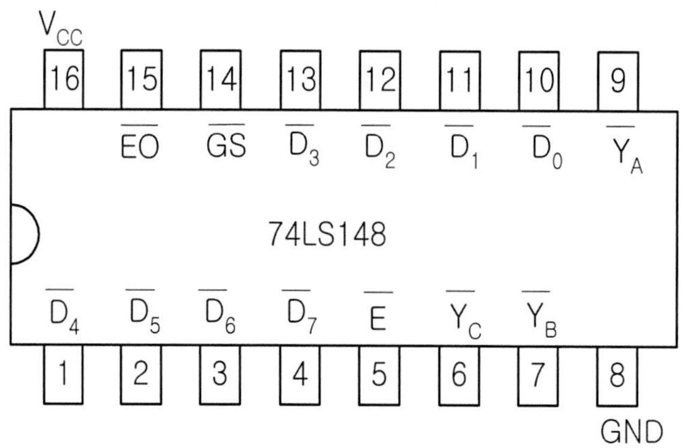

[그림 4-25] 8×3 우선 인코더(74LS148)

표 4-10 8×3 우선 인코더의 논리표

입력								출력				
$\overline{E}$	$\overline{D1}$	$\overline{D2}$	$\overline{D3}$	$\overline{D4}$	$\overline{D5}$	$\overline{D6}$	$\overline{D7}$	$\overline{YC}$	$\overline{YB}$	$\overline{YA}$	$\overline{GS}$	$\overline{EO}$
1	×	×	×	×	×	×	×	1	1	1	1	1
0	1	1	1	1	1	1	1	1	1	1	1	0
0	×	×	×	×	×	×	0	0	0	1	0	1
0	×	×	×	×	×	0	1	0	1	0	0	1
0	×	×	×	×	0	1	1	0	1	1	0	1
0	×	×	×	0	1	1	1	1	0	0	0	1
0	×	×	0	1	1	1	1	1	0	1	0	1
0	×	0	1	1	1	1	1	1	1	0	0	1
0	0	1	1	1	1	1	1	1	1	1	0	1

8개의 입력 $\overline{D1}$ ~ $\overline{D7}$ 중의 하나의 입력에 Low 신호가 가해지면 그 입력 단자에 대응하는 3비트의 2진수가 출력 $\overline{YA}$ ~ $\overline{YC}$에 나타나는 인코더로 이 인코더는 각각의 입력에 우선순위를 가지게 하고 있어 2개 이상의 입력에 동시에 신호가 들어오면 최상위 입력 단자의 신호가 인코드 된다. 또한 인에이블 입력($\overline{E}$), 인에이블 출력($\overline{EO}$), 그룹 시그널 출력($\overline{GS}$)에 의해 입력 데이터의 수를 10개 또는 16개로 증가 시킬 수 있어 10진

입력을 인코드 하거나, 16진 입력을 인코드할 수 있게 된다. 인에이블 입력($\overline{E}$)은 IC를 동작 유무를 제어하고, 인에이블 출력($\overline{EO}$)이 Low가 되면 0~7까지의 어떤 입력 신호도 가해지지 않았다는 것을 나타내는 출력 단자이다.

4.6.2 디코더(Decoder)

디코더는 BCD 코드나 2진수 코드를 입력으로 받아들여 10진수나 8진수 또는 16진수로 변환하는 회로로서 [그림 4-26]에서와 같이 n개의 입력선과 m=2^n 개 이하의 출력선을 갖고 있다.

입력 개수 n	출력 개수 $m = 2^n$
3	최대 8
4	최대 16

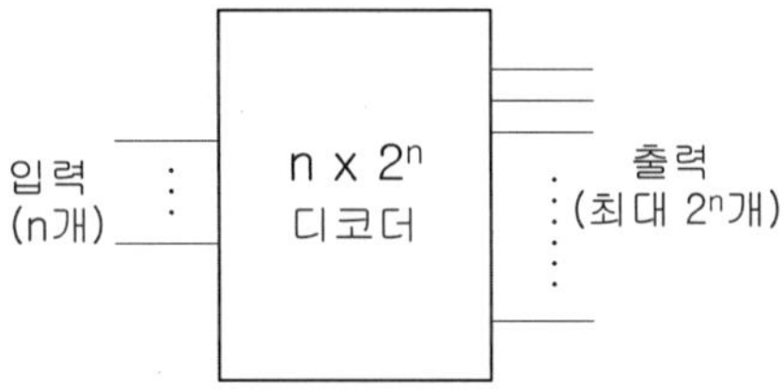

[그림 4-26] 디코더의 블럭도

(1) 2×4 디코더

입력의 개수가 2이고 출력이 4개인 2×4 디코더의 논리표는 [표 4-11]과 같고 진리표에 의한 논리 회로와 블럭도를 작성하면 [그림 4-27]과 같다.

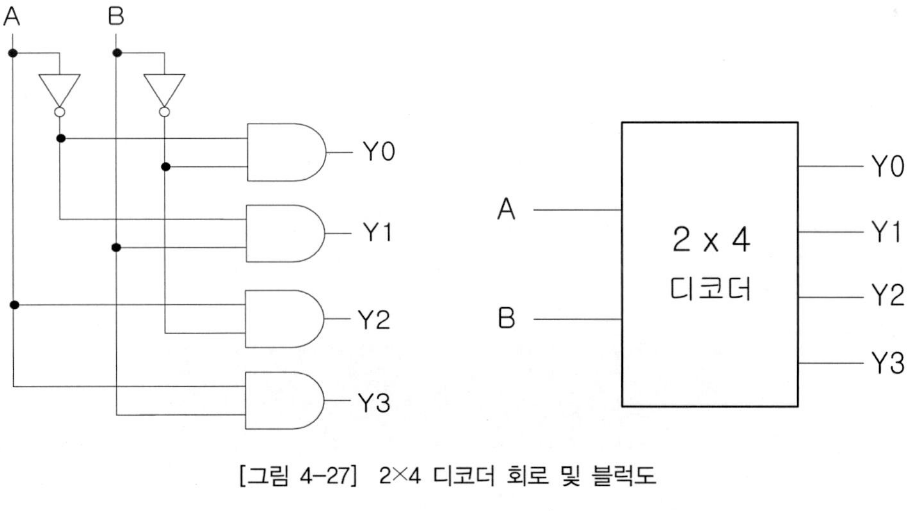

[그림 4-27] 2×4 디코더 회로 및 블럭도

표 4-11 2×4 디코더의 논리표

입력		출력			
A	B	Y0	Y1	Y2	Y3
0	0	1	0	0	0
0	1	0	1	0	0
1	0	0	0	1	0
1	1	0	0	0	1

$Y0 = \overline{A}\,\overline{B}$
$Y1 = \overline{A}\,B$
$Y2 = A\,\overline{B}$
$Y3 = A\,B$

TTL IC 중 74LS139는 각각 독립된 인에이블(enable) 입력이 붙은 2×4 디코더가 2개 내장되어 있다. 이는 디멀티플렉서로도 이용된다. [그림 4-28]은 74LS139의 핀 구성도이며 이 IC의 논리표는 [표 4-12]와 같다.

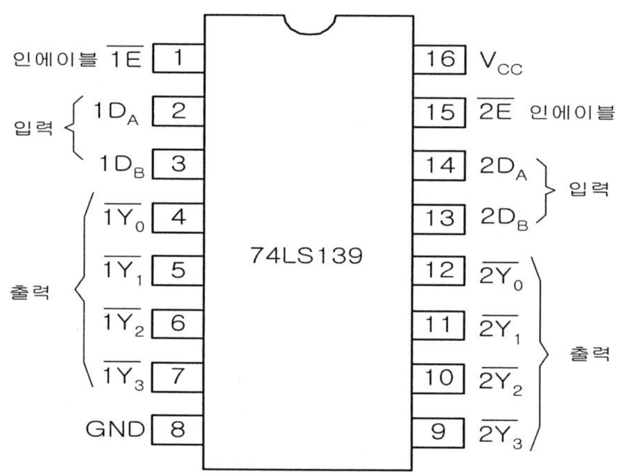

[그림 4-28]74LS139 핀 구성도

표 4-12 74LS139 논리표

입력			출력			
$\overline{E}$	D_B	D_A	$\overline{Y0}$	$\overline{Y1}$	$\overline{Y2}$	$\overline{Y3}$
H	×	×	1	1	1	1
L	0	0	0	1	1	1
L	0	1	1	0	1	1
L	1	0	1	1	0	1
L	1	1	1	1	1	0

(2) BCD-10진 디코더

이 회로는 BCD 입력(4비트)에 따라서 이에 대응하는 10진수 0~9까지의 수 중 하나를 출력에 나타내는 회로로 4×10 디코더이며, 4비트의 입력값에 따라서 10개의 출력 중 하나를 선택하는 회로이다. BCD-10진 디코더의 진리표는 [표 4-13]과 같다.

표 4-13 BCD-10진 디코더 논리표

입력				출력									
A	B	C	D	Y0	Y1	Y2	Y3	Y4	Y5	Y6	Y7	Y8	Y9
0	0	0	0	1	0	0	0	0	0	0	0	0	0
0	0	0	1	0	1	0	0	0	0	0	0	0	0
0	0	1	0	0	0	1	0	0	0	0	0	0	0
0	0	1	1	0	0	0	1	0	0	0	0	0	0
0	1	0	0	0	0	0	0	1	0	0	0	0	0
0	1	0	1	0	0	0	0	0	1	0	0	0	0
0	1	1	0	0	0	0	0	0	0	1	0	0	0
0	1	1	1	0	0	0	0	0	0	0	1	0	0
1	0	0	0	0	0	0	0	0	0	0	0	1	0
1	0	0	1	0	0	0	0	0	0	0	0	0	1

이 논리표에 의해 출력 함수식을 구하면

$Y0 = \overline{A}\,\overline{B}\,\overline{C}\,\overline{D}$, $Y1 = \overline{A}\,\overline{B}\,\overline{C}\,D$, $Y2 = \overline{A}\,\overline{B}\,C\,\overline{D}$, $Y3 = \overline{A}\,\overline{B}\,C\,D$,

$Y4 = \overline{A}\,B\,\overline{C}\,\overline{D}$, $Y5 = \overline{A}\,B\,\overline{C}\,D$, $Y6 = \overline{A}\,B\,C\,\overline{D}$, $Y7 = \overline{A}\,B\,C\,D$,

$Y8 = A\,\overline{B}\,\overline{C}\,\overline{D}$, $Y9 = A\,\overline{B}\,\overline{C}\,D$

가 되고 출력 함수식에 의한 논리 회로를 구성하면 [그림 4-29]와 같다.

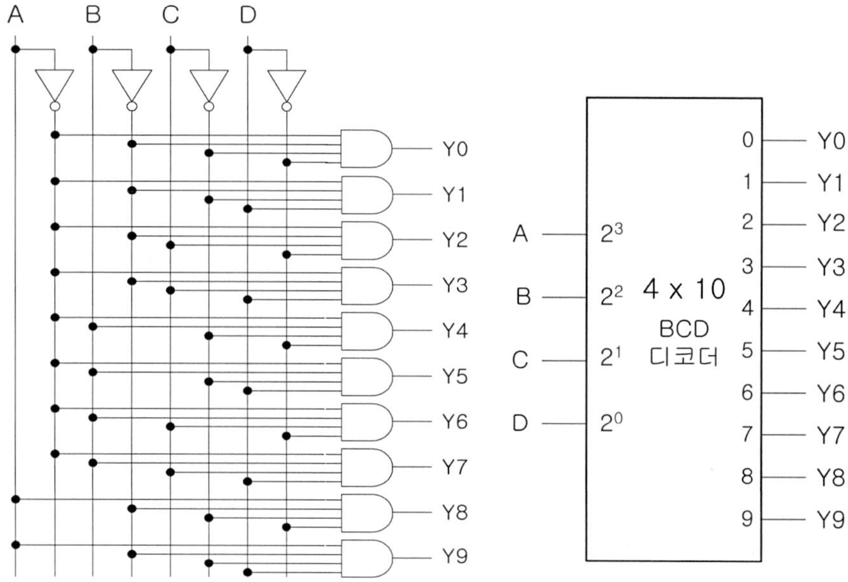

[그림 4-29] BCD-10진 디코더 회로도 및 블럭도

BCD-10진 디코더에 해당하는 대표적인 TTL IC는 74LS42이고 이 IC의 입력은 액티브 High이고, 출력은 액티브 Low로 동작한다. 이 IC의 논리표는 [표 4-14]와 같고 핀 구성도는 [그림 4-30]과 같다.

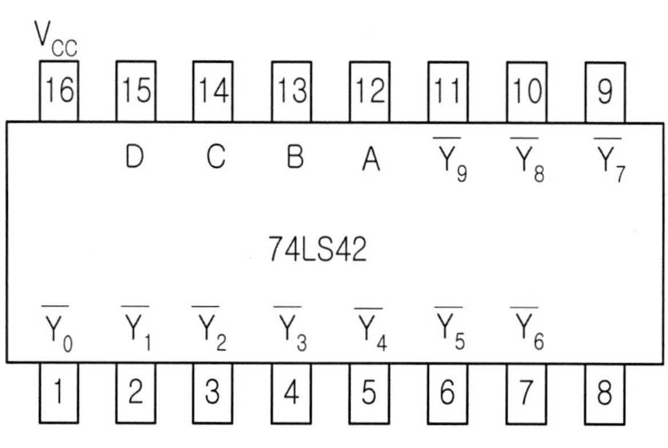

[그림 4-30] BCD-10진 디코더 IC(74LS42)

표 4-14 74LS42의 논리표

십진수	입력				출력									
	A	B	C	D	$\overline{Y0}$	$\overline{Y1}$	$\overline{Y2}$	$\overline{Y3}$	$\overline{Y4}$	$\overline{Y5}$	$\overline{Y6}$	$\overline{Y7}$	$\overline{Y8}$	$\overline{Y9}$
0	0	0	0	0	0	1	1	1	1	1	1	1	1	1
1	0	0	0	1	1	0	1	1	1	1	1	1	1	1
2	0	0	1	0	1	1	0	1	1	1	1	1	1	1
3	0	0	1	1	1	1	1	0	1	1	1	1	1	1
4	0	1	0	0	1	1	1	1	0	1	1	1	1	1
5	0	1	0	1	1	1	1	1	1	0	1	1	1	1
6	0	1	1	0	1	1	1	1	1	1	0	1	1	1
7	0	1	1	1	1	1	1	1	1	1	1	0	1	1
8	1	0	0	0	1	1	1	1	1	1	1	1	0	1
9	1	0	0	1	1	1	1	1	1	1	1	1	1	0

[예제 4.3]

74LS42는 BCD–10진 디코더로서 입력은 액티브 High이고, 출력은 액티브 Low이다. 입력 파형을 아래와 같이 인가할 때 출력 파형을 그리시오.

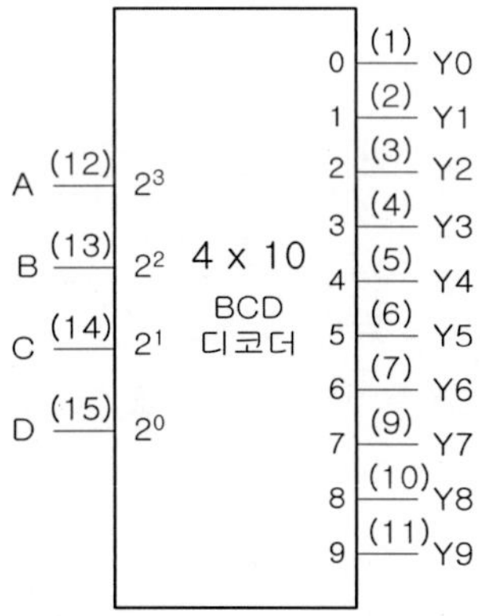

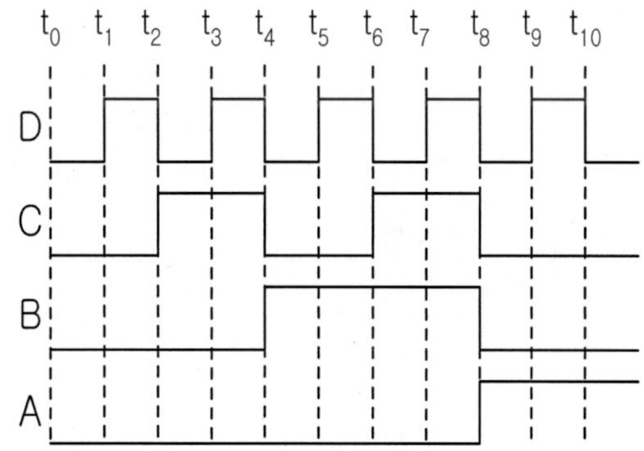

풀이 <<

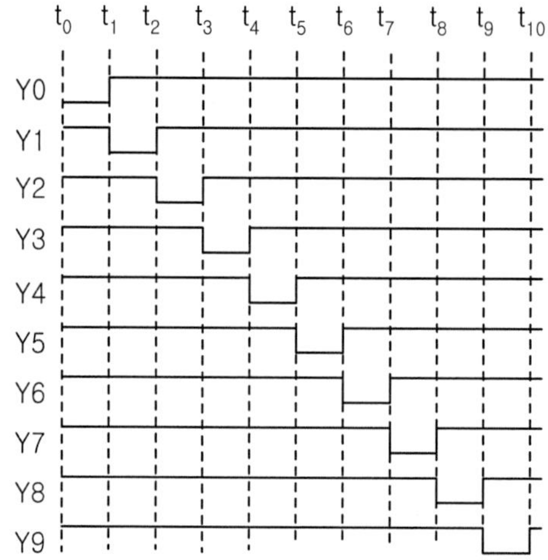

(3) BCD-7세그먼트 디코더

BCD-10진 디코더의 경우와 같이 10진 데이터의 출력을 10개의 출력선에 의해 지정하는 것과는 달리 BCD-7세그먼트 디코더는 10진 데이터의 출력을 7세그먼트(segment) LED 등의 디스플레이 장치를 통하여 출력된 수를 직접적으로 표시할 수 있게 하는 7-세그먼트 구동용 IC 이다.

[그림 4-31]에서와 같이 7세그먼트 디스플레이는 7개의 LED를 숫자의 형태로 배열하고 BCD 입력에 대응하는 10진수를 표시할 수 있게 한 것이다. 예를 들어 BCD 입력이 2라면 7세그먼트 구동용 디코더를 통하여 a, b, d, e, g의 LED가 점등되도록 하여 2의 형태를 표시하도록 되어 있다. 7세그먼트는 [그림 4-31]의 (a), (b)와 같이 공통 애노드(+)형과 공통 캐소드(-)형이 있다.

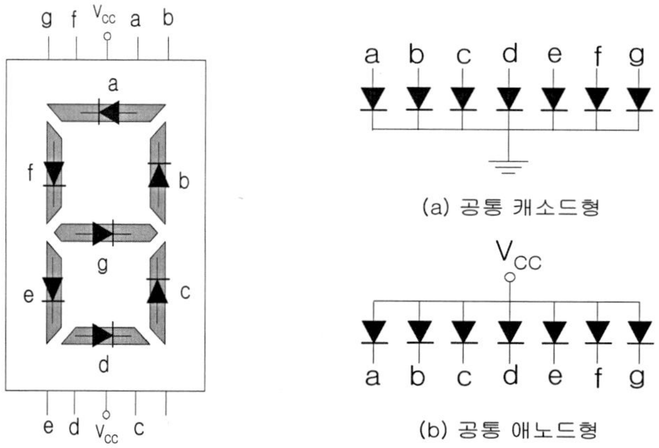

[그림 4-31] 7세그먼트 디스플레이

7세그먼트 디스플레이 구동용 IC로는 74LS47, 74LS48 등이 있다. 74LS47은 오픈콜렉터 출력으로 되어 있고, 74LS47P의 경우 Low 출력 전류는 24mA로 애노드 공통형 7세그먼트 LED를 직접 구동할 수 있다. 74LS47의 핀 구성도는 [그림 4-32]와 같고 논리표는 [표 4-15]와 같다.

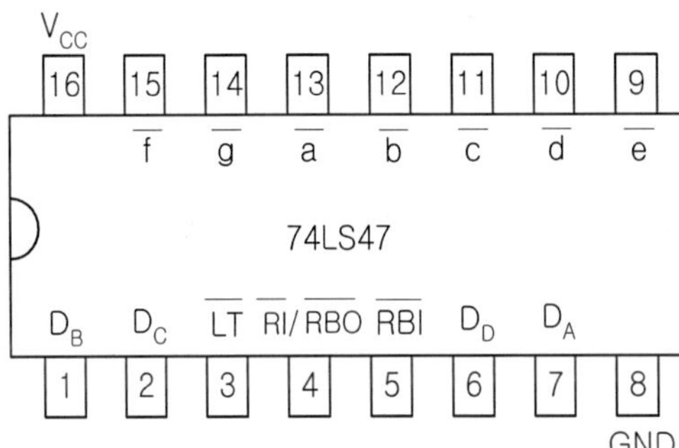

[그림 4-32] 74LS47의 핀 구성도

표 4-15 74LS47의 논리표

십진수	입 력						$\overline{BI}/\overline{RBO}$		출 력						
	$\overline{LT}$	$\overline{RBI}$	D_D	D_C	D_B	D_A			$\bar{a}$	$\bar{b}$	$\bar{c}$	$\bar{d}$	$\bar{e}$	$\bar{f}$	$\bar{g}$
0	H	H	0	0	0	0		H	0	0	0	0	0	0	1
1	H	×	0	0	0	1		H	1	0	0	1	1	1	1
2	H	×	0	0	1	0		H	0	0	1	0	0	1	0
3	H	×	0	0	1	1		H	0	0	0	0	1	1	0
4	H	×	0	1	0	0		H	1	0	0	1	1	0	0
5	H	×	0	1	0	1		H	0	1	0	0	1	0	0
6	H	×	0	1	1	0		H	1	1	0	0	0	0	0
7	H	×	0	1	1	1		H	0	0	0	1	1	1	1
8	H	×	1	0	0	0		H	0	0	0	0	0	0	0
9	H	×	1	0	0	1		H	0	0	0	1	1	0	0
블링킹	×	×	×	×	×	×	L		1	1	1	1	1	1	1
리플 블링킹	H	L	0	0	0	0		L	1	1	1	1	1	1	1
램프 테스트	L	×	×	×	×	×		H	0	0	0	0	0	0	0

이를 이용한 7세그먼트 구동회로는 [그림 4-33]과 같다.

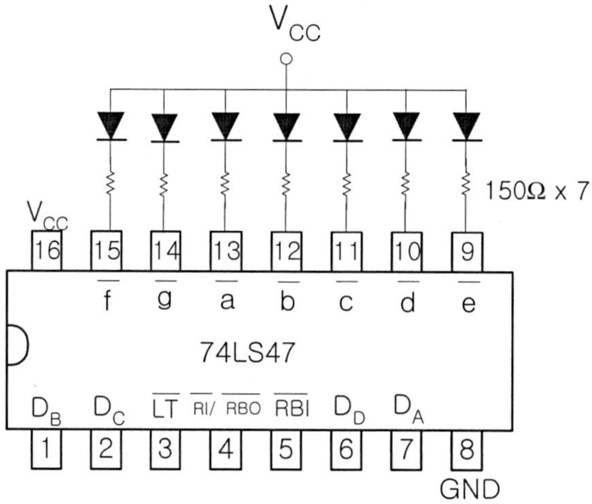

[그림 4-33] 74LS47의 적용회로

일반적으로 $\overline{LT}$는 High값을 유지한다. $\overline{LT}$ 값이 High일 때 $D_D \sim D_A$의 입력에 의해 출력 값이 결정되어 7세그먼트에 10진수가 표시된다.

예를 들어 $D_D D_C D_B D_A$= 0010 이면 출력 $\overline{a}\ \overline{b}\ \overline{c}\ \overline{d}\ \overline{e}\ \overline{f}\ \overline{g}$ = 0010010이 되어 $\overline{a}$, $\overline{b}$, $\overline{d}$, $\overline{e}$, $\overline{g}$ LED가 ON이 되어 7세그먼트는 10진수 2가 표시된다. $\overline{LT}$ 값이 Low로 액티브 되면 모든 입력 값에 관계없이 출력은 모두 Low가 되어 모든 LED가 ON 되어서 LED의 이상 유무를 테스트할 수 있다. 위 논리표에서와 같이 $\overline{LT}$ = High이고 $\overline{RBI}$ = High인 상태와 $\overline{LT}$ = High이고 $\overline{RBI}$ = Low인 상태의 차이점은 $D_D D_C D_B D_A$= 0000 일 때로 전자는 출력 $\overline{a}\ \overline{b}\ \overline{c}\ \overline{d}\ \overline{e}\ \overline{f}\ \overline{g}$ = 0000001이 되어 숫자 0을 표시하고, 후자는 1111111이 되어 모든 LED가 Off 되어 숫자 0 표시가 소멸된다. 이 기능은 예를 들어 0034라는 네 자리의 10진수를 표시할 때 상위 2자리의 0을 지우고 34만 표시할 수 있도록 하기 위한 것이다. 이와 같이 상위 자리의 0을 지우는 기능을 리딩 0 서프레스라고 한다. [그림 4-34]와 같이 최상위 자리의 $\overline{RBI}$ 입력을 Low로 하여 0을 표시하지 않도록 하고 다음에 그 출력 $\overline{RBO}$를 다음 자리의 $\overline{RBI}$에 연결한다. 리딩 0 서프레스할 필요가 없을 때에는 모든 $\overline{RBI}$ 입력은 High를 인가하면 된다. 추가로 $\overline{RBO}$ 단자는 리플 블랭킹 출력이기도 하지만 블랭킹 입력 $\overline{BI}$로도 사용되므로 $\overline{BI}$=Low로 놓으면 모든 출력은 소멸된다.

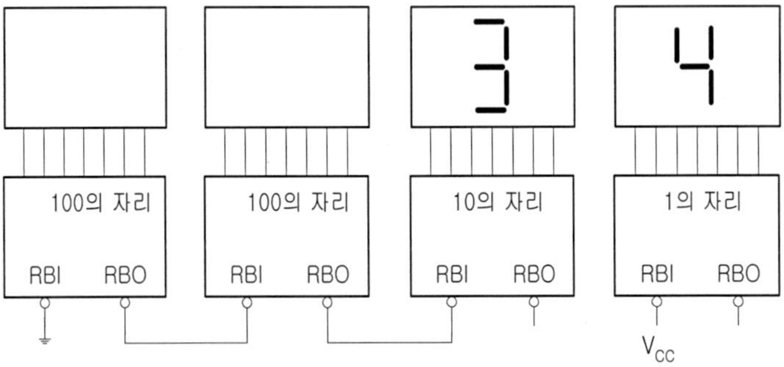

[그림 4-34] 리딩 0 서프레스를 위한 회로

4-7 멀티플렉서(multiplexer)

멀티플렉서(MUX)는 여러 개의 입력 신호선(채널) 중에서 하나를 선택하여 이 값을 하나의 출력선에 연결하여 주는 조합 논리 회로로 데이터 선택회로라고도 하며 [그림 4-35]와 같이 로타리 스위치와 비슷한 역할을 한다. 이 회로는 복수개의 입력선과 하나의 출력선 및 입력선 중의 하나를 선택하는 선택선(select)으로 구성되어 있다. 선택선이 n개이면 입력은 최대 2^n개까지 존재할 수 있다. 역으로 입력선이 2^n개 있을 때 반드시 n개의 선택선이 존재하여야 한다. 이것을 간단히 $2^n \times 1$ MUX라고 표시한다.

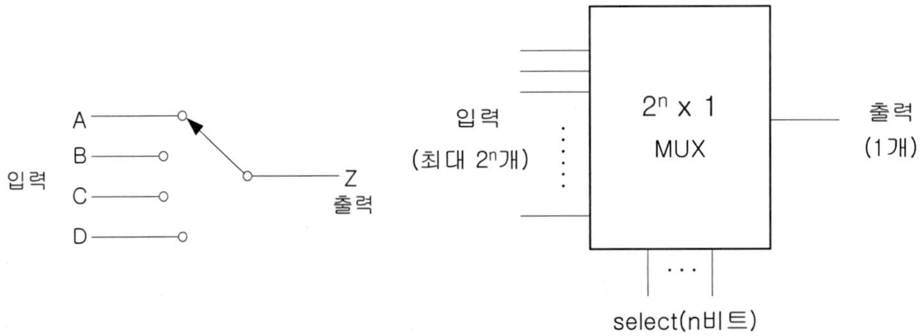

[그림 4-35] 멀티플렉서 등가 스위치 및 블럭도

4.7.1 4×1 멀티플렉서

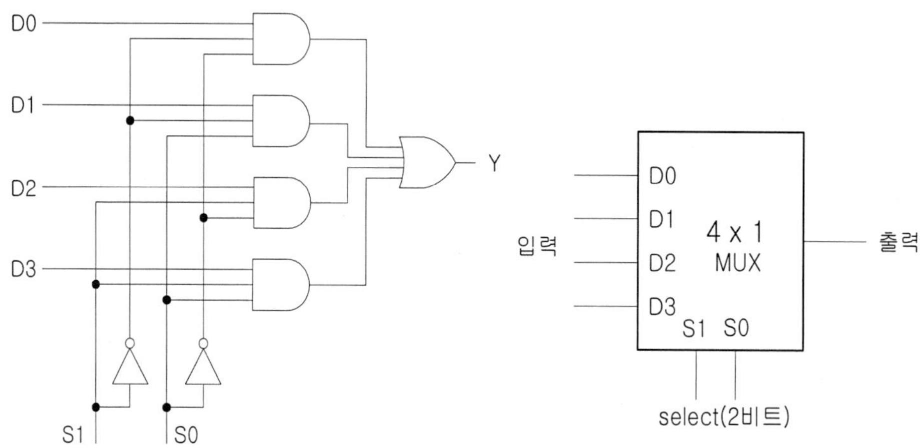

[그림 4-36] 4×1 MUX의 회로도 및 블럭도

[그림 4-36]은 4×1 멀티플렉서(MUX)의 회로도와 블럭도이다. 4×1 멀티플렉서의 데이터 선택을 위한 논리표는 [표 4-16]과 같다. 이 논리표와 회로도에서 보는 바와 같이 선택선의 값이 S1=0, S0=0 이면 출력 Y=D0이 출력되고 S1=0, S0=1 이면 출력 Y=D1, S1=1, S0=0 이면 출력 Y=D2, S1=1, S0=1 이면 출력 Y=D3이 선택되어 출력된다.

표 4-16 4×1 MUX의 데이터 선택을 위한 논리표

선택선(select)		출 력(선택된 입력)
S1	S0	Y
0	0	D0
0	1	D1
1	0	D2
1	1	D3

TTL IC 중 74LS153은 2개의 4×1 MUX가 내장되어 있고, 이 IC의 핀 구성도는 [그림 4-37]과 같으며 논리표는 [표 4-17]과 같다. 이 회로의 동작은 4라인의 신호를 데이터 입력 D0, D1, D2, D3에 인가하고 선택입력 SA, SB에 의해 4개의 데이터 입력 중 하나를 선택한 후 이 값을 Y에 출력시킨다. SA와 SB는 2개의 MUX에서 공통으로 사용되고, strobe 입력 $1\overline{G}$, $2\overline{G}$는 각 회로에서 독립적으로 사용된다. $1\overline{G}$, $2\overline{G}$ 값을 High로 하면

입력값에 관계없이 출력 Y는 항상 Low로 되므로 일반적인 MUX 회로로 사용하기 위해서는 논리표에서 보는 바와 같이 $1\overline{G}$, $2\overline{G}$ 값을 Low로 설정하고 사용한다.

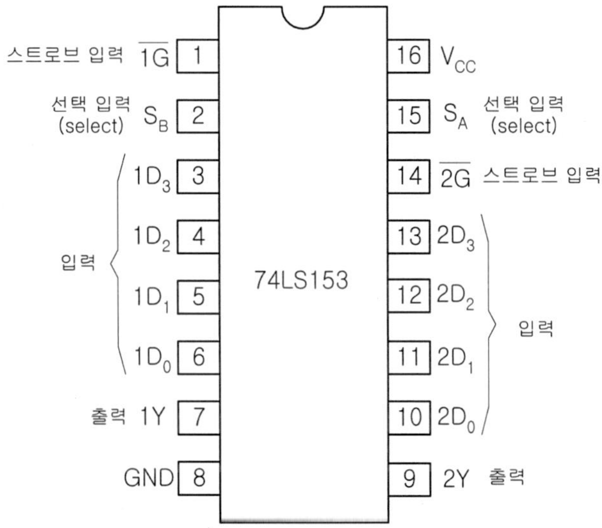

[그림 4-37] 74LS153의 핀 구성도

표 4-17 74LS153의 논리표

스트로브 입력	입 력				선택선 (select)		출력 Y
$\overline{G}$	D_3	D_2	D_1	D_0	SB	SA	
H	×	×	×	×	×	×	L
L	×	×	×	L	0	0	L
L	×	×	×	H	0	0	H
L	×	×	L	×	0	1	L
L	×	×	H	×	0	1	H
L	×	L	×	×	1	0	L
L	×	H	×	×	1	0	H
L	L	×	×	×	1	1	L
L	H	×	×	×	1	1	H

4.7.2 8×1 멀티플렉서

TTL IC 중 74LS151은 1개의 8×1 MUX가 내장되어 있고, 이 IC의 핀 구성도 및 논리표는 [그림 4-38] 및 [표 4-18]과 같다.

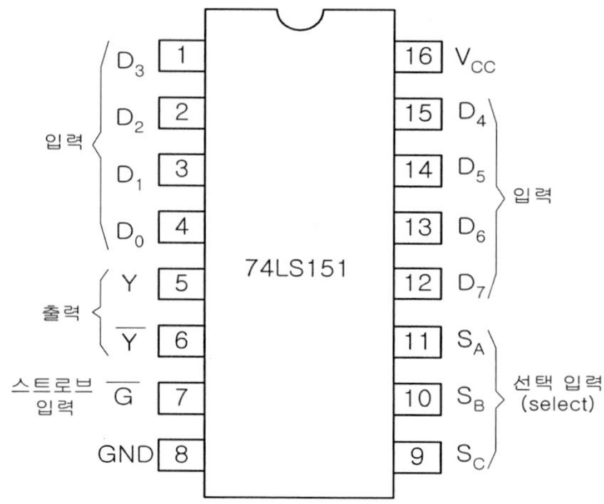

[그림 4-38] 74LS151의 핀 구성도

표 4-18 74LS151의 논리표

스트로브 입력	입 력								선택선 (select)			출력
$\overline{G}$	D_7	D_6	D_5	D_4	D_3	D_2	D_1	D_0	S_C	S_B	S_A	Y
H	×	×	×	×	×	×	×	×	×	×	×	L
L	×	×	×	×	×	×	×	L	0	0	0	L
L	×	×	×	×	×	×	×	H	0	0	0	H
L	×	×	×	×	×	×	L	×	0	0	1	L
L	×	×	×	×	×	×	H	×	0	0	1	H
L	×	×	×	×	×	L	×	×	0	1	0	L
L	×	×	×	×	×	H	×	×	0	1	0	H
L	×	×	×	×	L	×	×	×	0	1	1	L
L	×	×	×	×	H	×	×	×	0	1	1	H
L	×	×	×	L	×	×	×	×	1	0	0	L
L	×	×	×	H	×	×	×	×	1	0	0	H
L	×	×	L	×	×	×	×	×	1	0	1	L
L	×	×	H	×	×	×	×	×	1	0	1	H
L	×	L	×	×	×	×	×	×	1	1	0	L
L	×	H	×	×	×	×	×	×	1	1	0	H
L	L	×	×	×	×	×	×	×	1	1	1	L
L	H	×	×	×	×	×	×	×	1	1	1	H

이 회로는 8라인의 신호를 데이터 입력 D0~ D7을 가지고 있고 이 중 하나의 입력을 선택하기 위해 3개의 선택선(select) S_A, S_B, S_C가 존재하고 선택선에 의해 선택된 8개의 데이터 입력 중 하나의 값이 Y에 출력되고 $\overline{Y}$에서는 반전되어 출력된다. strobe 입력 $\overline{G}$의 값을 High로 하면 입력값에 관계없이 출력 Y는 항상 Low로 되므로 일반적인 MUX 회로로 사용하기 위해서는 진리표에서 보는 바와 같이 $\overline{G}$ 값을 Low로 설정하고 사용한다.

4.7.3 MUX 회로의 설계

출력 Y가 [표 4-19]과 같은 논리표를 만족할 때 A를 입력 변수로, B와 C를 선택선으로 하는 MUX 회로를 설계하는 과정은 다음과 같다.

표 4-19 MUX 회로 설계를 위한 논리표

민텀항번호	입 력			출 력
	A	B	C	Y0
0	0	0	0	0
1	0	0	1	1
2	0	1	0	0
3	0	1	1	1
4	1	0	0	0
5	1	0	1	1
6	1	1	0	1
7	1	1	1	0

① 진리표에 대한 출력 함수식을 최소항의 합 형태로 작성

$Y = \sum(1, 3, 5, 6)$

② 실현표 작성

표 4-20 실현표

	D0	D1	D2	D3
$\overline{A}$	0	①	2	③
A	4	⑤	⑥	7
	0	1	A	$\overline{A}$

D0 = 0, D1 = 1,
D2 = A, D3 = $\overline{A}$

③ MUX 회로 작성

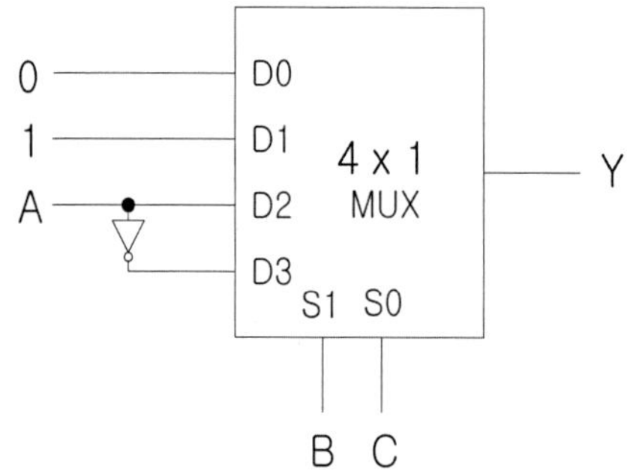

[그림 4-39] [표 4-20] 논리를 만족하는 MUX 회로

[예제 4.4]

[표 4-19]에서 C를 입력 변수로, A, B를 선택선으로 하는 MUX 회로를 설계하시오.

풀이 <<

① 진리표에 대한 출력 함수식

$Y=\sum(1,\ 3,\ 5,\ 6)$

② 실현표

	D0	D1	D2	D3
$\overline{C}$	0	2	4	⑥
C	①	③	⑤	7
	C	C	C	$\overline{C}$

D0 = C, D1 = C,
D2 = C, D3 = $\overline{C}$

③ MUX 회로

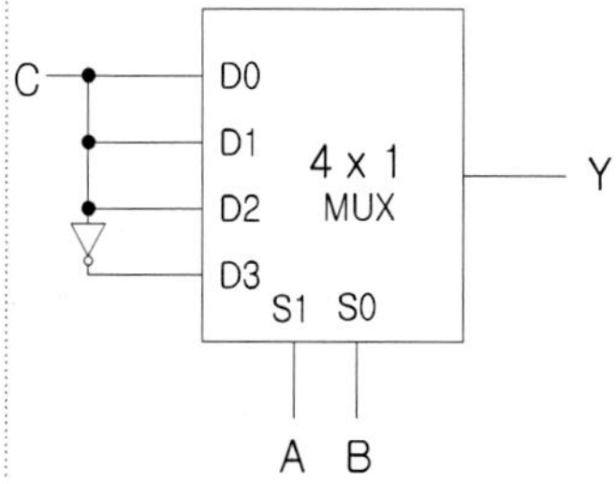

4-8 디멀티플렉서(demultiplexer)

디멀티플렉서(DEMUX)는 멀티플렉서와는 반대로 1개의 입력선을 복수개의 출력선 중의 하나에 연결하여 주는 조합 논리 회로로 데이터 분배회로라고도 하며 [그림 4-40]과 같은 로타리 스위치와 비슷한 역할을 한다. 이 회로는 하나의 입력선과 복수개의 출력선 및 출력선 중의 하나를 선택하는 선택선(select)으로 구성되어 선택선에 의해 선택된 출력선으로 입력의 값이 전달된다. 선택선이 n개이면 출력은 최대 2^n개까지 존재할 수 있고 역으로 출력선이 2^n개 있을 때 반드시 n 개의 선택선이 존재하여야 한다. 이것을 간단히 1×2^n DEMUX라고 표시한다.

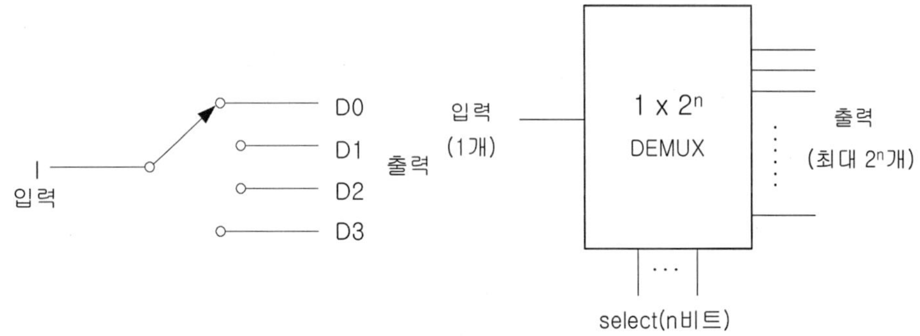

[그림 4-40] 디멀티플렉서 등가 스위치 및 블럭도

[그림 4-41]은 1×4 디멀티플렉서의 회로도와 블럭도이다. 1×4 디멀티플렉서의 데이터 선택을 위한 논리표는 [표 4-21]과 같다. 이 진리표와 회로도에서 보는 바와 같이 선택선의 값이 S1=0, S0=0이면 입력 I는 D0에 출력되고 S1=0, S0=1이면 입력 I는 D1, S1=1, S0=0이면 입력 I는 D2, S1=1, S0=1이면 입력 I는 D3에 선택되어 출력된다.

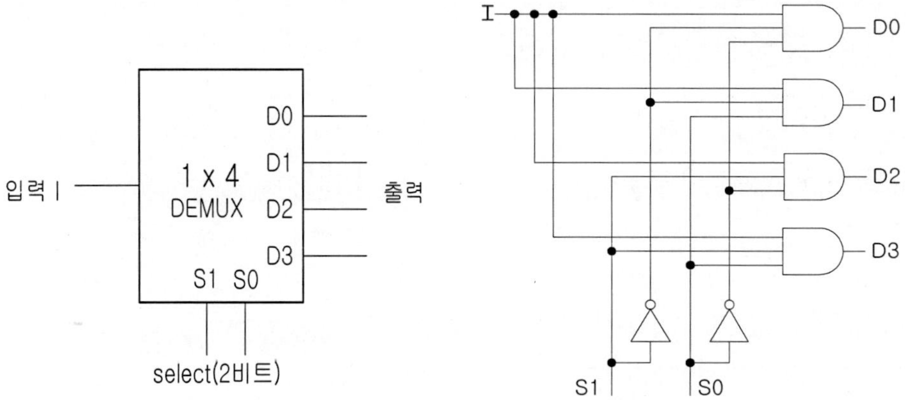

[그림 4-41] 1×4 DEMUX의 회로도 및 블록도

표 4-21 1×4 DEMUX의 출력 선택을 위한 논리표

입력	선택선(select)		출 력(선택된 입력)			
I	S1	S0	D0	D1	D2	D3
0	0	0	I(0)	0	0	0
1	0	0	I(1)	0	0	0
0	0	1	0	I(0)	0	0
1	0	1	0	I(1)	0	0
0	1	0	0	0	I(0)	0
1	1	0	0	0	I(1)	0
0	1	1	0	0	0	I(0)
1	1	1	0	0	0	I(1)

일반적으로 TTL IC 중 디코더는 디멀티플렉서로도 사용된다. 전 절에서 언급한 것처럼 디코더란 컴퓨터나 디지털 장치에서 사용되는 2진수를 8진수나 10진수로 변환하는 회로로 디코더는 n개의 입력 단자와 2^n개의 출력 단자를 구비하고 있으므로 디코더의 데이터 입력 단자를 디멀티플렉서의 선택입력 단자로, 디코더의 인에이블 단자를 디멀티플렉서의 입력 단자로, 디코더의 출력 단자를 디멀티플렉서의 출력 단자로 사용하면 디코더는 디멀티플렉서로도 사용할 수 있게 된다. [표 4-22]에서는 디코더와 디멀티플렉서로 사용되는 TTL IC를 표시하였다.

표 4-22 디코더와 디멀티플렉서 TTL IC

TTL IC 명	디코더	디멀티플렉서	비 고
74LS137	3×8 디코더	1×8 DEMUX	address Latch 회로 포함
74LS138	3×8 디코더	1×8 DEMUX	enable 입력 붙음
74LS139	2×4 디코더	1×4 DEMUX	enable 입력 붙음
74LS154	4×8 디코더	1×16 DEMUX	-
74LS155	2×4 디코더	1×4 DEMUX 1×8 DEMUX	-
74LS156	2×4 디코더	1×4 DEMUX 1×8 DEMUX	open collect형

연습문제_

4.1 반가산기의 논리함수표를 작성하여 논리식을 쓰고 논리식에 따른 반가산기 회로를 그리시오.

4.2 전가산기의 논리함수표를 작성하여 논리식을 쓰고 논리식에 따른 전가산기 회로를 XOR 게이트와 NAND 게이트로만 설계하시오.

4.3 반가산기 회로를 이용하여 전가산기를 구성하시오.

4.4 반감산기의 논리 함수표를 작성하여 논리식을 쓰고 논리식에 따른 반감산기 회로를 그리시오.

4.5 전감산기의 논리함수표를 작성하여 논리식을 쓰고 논리식에 따른 전감산기 회로를 XOR 게이트와 NAND 게이트로만 설계하시오.

4.6 반감산기 회로를 이용하여 전감산기를 구성하시오.

4.7 두 개의 8비트 2진수의 가산을 할 때 필요한 전가산기와 전감산기의 수는 각각 몇 개가 필요한지 구하시오.

4.8 **84-2-1 Code**를 **Excess-3 Code**로 변환시키는 회로를 **NOR gate**만을 이용해 설계하시오.

4.9 4비트 2진수를 16진수로 디코드하는 4×16 디코더 회로를 설계하시오.

4.10 아래와 같은 74LS147은 10진-BCD 인코더이다. 핀 번호 3번, 9번에 Low가 인가되고 나머지 입력 핀들은 High가 인가될 때 출력 $\overline{Y_3}\ \overline{Y_2}\ \overline{Y_1}\ \overline{Y_0}$의 값을 적으시오.

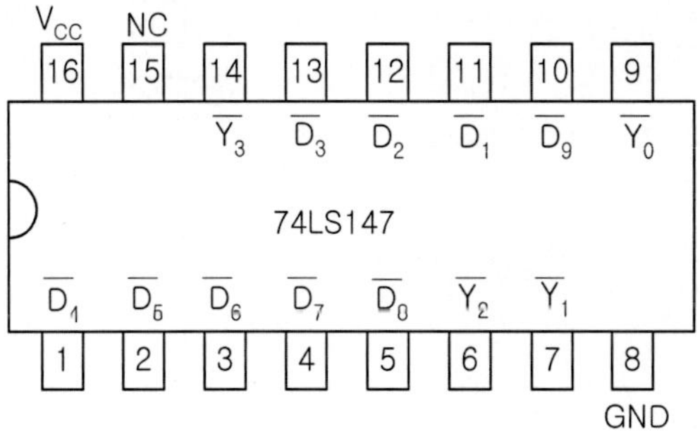

4.11 74LS42는 BCD-10진 디코더이다. 이 IC의 입력이 단자 A, B, C, D에 아래 표와 같은 입력을 인가할 때 Low 값을 갖는 출력을 적어라.

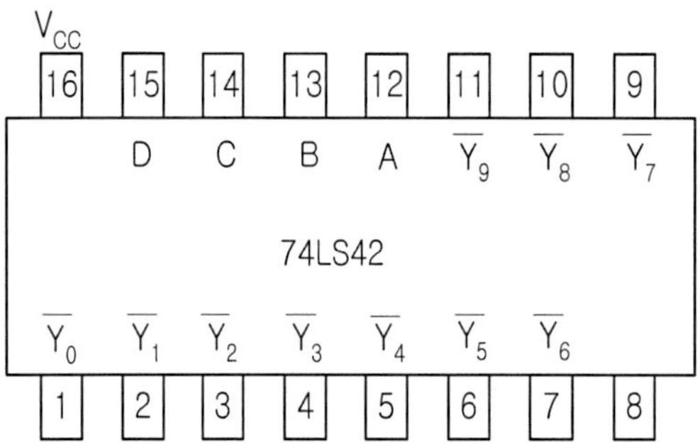

입 력				출 력
A	B	C	D	표 시
0	0	0	1	
0	1	0	0	
1	0	0	1	
1	0	0	0	
0	1	1	0	

4.12 다음회로는 4×1 MUX 회로이다. 입력을 D0=0, D1=1, D2=1, D3=0으로 하고 선택 입력 S1=1, S0=0과 S1=0, S0=0으로 할 때의 출력을 각각 구하시오.

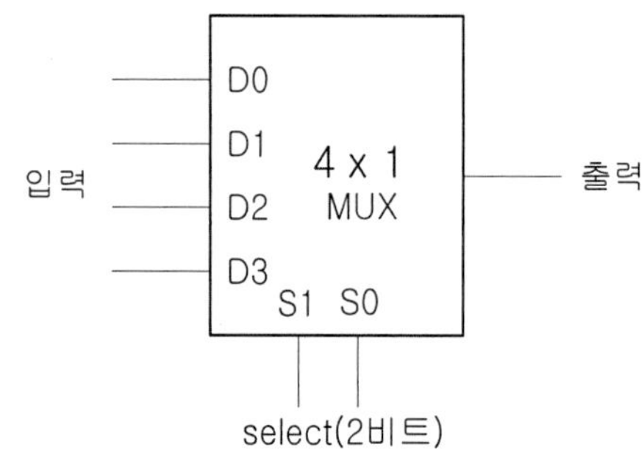

4.13 출력 Y가 아래와 같은 논리표를 만족할 때 A를 입력 변수로, B와 C를 선택선으로 하는 MUX 회로를 그림과 같은 74LS153으로 설계하시오.

민텀항번호	입 력			출 력
	A	B	C	Y
0	0	0	0	0
1	0	0	1	1
2	0	1	0	1
3	0	1	1	1
4	1	0	0	0
5	1	0	1	0
6	1	1	0	1
7	1	1	1	1

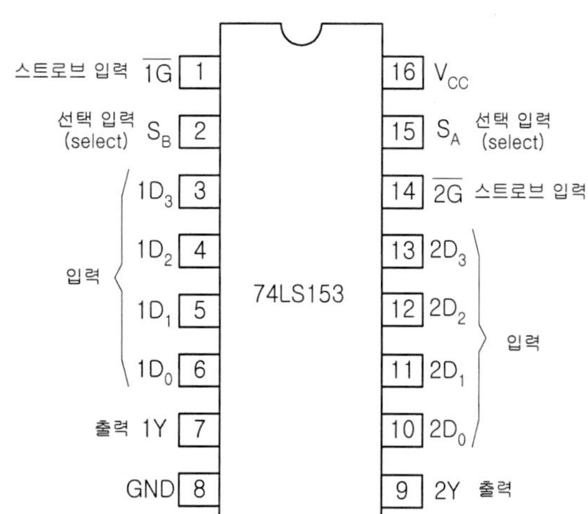

4.14 다음 그림 (a) 조합 회로의 Boole 함수 X를 구한 후, 이를 구현하는 회로를 **4×1 멀티플렉서(MUX) 2개**와 외부 게이트(OR gate와 inverter)로 구성하여 설계하시오 단, A를 각 MUX의 **enable 단자**로, D를 **입력선**으로 연결하고, **B와 C를 선택선**으로 연결하시오.

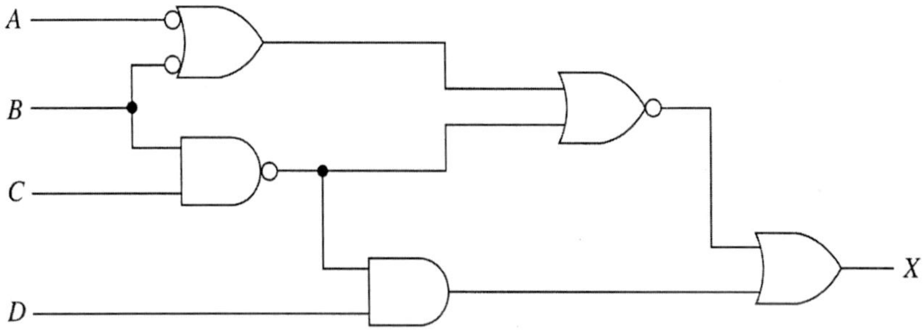

(a)

4.15 그림 (b) 조합 회로의 Boole 함수 Y를 구하고, 이를 구현하는 회로를 **4×1 멀티플렉서(MUX)** 1개와 외부 게이트(inverter)로 구성하여 설계하시오. 단, C를 입력선으로 연결하고, **A, B를 선택선**으로 연결하시오.

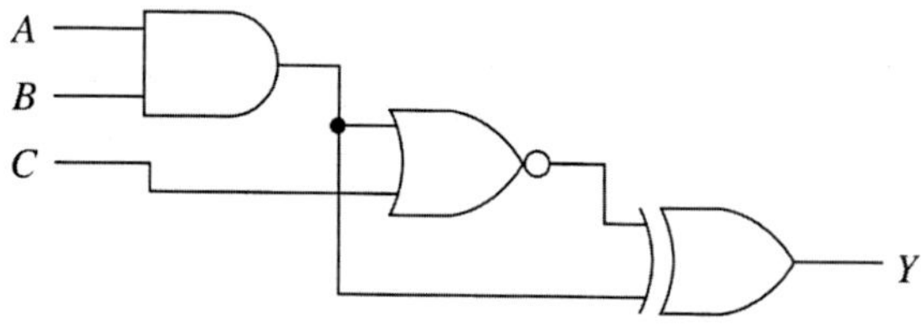

(b)

Chapter 5

플립플롭

조합 논리 회로와 기억 소자로 되어 있는 회로를 순차 논리 회로(sequential logic circuit)라 한다. 4장에서 배운 조합 논리 회로는 그 출력이 현재 가해지는 입력의 조합에 의해서만 결정되는 데 반하여 순차 논리 회로에서는 그 출력이 현재 가해진 입력의 조합뿐만 아니라 입력을 가하는 시점에서의 회로의 상태에 의존하는 회로를 말한다. 따라서 순차 논리 회로에서는 회로의 상태를 기억하는 기억 소자가 필요하며 이 장에서는 1비트 기억 소자인 각종 플립플롭(flip-flop: F/F)에 대하여 설명한다. 플립플롭은 RS F/F, JK F/F, D F/F, T F/F 등의 네 가지가 있으며 RS F/F를 개선한 것이 JK F/F 이고 D F/F와 T F/F는 JK F/F에서 응용된 것이다. 또한 플립플롭은 클럭 신호에 의해서 정해진 시점에서의 입력을 샘플링하여 출력에 저장하는 동기식 플립플롭과 클럭 신호에 관계없이 모든 입력을 계속 감시하다가 입력에 따라 출력을 변화시키는 비동기식 플립플롭이 있다. 이러한 클럭 없이 동작하는 비동기식 플립플롭을 래치(Latch)라고 한다.

5-1 RS 플립플롭

5.1.1 RS 래치

(1) NOR 게이트로 구성된 RS 래치

① 회로도 및 기호

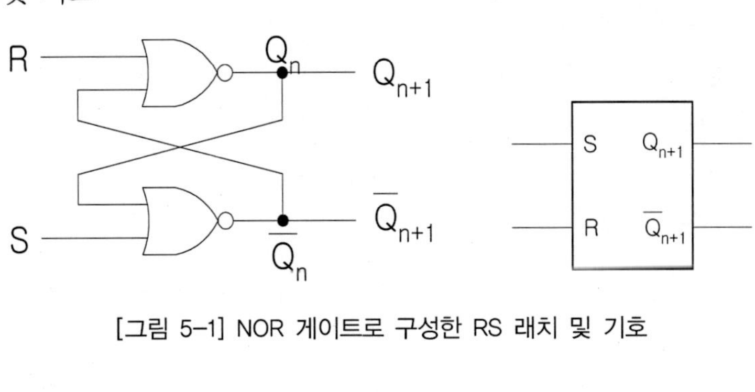

[그림 5-1] NOR 게이트로 구성한 RS 래치 및 기호

RS NOR 래치(Latch) 회로는 [그림 5-1]과 같고 S를 Set 입력, R을 Reset 입력이라 하며 출력은 Q_{n+1}과 $\overline{Q}_{n+1}$이며 이 두 값은 서로 보수 관계에 있다. 또한 Q_n은 Q_{n+1}의 이전 상태 값이고 $\overline{Q}_n$은 $\overline{Q}_{n+1}$의 이전 상태 값이다.

② 논리식

$$Q_{n+1} = \overline{R+\overline{Q}_n} = \overline{R+\overline{\overline{S+Q_n}}} = \overline{R}(S+Q_n) = \overline{R}S+\overline{R}Q_n$$

$$\overline{Q}_{n+1} = \overline{S+Q_n} = \overline{S+\overline{\overline{R+\overline{Q}_n}}} = \overline{S}(R+\overline{Q}_n) = \overline{S}R+\overline{S}\overline{Q}_n$$

③ 진리표

논리식에 의해 R, S 값에 따른 진리표를 작성하면 [표 5-1]과 같다. 진리표의 출력에서 Set 상태는Q_{n+1}= 1, $\overline{Q}_{n+1}$= 0인 상태를 말하며 Reset 상태는 Q_{n+1}= 0, $\overline{Q}_{n+1}$=1인 상태를 Reset으로 정의한다.

표 5-1 NOR RS 래치에 대한 논리표

입력		출력		
S	R	Q_{n+1}	$\overline{Q}_{n+1}$	
0	0	Q_n	$\overline{Q}_n$	→ (이전 상태 유지)
0	1	0	1	→ (Reset 상태)
1	0	1	0	→ (Set 상태)
1	1	0	0	→ (부정)

따라서 이 래치는 S = 1, R = 0일 때 Set 상태가 되고, S = 0, R = 1일 때 Reset 상태가 되며 S = R = 0이면 출력은 이전 상태 값을 유지하여 변화가 없다. 이 상태를 이용하면 기억 소자의 역할을 수행할 수 있게 된다. 또한 S = R = 1이면 Q_{n+1}= 0, $\overline{Q}_{n+1}$= 0이 되어 두 결과가 같아 논리에 맞지 않은 상태가 되며 이러한 상태를 부정 상태라 한다. 결과적으로 NOR 게이트로 구성된 RS 래치는 Set 입력(S)이 1이면 출력도 Set 되고 Reset 입력(R)이 1이면 출력도 Reset 되므로 정 논리를 만족하고 이 소자를 기호로 표시하면 [그림 5-1]의 오른쪽 그림과 같다.

(2) NAND 게이트로 구성된 RS 래치

① 회로도 및 기호

RS NAND 래치(Latch) 회로는 [그림 5-2]와 같고 NOR RS 래치와 마찬가지로 S를 Set 입력, R을 Reset 입력이라 한다. 또한 출력은 Q_{n+1}과 $\overline{Q}_{n+1}$이며 이 두 값은 서로 보수 관계에 있다. 이 래치는 RS NOR 래치와 입력 RS의 위치가 서로 바뀌어 부 논리 회로이므로 [그림5-2]의 기호에 버블을 붙였다.

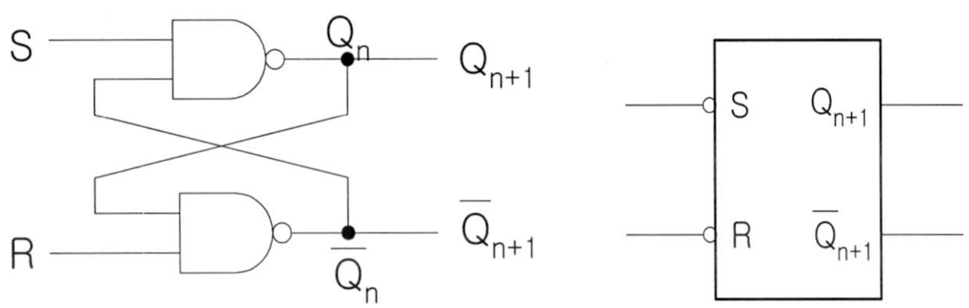

[그림 5-2] NAND 게이트로 구성한 RS 래치 및 기호

② 논리식

$$Q_{n+1} = \overline{S\,\overline{Q}_n} = \overline{S\,\overline{R\,Q_n}} = \overline{S} + (R\,Q_n)$$

$$\overline{Q}_{n+1} = \overline{\mathbf{R\,Q_n}} = \overline{R\,\overline{S \cdot \overline{Q}_n}} = \overline{R} + (S \cdot \overline{Q}_n)$$

③ 진리표

논리식에 의해 R, S 값에 따른 진리표를 작성하면 [표 5-2]와 같다. NOR 게이트 RS 래치와 마찬가지로 진리표의 출력에서 Set 상태는 $Q_{n+1}= 1$, $\overline{Q}_{n+1}= 0$인 상태를 말하며 Reset 상태는 $Q_{n+1}= 0$, $\overline{Q}_{n+1}=1$인 상태를 Reset으로 정의한다.

표 5-2 NAND RS 래치에 대한 논리표

입 력		출 력		
S	R	Q_{n+1}	$\overline{Q}_{n+1}$	
0	0	1	1	→ (부정)
0	1	1	0	→ (Set 상태)
1	0	0	1	→ (Reset 상태)
1	1	Q_n	$\overline{Q}_n$	→ (이전 상태 유지)

따라서 이 래치는 S = 1, R = 0 일 때 Reset 상태가 되고, S = 0, R = 1일 때 Set 상태가 되어 NOR 게이트 RS 래치와 반대의 논리가 출력되고 S = R = 1이면 출력은 이전 상태 값을 유지하여 출력의 변화가 없다. 또한 S = R = 0이면 $Q_{n+1} = 1$, $\overline{Q}_{n+1} = 1$이 되어 두 결과가 같아 논리에 맞지 않은 상태인 부정 상태가 된다. 결과적으로 NAND 게이트로 구성된 RS 래치는 Set 입력(S)이 1 이면 출력이 Reset 되고 Reset 입력(R)이 1 이면 출력은 Set 되므로 NOR 게이트 RS 래치와는 반대인 부 논리를 만족한다. 이 소자를 기호로 표시하면 [그림 5-2]의 오른쪽 그림과 같다.

5.1.2 동기식 RS 플립플롭

디지털 시스템에서 클럭 신호에 맞추어 출력의 변화가 일어나도록 설계한 것을 「클럭 신호에 동기화 되었다」 고 표현한다. 클럭 신호는 일반적으로 구형파를 이용하며 구형파의 동기화 시점에 따라서 다음과 같이 클럭 신호를 분류한다.

■ 에지 트리거 클럭(Edge-triggered clock)

① 상승 모서리 클럭(rising edge-triggered 클럭 또는 positive edge-triggered 클럭)

상승 모서리 클럭은 [그림 5-3 (a)]에서와 같이 구형파의 Low → High로 올라가는 천이(transition) 시에 동기화 되어 입력의 값들이 회로에 반영되어 출력이 변화하도록 설계한 클럭을 말한다.

② 하강 모서리 클럭(falling edge-triggered 클럭 또는 negative edge-triggered 클럭)

하강 모서리 클럭은 [그림 5-3 (b)]에서와 같이 구형파의 High → Low로 내려가는 천이(transition) 시에 동기화 되어 입력의 값들이 회로에 반영되어 출력이 변화하도록 설계한 클럭을 말한다.

■ 펄스 트리거 클럭(pulse triggered 클럭)

펄스 트리거 클럭은 마스터-슬레이브형 플립플롭 등에서 사용되는 클럭 펄스로 [그림 5-3 (c)]에서와 같이 클럭 펄스의 상승 모서리(positive edge)에서 마스터 플립플롭이 동기화 되어 동작되고 하강 모서리에서 슬레이브 플립플롭이 동기화 되어 출력을 발생시키는 형태로 최종적으로 출력을 얻으려면 구형파의 상승 모서리에서 하강 모서리까지의 시간 이후에 출력의 변화가 일어난다.

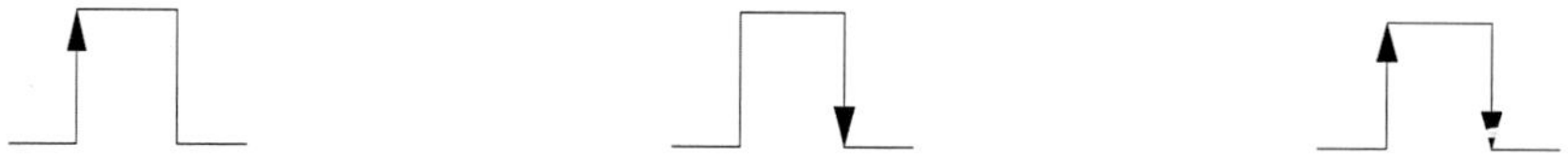

(a) positive edge triggered (b) negative edge triggered (c) pulse triggered

[그림 5-3] 클럭 펄스의 종류

(1) NOR 게이트로 구성된 동기식 RS 플립플롭

① 회로도 및 기호

RS NOR 플립플롭 회로는 [그림 5-4]와 같고 RS 래치와 마찬가지로 S를 Set 입력, R을 Reset 입력, 출력은 Q_{n+1}과 $\overline{Q}_{n+1}$이며 이 두 값은 서로 보수의 관계에 있다. 또한 Q_n은 Q_{n+1}의 이전 상태 값이고 $\overline{Q}_n$은 $\overline{Q}_{n+1}$의 이전 상태 값이다. 이 회로에서 클럭 펄스(C_P)가 High일 때에는 RS 래치로 동작하고, Low일 때에는 출력의 변화가 없다. 즉 클럭 펄스가 High가 되는 순간에 동기화 되어 출력의 변화가 일어난다.

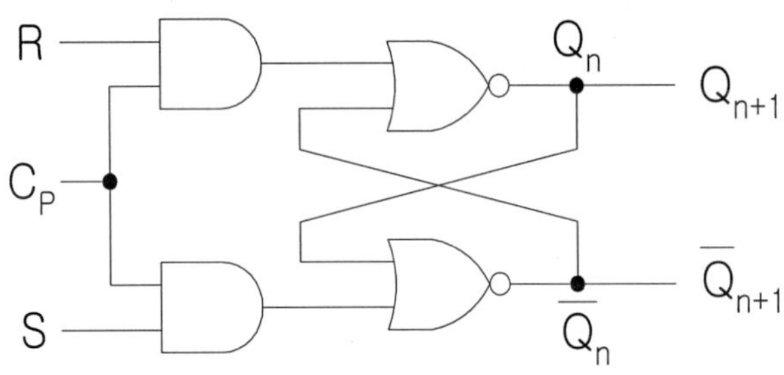

[그림 5-4] NOR 게이트로 구성한 RS 플립플롭

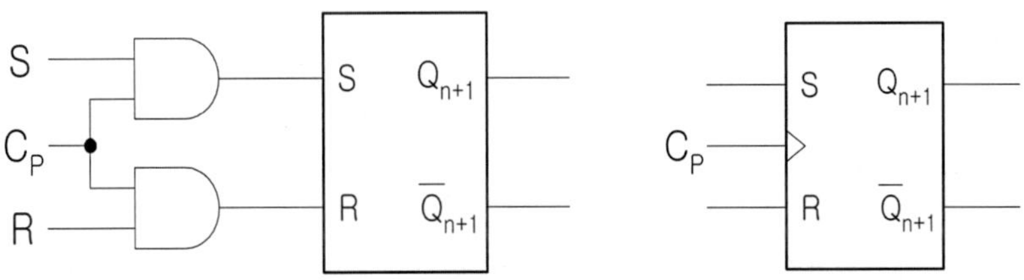

[그림 5-5] NOR 게이트로 구성한 RS 플립플롭의 기호

② 논리식

$$\begin{aligned} Q_{n+1} &= \overline{RC_P + \overline{Q}_n} = \overline{RC_P + \overline{\overline{SC_P + Q_n}}} = \overline{RC_P} \cdot (SC_P + Q_n) \\ &= (\overline{R} + \overline{C}_P)(SC_P + Q_n) = \overline{R}SC_P + SC_P\overline{C}_P + \overline{R}Q_n + \overline{C}_PQ_n \\ &= \overline{R}SC_P + Q_n(\overline{R} + \overline{C}_P) \end{aligned}$$

$$\begin{aligned} \overline{Q}_{n+1} &= \overline{SC_P + Q_n} = \overline{SC_P + \overline{\overline{RC_P + \overline{Q}_n}}} = \overline{SC_P} \cdot (RC_P + \overline{Q}_n) \\ &= (\overline{S} + \overline{C}_P)(RC_P + \overline{Q}_n) = \overline{S}RC_P + RC_P\overline{C_P} + \overline{S}\,\overline{Q}_n + \overline{C}_P\overline{Q}_n \\ &= \overline{S}RC_P + \overline{Q}_n(\overline{S} + \overline{C}_P) \end{aligned}$$

③ 진리표

위의 논리식을 클럭 펄스의 값에 따라 정리하면 [표 5-3]과 같다. 이 표에서와 같이 클럭 펄스가 0일 때 입력 R, S 값에 관계없이 $Q_{n+1}=Q_n$, $\overline{Q}_{n+1}=\overline{Q}_n$가 되어 모두 이전 상태의 값을 그대로 유지하고 있고 클럭 펄스가 1이면 $Q_{n+1}=\overline{R}(S+Q_n)$, $\overline{Q}_{n+1}=\overline{S}(R+\overline{Q}_n)$로 간략화 된다.

표 5-3 NOR 게이트로 구성한 RS 플립플롭의 논리식

C_P	Q_{n+1}	$\overline{Q}_{n+1}$
0	$Q_n(\overline{R}+1)=Q_n$	$\overline{Q}_n(\overline{S}+1)=\overline{Q}_n$
1	$\overline{R}S+Q_n\overline{R}=\overline{R}(S+Q_n)$	$\overline{S}R+\overline{Q}_n\overline{S}=\overline{S}(R+\overline{Q}_n)$

[표 5-3]의 논리에 따라 R, S 값에 따른 진리표를 작성하면 [표 5-4]와 같다. 진리표의 출력에서 Set 상태는 $Q_{n+1}=1$, $\overline{Q}_{n+1}=0$인 상태를 말하며 Reset 상태는 $Q_{n+1}=0$, $\overline{Q}_{n+1}=1$인 상태를 Reset으로 정의한다.

표 5-4 NOR 게이트로 구성한 RS 플립플롭의 논리표

입 력			출 력		
C_P	S	R	Q_{n+1}	$\overline{Q}_{n+1}$	
0	×	×	Q_n	$\overline{Q}_n$	→ (이전 상태 유지)
1	0	0	Q_n	$\overline{Q}_n$	→ (이전 상태 유지)
1	0	1	0	1	→ (Reset 상태)
1	1	0	1	0	→ (Set 상태)
1	1	1	0	0	→ (부정)

따라서 NOR 게이트로 구성된 동기식 RS 플립플롭은 클럭 펄스가 0일 때는 출력의 상태변화가 없고, 클럭 펄스가 1일 때는 NOR RS 래치와 같은 출력을 얻는다. 즉, S = 1, R = 0이면 Set 상태, S = 0, R = 1이면 Reset 상태, S = R = 0이면 출력은 이전

상태 값을 유지, 또한 S = R = 1이면 Q_{n+1}= 1, $\overline{Q}_{n+1}$= 1이 되어 부정 상태가 된다. NOR 게이트로 구성된 동기식 RS 플립플롭도 Set 입력(S)이 1이면 출력이 Set 되고 Reset 입력(R)이 1이면 출력도 Reset 되어 정 논리를 만족하고 이 소자를 기호로 표시하면 [그림 5-5]와 같다.

(2) NAND 게이트로 구성된 동기식 RS 플립플롭

① 회로도 및 기호

RS NAND 플립플롭 회로는 [그림 5-6]과 같고 RS 래치와 마찬가지로 S를 Set 입력, R을 Reset 입력이라 하고, 출력은 Q_{n+1}과 $\overline{Q}_{n+1}$이라 하며 이 두 값은 서로 보수의 관계에 있다. 또한 Q_n은 Q_{n+1}의 이전 상태 값이고 $\overline{Q}_n$은 $\overline{Q}_{n+1}$의 이전 상태 값이다. 이 회로에서도 클럭 펄스(C_P)가 High 일 때에는 RS 래치로 동작하고, Low일 때에는 출력의 변화가 없다. 즉 클럭 펄스가 High가 되는 순간에 동기화 되어 출력의 변화가 일어난다.

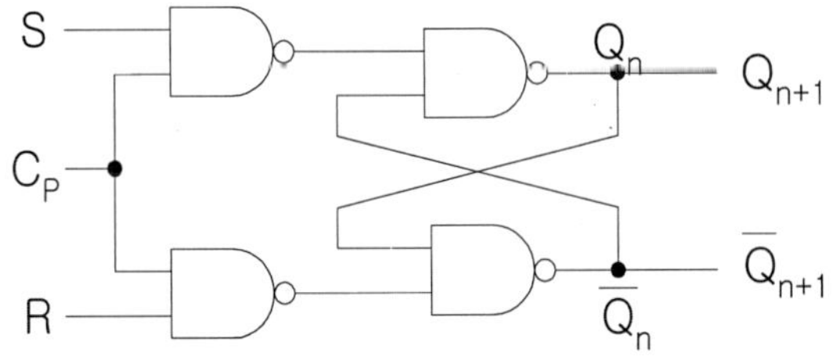

[그림 5-6] NAND 게이트로 구성한 RS 플립플롭

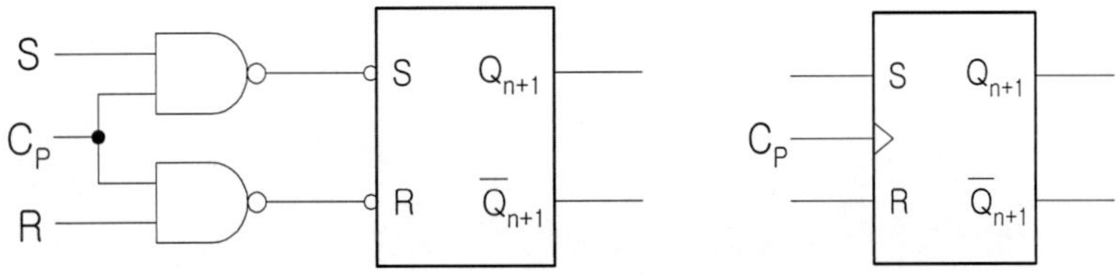

[그림 5-7] NAND 게이트로 구성한 RS 플립플롭의 기호

② 논리식

$$Q_{n+1} = \overline{\overline{SC_P} \cdot \overline{Q}_n} = \overline{\overline{SC_P} \cdot \overline{\overline{RC_P} \cdot Q_n}} = SC_P + Q_n\overline{RC_P}$$
$$= SC_P + Q_n(\overline{R} + \overline{C}_P)$$

$$\overline{Q}_{n+1} = \overline{\overline{RC_P} \cdot Q_n} = \overline{\overline{RC_P} \cdot \overline{\overline{SC_P} \cdot \overline{Q}_n}} = RC_P + \overline{Q}_n\overline{SC_P}$$
$$= RC_P + \overline{Q}_n(\overline{S} + \overline{C}_P)$$

③ 진리표

위에서 구한 논리식을 클럭 펄스의 값에 따라 정리하면 [표 5-5]와 같다. 이 표에서와 같이 클럭 펄스가 0일 때 입력 R, S 값에 관계없이 $Q_{n+1}=Q_n$, $\overline{Q}_{n+1}=\overline{Q}_n$가 되어 모두 이전 상태의 값을 그대로 유지하고 있고 클럭 펄스가 1이면 $Q_{n+1}= S+(\overline{R}\,Q_n)$, $\overline{Q}_{n+1}=R+(\overline{S}\,\overline{Q}_n)$로 간략화 된다.

표 5-5 NAND 게이트로 구성한 RS 플립플롭의 논리식

C_P	Q_{n+1}	$\overline{Q}_{n+1}$
0	$Q_n(\overline{R}+1)=Q_n$	$\overline{Q}_n(\overline{S}+1)=\overline{Q}_n$
1	$S+(\overline{R}\,Q_n)$	$R+(\overline{S}\,\overline{Q}_n)$

[표 5-5]의 논리에 따라 R, S 값에 따른 진리표를 작성하면 [표 5-6]과 같다. 진리표의 출력에서 Set 상태는$Q_{n+1}= 1$, $\overline{Q}_{n+1}=0$인 상태를 말하며 Reset 상태는 $Q_{n+1}= 0$, $\overline{Q}_{n+1}=1$인 상태를 Reset으로 정의한다.

표 5-6 NAND 게이트로 구성한 RS 플립플롭의 논리표

입 력			출 력		
C_P	S	R	Q_{n+1}	$\overline{Q}_{n+1}$	
0	×	×	Q_n	$\overline{Q}_n$	→ (이전 상태 유지)
1	0	0	Q_n	$\overline{Q}_n$	→ (이전 상태 유지)
1	0	1	0	1	→ (Reset 상태)
1	1	0	1	0	→ (Set 상태)
1	1	1	1	1	→ (부정)

따라서 NAND 게이트로 구성된 동기식 RS 플립플롭은 클럭 펄스가 0일 때는 출력의 상태변화가 없고, 클럭 펄스가 1일 때 S = 1, R = 0이면 Set 상태, S = 0, R = 1이면 Reset 상태, S = R = 0이면 출력은 이전 상태 값을 유지, 또한 S = R = 1이면 $Q_{n+1}= 1$, $\overline{Q}_{n+1}= 1$이 되어 부정 상태가 된다. NAND 게이트로 구성된 동기식 RS 플

립플롭도 Set 입력(S)이 1이면 출력이 Set 되고 Reset 입력(R)이 1이면 출력도 Reset 되어 정 논리를 만족하고 이 소자를 기호로 표시하면 [그림 5-7]의 오른쪽 그림과 같다.

5-2 JK 플립플롭

JK 플립플롭은 가장 많이 사용되는 플립플롭으로 RS 플립플롭의 부정 상태가 발생되지 않도록 개선한 플립플롭이며, D 플립플롭이나 T 플립플롭으로 변환하여 사용이 가능한 특징이 있다. JK 플립플롭의 J 입력은 Set 입력, K 입력을 Reset 입력에 해당하며 RS 플립플롭의 S 입력 대신 J · $\overline{Q}_n$를 대입하고, R 입력 대신 K · Q_n를 대입한 구조이다. 따라서 JK 플립플롭의 회로도는 [그림 5-8]과 같고 [그림 5-9]와 같은 기호로 표시한다.

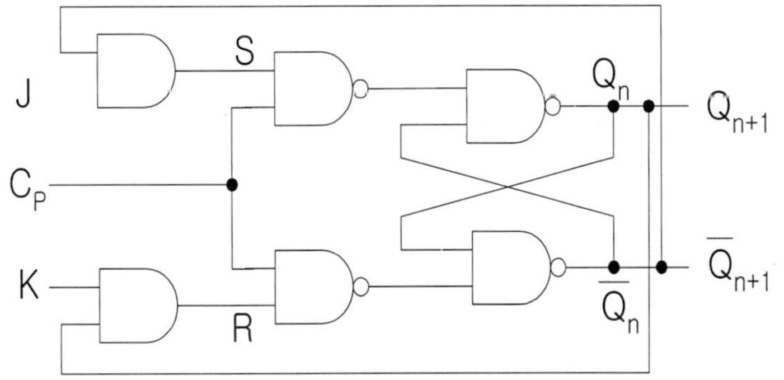

[그림 5-8] JK 플립플롭의 회로도

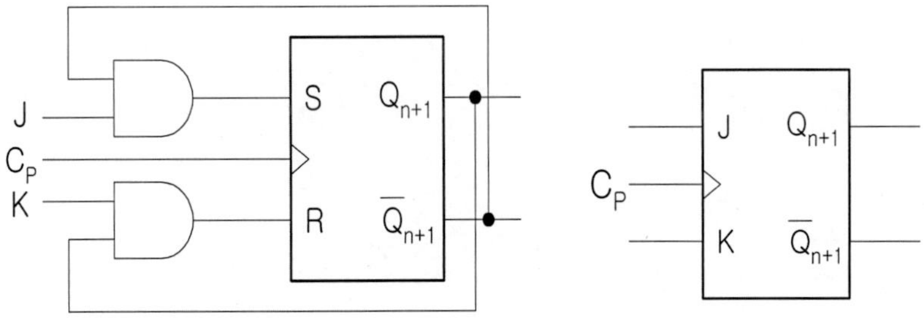

[그림 5-9] JK 플립플롭의 기호

JK 플립플롭은 RS 플립플롭에서 S →J · $\overline{Q}_n$, R →K · Q_n을 대입한 회로와 등가이므로 RS 플립플롭의 논리식에 이를 대입하면 JK 플립플롭의 논리식은 [표 5-7]과 같다.

표 5-7 JK 플립플롭의 논리식

클럭 펄스	출력	RS 플립플롭	JK 플립플롭
$C_P = 0$	Q_{n+1}	Q_n	Q_n
	$\overline{Q}_{n+1}$	$\overline{Q}_n$	$\overline{Q}_n$
$C_P = 1$	Q_{n+1}	$S+(\overline{R}\,Q_n)$	$J\overline{Q}_n+(\overline{KQ_n}\,Q_n)$
	$\overline{Q}_{n+1}$	$R+(\overline{S}\,\overline{Q}_n)$	$KQ_n+(\overline{J\overline{Q}_n}\cdot\overline{Q}_n)$

따라서 JK 플립플롭은 클럭 펄스가 0일 때 입력 J, K 값에 관계없이 $Q_{n+1}=Q_n$, $\overline{Q}_{n+1}=\overline{Q}_n$가 되어 모두 이전 상태의 값을 그대로 유지하게 되고, 클럭 펄스가 1이면,

$$Q_{n+1}=J\overline{Q}_n+(\overline{KQ_n}\,Q_n)=J\overline{Q}_n+Q_n(\overline{K}+\overline{Q}_n)=J\overline{Q}_n+\overline{K}Q_n$$

$$\overline{Q}_{n+1}=KQ_n+(\overline{J\overline{Q}_n}\cdot\overline{Q}_n)=KQ_n+\overline{Q}_n(\overline{J}+Q_n)=KQ_n+\overline{J}\,\overline{Q}_n$$

로 간략화 된다. 이 논리식에 의한 JK 플립플롭의 논리표를 작성하면 [표 5-8]과 같다.

표 5-8 JK 플립플롭의 논리표

입 력			출 력		
C_P	J	K	Q_{n+1}	$\overline{Q}_{n+1}$	
0	×	×	Q_n	$\overline{Q}_n$	→ (이전 상태 유지)
1	0	0	Q_n	$\overline{Q}_n$	→ (이전 상태 유지)
1	0	1	0	1	→ (Reset 상태)
1	1	0	1	0	→ (Set 상태)
1	1	1	$\overline{Q}_n$	Q_n	→ (이전 상태 반전)

논리표에서 보는 바와 같이 클럭 펄스가 1인 경우 JK 플립플롭은 J=0, K=1 이면 Reset 상태이고, J = 1, K = 0이면 Set 상태가 되며 RS 플립플롭에서 발생했던 부정 상태가 없어지고 J = K= 1의 값을 가질 때 클럭 펄스가 인가되면 이전 상태의 반전이 나타남을 알 수 있다.

5.2.1 에지 트리거형 JK 플립플롭

TTL IC 중 74LS76A는 하강 모서리클럭(negative edge-triggered 클럭)에 의해 출력이 변화하는 JK 플립플롭으로 핀 구성도는 [그림 5-10]과 같다.

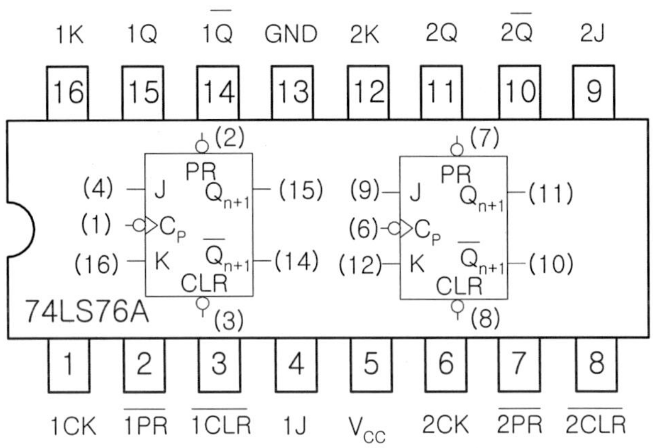

[그림 5-10] 74LS76A의 핀 구성도

74LS76A의 논리표는 [표 5-9]와 같다. 이 IC에서 $\overline{PR}$(Preset)과 CLR(Clear)는 각각 액티브 Low에서 동작한다. $\overline{PR}$은 직결 set 입력으로 이 값이 0이면 클럭 펄스나 J, K 입력값에 관계없이 출력은 미리 set 상태에서 동작하게 되고, $\overline{CLR}$은 직결 reset 입력으로 이 값이 0이 되면 클럭 펄스나 J, K 입력값에 관계없이 출력은 미리 reset 상태에서 동작하게 된다. 논리표에서처럼 입력에 따라 출력이 변화하기 위해서는 $\overline{PR}$ = $\overline{CLR}$ = 1 상태에서 하강 모서리 클럭이 인가되어야 한다.

표 5-9 74LS76A의 논리표

입력					출력		
C_P	$\overline{PR}$	$\overline{CLR}$	J	K	Q_{n+1}	$\overline{Q}_{n+1}$	
×	0	1	×	×	1	0	→ (Set 상태)
×	1	0	×	×	0	1	→ (Reset 상태)
0	1	1	×	×	Q_n	$\overline{Q}_n$	→ (이전 상태 유지)
↓	1	1	0	0	Q_n	$\overline{Q}_n$	→ (이전 상태 유지)
↓	1	1	0	1	0	1	→ (Reset 상태)
↓	1	1	1	0	1	0	→ (Set 상태)
↓	1	1	1	1	$\overline{Q}_n$	Q_n	→ (이전 상태 반전)

5.2.2 마스터-슬레이브 JK 플립플롭

마스터 슬레이브 JK 플립플롭은 [그림 5-11]과 같이 상승 모서리 클럭 JK 플립플롭과 하강 모서리 클럭 JK 플립플롭 두 개를 직렬로 연결하여 앞단에 연결된 상승 모서리 클럭 JK 플립플롭을 마스터(Master) 플립플롭이라 하고, 뒷단에 연결된 하강 모서리 클럭 JK 플립플롭을 슬레이브(Slave) 플립플롭이라 한다. 이 플립플롭의 동작은 먼저 클럭 펄스의 상승 모서리에서 마스터 플립플롭이 동작하여 마스터 플립플롭의 출력이 슬레이브 플립플롭의 입력이 되고, 클럭 펄스의 하강 모서리에서 슬레이브 플립플롭이 동작하여 최종적인 출력이 발생된다. 즉 클럭 펄스의 폭만큼 지연되어 출력이 발생되도록 만들어진 것이다.

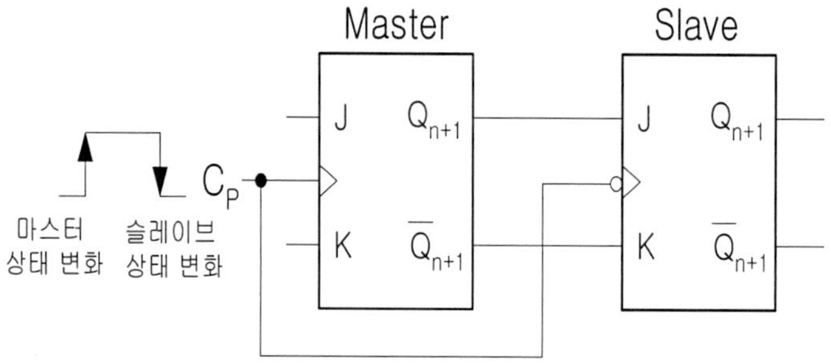

[그림 5-11] 마스터-슬레이브 JK 플립플롭

[표 5-10]은 마스터 슬레이브 플립플롭의 논리표를 나타낸다.

표 5-10 마스터-슬레이브 JK 플립플롭의 논리표

입 력					출 력		
C_P	$\overline{PR}$	$\overline{CLR}$	J	K	Q_{n+1}	$\overline{Q}_{n+1}$	
×	0	1	×	×	1	0	→ (Set 상태)
×	1	0	×	×	0	1	→ (Reset 상태)
0	1	1	×	×	Q_n	$\overline{Q}_n$	→ (이전 상태 유지)
↑↓	1	1	0	0	Q_n	$\overline{Q}_n$	→ (이전 상태 유지)
↑↓	1	1	0	1	0	1	→ (Reset 상태)
↑↓	1	1	1	0	1	0	→ (Set 상태)
↑↓	1	1	1	1	$\overline{Q}_n$	Q_n	→ (이전 상태 반전)

TTL IC 중 74LS76은 마스터 슬레이브 JK 플립플롭으로 펄스 트리거형 플립플롭이다. 이 IC의 핀 구성도는 [그림 5-10]의 에지 트리거형 JK 플립플롭인 74LS76A와 같다.

5-3 D 플립플롭

D 플립플롭은 지연(Delay) 플립플롭의 약자로, 클럭 펄스가 인가될 때 D 플립플롭의 입력값이 출력 Q_{n+1}으로 지연되어 전달되는 특성을 가지는 플립플롭이다. 즉 클럭 펄스가 인가되기 전의 입력값이 D = 1이면 클럭 펄스가 인가된 후 출력Q_{n+1}은 이전 상태의 출력값에 관계없이 Q_{n+1} = 1이 되며 D = 0이면 Q_{n+1} = 0이 된다. 이 플립플롭에서 지연(Delay)의 의미는 입력값이 클럭 펄스가 인가되지 않을 때는 지연되어 있다가 클럭 펄스가 인가되는 순간에 입력값이 출력에 전송됨을 의미한다. D 플립플롭은 RS 플립플롭이나 JK 플립플롭으로 구성할 수 있는데 RS 플립플롭의 두 입력 R과 S를 [그림 5-12]와 같이 연결하거나, JK 플립플롭의 두 입력을 [그림 5-12]와 같이 연결함으로서 구현할 수 있다. 따라서 RS 플립플롭의 S 입력 대신 D, R 입력 대신 $\overline{D}$로 하거나 JK 플립플롭의 J 입력 대신 D, K 입력 대신 D로 한다. D 플립플롭의 회로도는 [그림 5-12]와 같다.

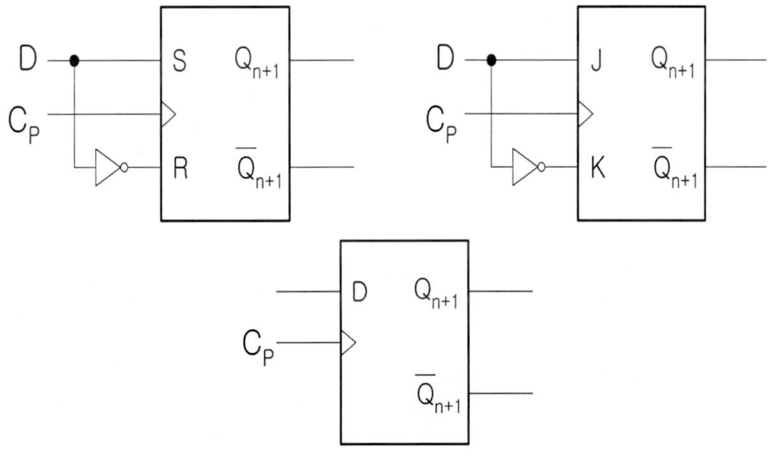

[그림 5-12] D 플립플롭

RS 플립플롭의 논리식에서 D 플립플롭의 논리식을 구하면 [표 5-11]과 같다.

표 5-11 D 플립플롭의 논리식

클럭 펄스	출력	RS 플립플롭	D 플립플롭
$C_P = 0$	Q_{n+1}	Q_n	Q_n
	$\overline{Q}_{n+1}$	$\overline{Q}_n$	$\overline{Q}_n$
$C_P = 1$	Q_{n+1}	$S+(\overline{R}\,Q_n)$	$D+(D\,Q_n)$
	$\overline{Q}_{n+1}$	$R+(\overline{S}\,\overline{Q}_n)$	$\overline{D}+(\overline{D}\,\overline{Q}_n)$

$$Q_{n+1} = D+(D\,Q_n) = D(1+Q_n) = D$$

$$\overline{Q}_{n+1} = \overline{D}+(\overline{D}\,\overline{Q}_n) = \overline{D}(1+\overline{Q}_n) = \overline{D}$$

논리식에서처럼 D 플립플롭은 클럭 펄스가 인가될 때 입력값이 출력에 그대로 전송됨을 알 수 있다. 논리식에 의해 D 플립플롭의 논리표를 작성하면 [표 5-12]와 같다.

표 5-12 D 플립플롭의 논리표

입 력		출 력		
C_P	D	Q_{n+1}	$\overline{Q}_{n+1}$	
0	×	Q_n	$\overline{Q}_n$	→ (이전 상태 유지)
1	0	0	1	→ (Reset 상태)
1	1	1	0	→ (Set 상태)

TTL IC 중 D 플립플롭은 74LS74가 있고 이 IC는 상승 모서리 클럭 (positive edge-triggered 클럭)에 의해 출력이 변화하는 프리셋, 클리어 내장형 D 플립플롭이다. 핀 구성도는 [그림 5-13]과 같고 논리표는 [표 5-13]과 같다.

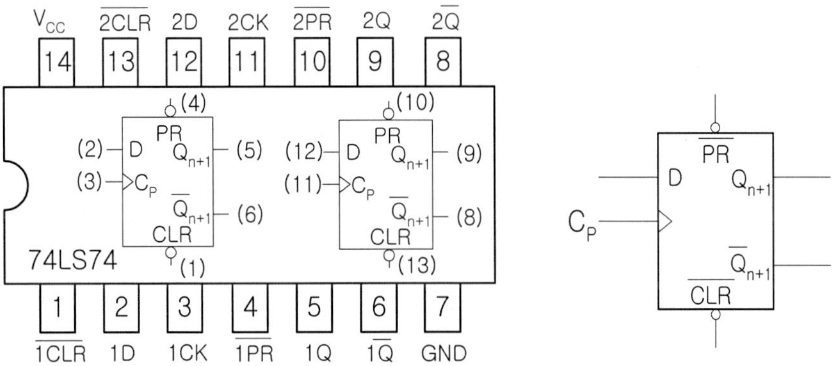

[그림 5-13] 74LS74의 핀 구성도

표 5-13 74LS74의 논리표

입 력				출 력		
C_P	$\overline{PR}$	$\overline{CLR}$	D	Q_{n+1}	$\overline{Q}_{n+1}$	
×	0	1	×	1	0	→ (Set 상태)
×	1	0	×	0	1	→ (Reset 상태)
0	1	1	×	Q_n	$\overline{Q}_n$	→ (이전 상태 유지)
↑	1	1	0	0	1	→ (Reset 상태)
↑	1	1	1	1	0	→ (Set 상태)

5-4 T 플립플롭

T 플립플롭은 토글(Toggle) 플립플롭의 약자로 T 입력값이 1일 때 클럭 펄스가 입력될 때마다 출력이 반전되고, T 입력값이 0이면 클럭 펄스에 관계없이 출력의 변화는 일어나지 않도록 설계된 플립플롭이다. T 플립플롭은 JK 플립플롭의 두 입력을 묶어 하나의 입력 T로 구성한 것으로 회로도는 [그림 5-14]와 같다.

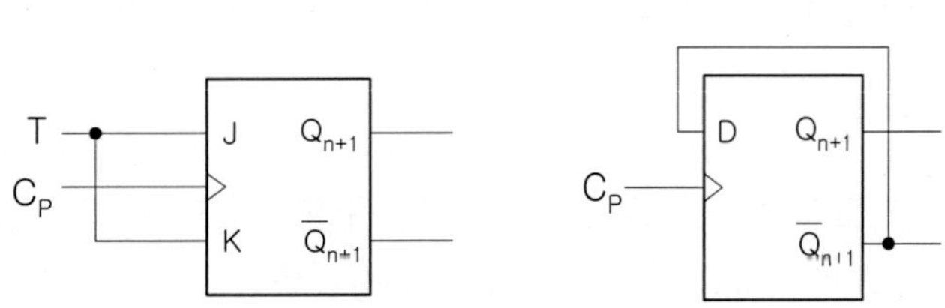

[그림 5-14] T 플립플롭

JK 플립플롭의 논리식에서 T 플립플롭의 논리식을 구하면 [표 5-14]와 같다.

표 5-14 T 플립플롭의 논리식

클럭 펄스	출력	JK 플립플롭	T 플립플롭
$C_P = 0$	Q_{n+1}	Q_n	Q_n
	$\overline{Q}_{n+1}$	$\overline{Q}_n$	$\overline{Q}_n$
$C_P = 1$	Q_{n+1}	$J\overline{Q}_n + \overline{K}Q_n$	$T\overline{Q}_n + \overline{T}Q_n$
	$\overline{Q}_{n+1}$	$KQ_n + \overline{J}\,\overline{Q}_n$	$TQ_n + \overline{T}\,\overline{Q}_n$

$$Q_{n+1} = J\overline{Q}_n + \overline{K}Q_n = T\overline{Q}_n + \overline{T}Q_n$$

$$\overline{Q}_{n+1} = KQ_n + \overline{J}\,\overline{Q}_n = TQ_n + \overline{T}\,\overline{Q}_n$$

이 논리식에서 T 값이 0이면 $Q_{n+1} = Q_n$, $\overline{Q}_{n+1} = \overline{Q}_n$이 되고 T 값이 1이면 $Q_{n+1} = \overline{Q}_n$, $\overline{Q}_{n+1} = Q_n$이 됨을 알 수 있다. 즉 T 플립플롭은 T 입력값이 0이면 출력의 변화가 없고, T 입력값이 1이면 클럭 펄스가 인가될 때마다 출력은 이전 상태값에 반전되어 토글(toggle) 된다. 논리식에 의해 T 플립플롭의 진리표를 작성하면 [표 5-15]와 같다.

표 5-15 T 플립플롭의 논리표

입 력		출 력		
C_P	T	Q_{n+1}	$\overline{Q}_{n+1}$	
0	×	Q_n	$\overline{Q}_n$	→ (이전 상태 유지)
1	0	Q_n	$\overline{Q}_n$	→ (이전 상태 유지)
1	1	$\overline{Q}_n$	Q_n	→ (이전 상태 반전)

T 플립플롭은 [그림 5-14]와 같이 D 플립플롭(74LS74)이나 JK 플립플롭(74LS76A)으로 쉽게 구성할 수 있어 주로 이러한 IC를 이용하여 구현한다. T 플립플롭은 주파수 분할(frequency division)회로로 응용되는데 T 플립플롭 하나 당 입력 클럭 펄스 C_P의 주파수를 $\frac{1}{2}$배로 분할한다.

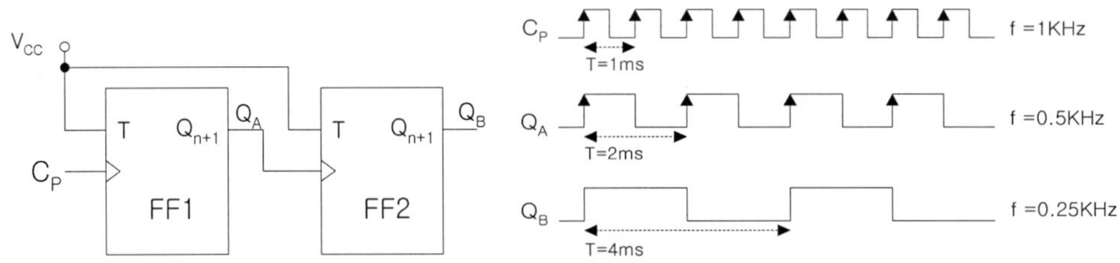

[그림 5-15] T 플립플롭을 이용한 주파수 분할 회로

[그림 5-15]의 T 플립플롭 회로에서 1khz의 클럭 펄스를 인가할 때 FF1 플립플롭 출력 파형의 주파수는 500Hz가 되고 FF2 플립플롭 출력 파형의 주파수는 250Hz가 되어 T 플립플롭 하나 당 주파수가 $\frac{1}{2}$로 분할되어 출력됨을 알 수 있다. 일반적으로 T 플립플롭 n개를 직렬 연결하면 최종단의 출력 파형의 주파수는 입력 클럭 펄스 주파수의 $1/2^n$배로 분할된다.

예제 5.1

네 개의 T 플립플롭이 직렬로 연결되어 있을 때 입력 클럭 펄스에 2khz의 파형을 인가하면 최종단의 플립플롭 출력 파형의 주파수는?

풀이 <<

$$\frac{2000}{2^4} = 125\ \text{Hz}$$

5.4.1 플립플롭의 특성식과 특성표

JK 플립플롭, D 플립플롭 및 T 플립플롭의 특성식과 특성표를 정리하면 다음과 같이 표현된다.

■ JK 플립플롭의 특성식과 특성표

JK 플립플롭의 특성식은 아래와 같으며,

$$Q_{n+1} = J\overline{Q}_n + (\overline{KQ_n}\ Q_n) = J\overline{Q}_n + Q_n(\overline{K} + \overline{Q}_n) = J\overline{Q}_n + \overline{K}Q_n$$

$$\overline{Q}_{n+1} = KQ_n + (\overline{J\overline{Q}_n} \cdot \overline{Q}_n) = KQ_n + \overline{Q}_n(\overline{J} + Q_n) = KQ_n + \overline{J}\ \overline{Q}_n$$

그에 따른 JK 플립플롭의 특성표는 [표 5-16]처럼 단순화 된다.

표 5-16 JK 플립플롭 특성표

입 력		출 력	
J	K	Q_{n+1}	
0	0	Q_n	→ 불변
0	1	0	→ Reset
1	0	1	→ Set
1	1	$\overline{Q}_n$	→ 반전(보수화)

위의 특성표에서 보는 바와 같이 JK 플립플롭의 입력이 J와 K가 모두 0이면 다음 상태는 변화가 없으며, J=0, K=1 이면 Reset 상태이고, J = 1, K = 0이면 Set 상태가 되며, J = K= 1의 값을 가질 때 클럭 펄스가 인가되면 이전 상태의 반전이 나타남을 알 수 있다.

■ D 플립플롭의 특성식과 특성표

D 플립플롭의 특성식은 아래와 같으며,

$$Q_{n+1} = D + (D\ Q_n) = D(1+Q_n) = D$$

$$\overline{Q}_{n+1} = \overline{D} + (\overline{D}\ \overline{Q}_n) = \overline{D}(1+\overline{Q}_n) = \overline{D}$$

그에 따른 D 플립플롭의 특성표는 [표 5-17]처럼 단순화 된다.

표 5-17 D 플립플롭 특성표

입 력	출 력	
D	Q_{n+1}	
0	0	→ Reset
1	1	→ Set

위의 특성표에서 보는 바와 같이 D 플립플롭의 입력이 0이면 다음 상태는 Reset(0) 상태가 되고, 1이면 Set(1) 상태가 됨을 알 수 있다.

■ T 플립플롭의 특성식과 특성표

T 플립플롭의 특성식은 아래와 같으며,

$$Q_{n+1} = J\overline{Q}_n + \overline{K}Q_n = T\overline{Q}_n + \overline{T}Q_n$$

$$\overline{Q}_{n+1} = KQ_n + \overline{J}\,\overline{Q}_n = TQ_n + \overline{T}\,\overline{Q}_n$$

그에 따른 T 플립플롭의 특성표는 [표 5-18]처럼 단순화 된다.

표 5-18 T 플립플롭 특성표

입 력 T	출 력 Q_{n+1}	
0	Q_n	→ 불변
1	$\overline{Q}_n$	→ 반전(보수화)

위의 특성표에서 보는 바와 같이 T 플립플롭의 입력이 0이면 다음 상태는 변화가 없으며, 1이면 반전(보수화)됨을 알 수 있다.

5-5 플립플롭의 파라미터

TTL 플립플롭은 모두 펄스 입력이 50ns 이상의 주기라면 정상으로 동작한다. 그러나 보다 고속의 회로를 설계하려고 한다면 [표 5-19]에 열거하는 플립플롭의 파라미터에 주의하여야 한다. 이들 파라미터는 각 IC 메이커의 데이터북에 기재되어 있는 것이다.

표 5-19 플립플롭의 파라미터들

파라미터	f_{max}	t_{setup}	t_{hold}	t_{1min}	t_{0min}	t_{pLHCLK}	t_{pHLCLK}	$t_{CRL,PR}$	클럭 부하	클리어 부하
74LS74	15	20↑	5↑	30	37	25↑	40↑	30	2	2
단 위	MHz	ns	ns	ns	ns	ns	ns	ns	표준 TTL	표준 TTL

(1) f_{max} (최고 클럭 주파수)

플립플롭에 인가할 수 있는 클럭 펄스의 최고 주파수이다. 즉, 이 주파수까지의 클럭이라면 플립플롭은 정상적으로 동작한다. 예를 들면 74LS74의 f_{max}는 15MHz이고, 실제로는 20~25MHz가지 동작하지만 최대 15MHz까지의 동작은 보장되어 있다.

(2) t_{setup} (셋업 시간)

이것은 플립플롭이 변화를 일으키기 전에 제어 입력 단자에 가하지 않으면 안되는 신호의 시간을 나타낸다. 예를 들면 74LS74의 t_{setup}은 20ns↑로 쓰여 있지만 이것은 클럭의 입상 전에 적어도 20ns 동안에 D 입력이 가해지지 않으면 안되는 것을 의미한다.

(3) t_{hold} (홀드 시간)

이것은 플립플롭이 변화한 뒤에도 입력 단자에 계속 가해져야만 정상 입력으로 동작되는 신호의 시간이다. 예를 들면 74LS74에서의 클럭의 입상 시각 뒤에 5ns 동안은 D 입력이 가해져야만 한다. 그러나 마스터 슬레이브형 JK 플립플롭에서는 t_{hold} = 0이면 된다.

(4) t_{1min}, t_{0min} (클럭 입력 최단시간)

클럭 입력이 Low를 유지할 필요 최단 시간이 t_{0min}이고, High를 유지하는데 필요 최단시간이 t_{1min} 이다. 이것은 최고 클럭 주파수 f_{max}과의 사이에 다음의 관계가 있다.

$$f_{max} = \frac{1}{t_{1min} + t_{0min}}$$

예를 들면 7470의 경우 t_{1min} = 20ns, t_{0min} = 30ns 이므로 f_{max} 는

$$f_{max} = \frac{1}{t_{1min} + t_{0min}} = \frac{1}{20ns + 30ns} = 20\text{MHz}$$

로 된다.

(5) t_{pLHCLK}, t_{pHLCLK} (클럭 입력에서의 전반 지연 시간)

플립플롭의 출력이 변화하는 타이밍은 클럭 펄스로 결정된다. 포지티브 에지 트리거형 플립플롭에서는 클럭의 입상 시점에서 일정한 시간 지연되어 변화한다. 또한 마스터 슬레이브형 플립플롭에서는 클럭의 입하 시점을 기준으로 하여 일정 시간 지연된 다음 변화한다. 이와 같이 유효하게 되는 클럭의 입상, 또는 입하 시점에서 플립플롭의 출력 Q가 Low에서 High로 변화될 때까지의 지연 시간이 t_{pLHCLK}이고, Q가 High에서 Low로 변화될 때까지의 지연 시간이 t_{pHLCLK}이다.

(6) t_{CRL}, t_{PR} (클리어, 프리셋 입력 최소시간)

프리셋 입력은 플립플롭을 세트 상태로 변화시키기 위해 어떤 필요 최소 시간만큼 입력을 유지해야 한다. 클리어 입력에 대해서도 마찬가지이다. 보통, 프리셋 필요 최소 시간 t_{PR}과 클리어 입력 필요 최소 시간 t_{CRL}은 동등하다. 예를 들면 74LS74는 30ns동안 프리셋 입력을 계속하지 않으면 플립플롭은 세트 상태로 변화되지 않는다.

(7) 클럭 부하

"플립플롭의 클럭 입력 단자의 I_{IH}, I_{IL}이 표준 TTL 부하의 몇 개에 해당하는가?" 라는 것으로서 예를 들면 74LS74에서는 2개의 TTL 부하에 해당한다. 이것은 클럭 신호의 팬 아웃을 계산할 때에 중요하게 된다.

(8) 클리어 부하

(7)항과 같이 플립플롭의 클리어 입력이 표준 TTL 부하의 몇 개에 해당하는가를 말하는 것이다.

[예제 5.2]

TTL 74LS70은 상승 모서리 트리거형 JK 플립플롭이다. 이 플립플롭은 t_{setup} = 20ns↑, t_{hold} = 5ns↑이다. 클럭 펄스의 폭이 30ns라고 가정하고 제어 입력 J, K를 변화시키면 안되는 시간 폭을 구하시오.

풀이 <<

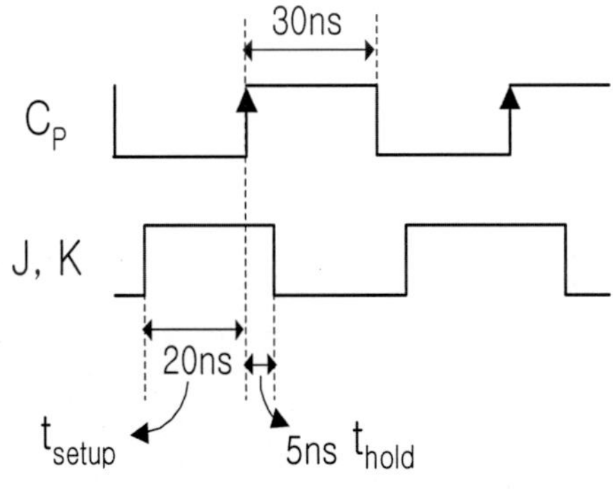

그림에서와 같이 클럭의 입상 에지 이전에 20ns, 후에 5ns, 합계 25ns 동안은 JK 플립플롭의 제어 입력을 변화시켜서는 안된다. 또한 이 플립플롭은 t_{1min} = 20ns, t_{0min} = 30ns로 되어 있기 때문에 대칭 파형의 클럭 펄스를 이용한다면 최고 클럭 주파수 f_{max} 는 20MHz가 아니라

$$f_{max} = \frac{1}{t_{1min} + t_{0min}} = \frac{1}{30ns + 30ns} = 16.7MHz$$ 로 된다.

[예제 5.3]

74LS74는 포지티브 에지 트리거형의 D 플립플롭이다 이 플립플롭은 t_{pLHCLK} = 25ns↑, t_{pHLCLK} = 40ns 이다. 지금 50ns 폭의 클럭 펄스를 가했을 때의 Q 출력 파형을 그리시오.

풀이 <<

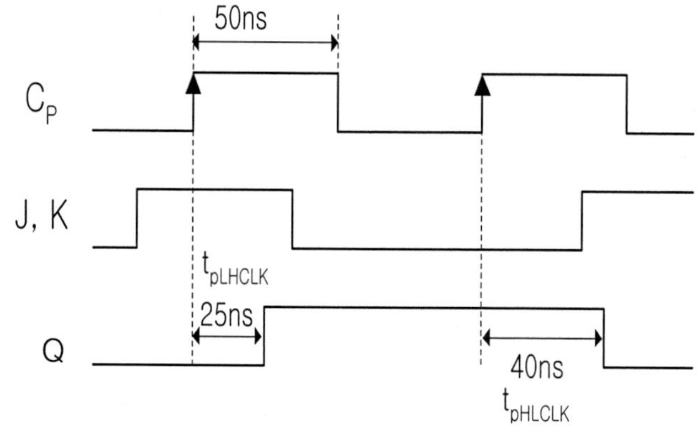

연습문제_

5.1 다음 물음에 답하시오.

(1) JK 플립플롭을 이용하여 D 플립플롭 회로를 구성하시오.

(2) JK 플립플롭으로 T 플립플롭 회로를 구성하시오.

(3) D 플립플롭으로 T 플립플롭 회로를 구성하시오.

5.2 RS NOR 래치에서 입력 R, S가 아래와 같이 인가될 때 출력 Q와 $\overline{Q}$는 어떻게 변하는지 타이밍도를 그리시오. 단, 처음에 Q는 리셋 상태이다.

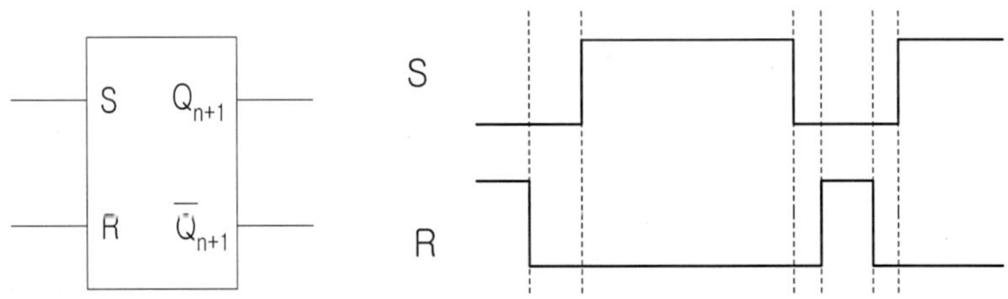

5.3 RS NAND 래치에서 입력 R, S가 아래와 같이 인가될 때 출력 Q와 $\overline{Q}$는 어떻게 변하는지 타이밍도를 그리시오. 단, 처음에 Q는 리셋 상태이다.

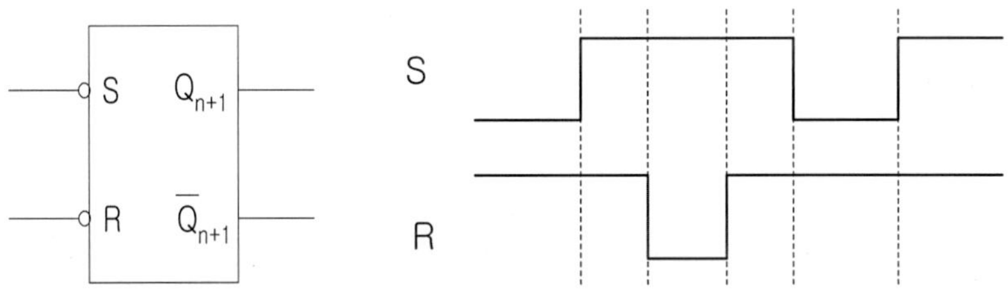

5.4 동기식 RS 플립플롭에서 클럭 펄스와 S, R 입력이 아래와 같이 인가될 때 출력 Q와 $\overline{Q}$는 어떻게 변하는지 타이밍도를 그리시오. 단, 처음에 Q는 리셋 상태이다.

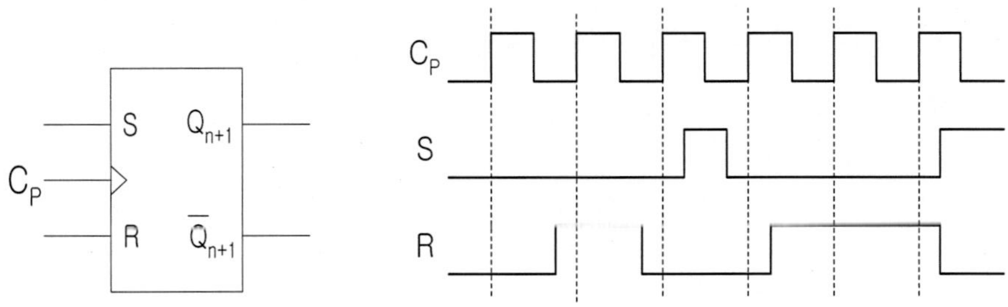

5.5 하강 모서리 클럭을 가진 JK 플립플롭에서 클럭 펄스와 J, K 입력이 아래와 같이 인가될 때 출력 Q와 $\overline{Q}$는 어떻게 변하는지 타이밍도를 그리시오. 단, 처음에 Q는 리셋 상태이고 $\overline{PR}$ = High, $\overline{CLR}$ = High이다.

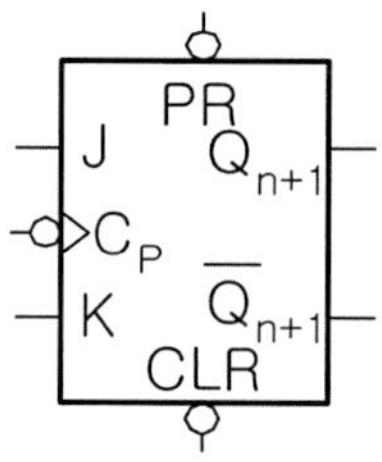

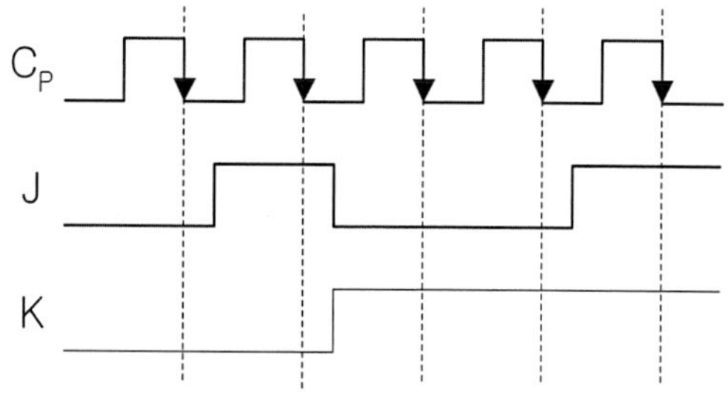

5.6 마스터 슬레이브 JK 플립플롭에서 클럭 펄스와 J, K 입력이 아래와 같이 인가될 때 출력 Q와 $\overline{Q}$는 어떻게 변하는지 타이밍도를 그리시오. 단, 처음에 Q는 리셋 상태이고 $\overline{PR}$ = High, $\overline{CLR}$ = High이다.

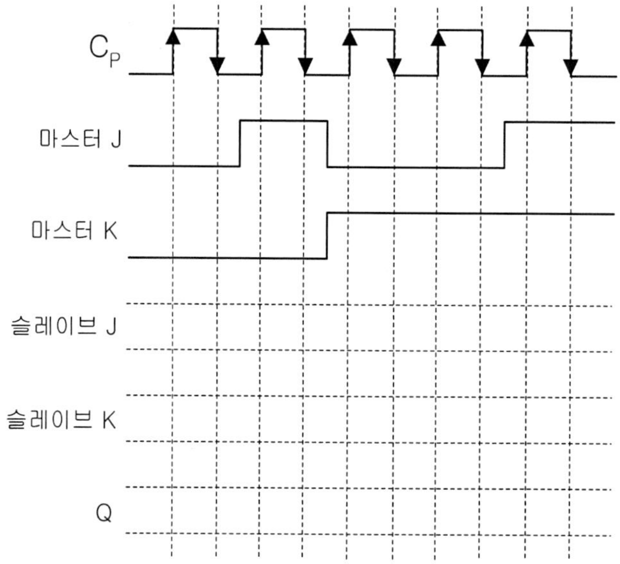

5.7 상승 모서리 클럭을 가진 D 플립플롭에서 클럭 펄스와 D 입력이 아래와 같이 인가될 때 출력 Q와 $\overline{Q}$는 어떻게 변하는지 타이밍도를 그리시오. 단, 처음에 Q는 리셋 상태이고 $\overline{PR}$ = High, $\overline{CLR}$ = High이다.

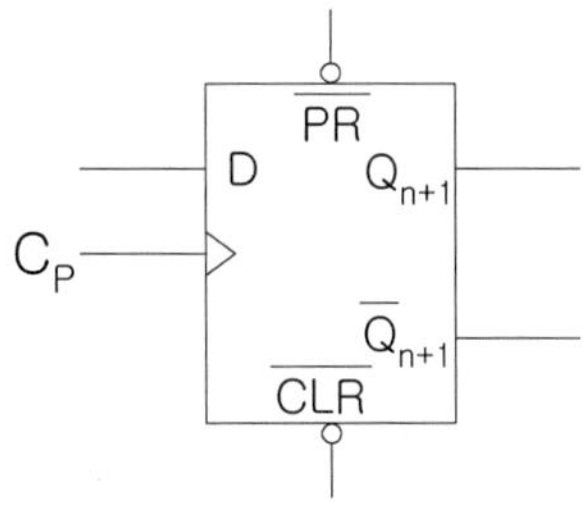

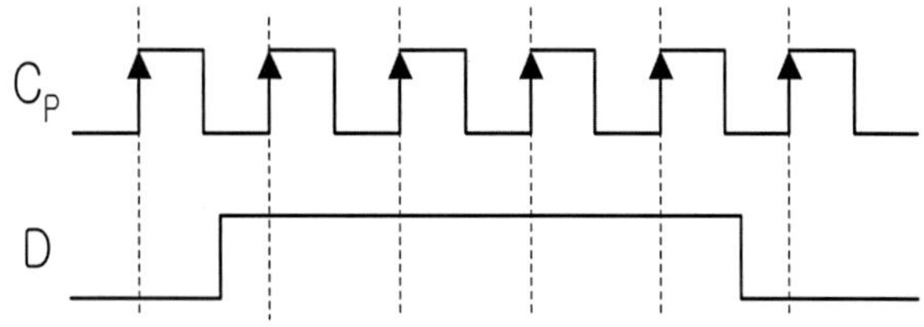

5.8 하강 모서리 클럭을 가진 T 플립플롭에서 클럭 펄스와 T 입력이 아래와 같이 인가될 때 출력 Q와 $\overline{Q}$는 어떻게 변하는지 타이밍도를 그리시오. 단, 처음에 Q는 리셋 상태이고 $\overline{PR}$ = High, $\overline{CLR}$ = High이다.

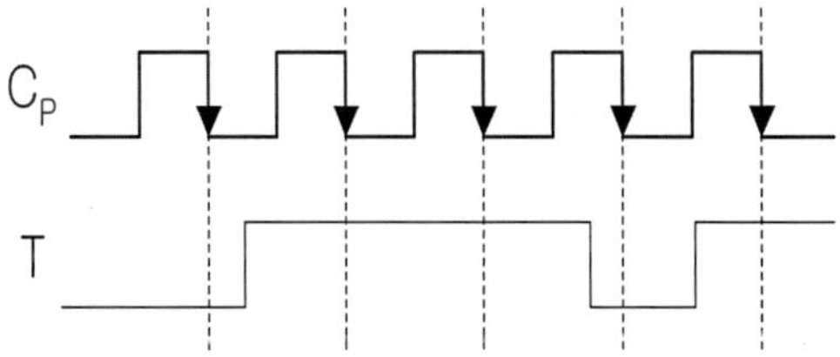

Chapter 6

순차 회로 설계(Sequential circuit design)

본 장에서는 플립플롭을 이용한 디지털 순차 회로(Sequential circuit)에 대하여 공부할 것이다. 순차 회로는 조합 회로와 달리 입력된 값과 현재의 상태에 따른 값이 순서에 따라 달라질 수 있는 회로로 순서 회로라고도 불린다. 조합 회로는 항상 일정한 값이 출력되는데 반해 순차 회로는 출력이 일정하지 않아 설계하는 방법도 조합 회로와는 다르다. 순차 회로의 설계 방법은 플립플롭의 종류에 따라 다르며, 그에 따른 순차 회로의 해석 방법과 설계 방법을 공부하게 될 것이다. 순차 회로는 설계하고자 하는 디지털 회로의 상태를 나타내는 상태방정식, 상태표, 상태도와 그에 따른 논리도를 구성할 수 있는데, 이들은 서로 유기적으로 얽혀 그들 중 하나만이라도 주어지면 해석과 설계를 할 수 있으며, 어떤 것을 이용하더라도 동일한 회로를 설계할 수 있다.

주어진 순서의 상태가 복잡하면 상태도, 상태표 등이 복잡해지고 상태방정식 또한 복잡해 설계된 순차 회로 또한 복잡해지는데, 이를 단순화시키기 위한 상태 축소의 방법에 대해서도 공부할 것이다. 상태가 축소되면 플립플롭의 수도 줄일 수 있어 설계 비용도 낮출 수 있다.

6-1 클럭이 부착된 순차 회로 해석

6.1.1 상태 방정식(State equation)

순차 회로의 해석은 구성된 회로가 어떻게 입력과 출력이 구성되며, 플립플롭은 어떤 것인가에 따라 달라진다. 순차 회로의 다음 상태는 현재의 상태와 입력된 값에 따라 다르게 나타나는데 다음 상태를 방정식의 형태로 나타낸 것이 다음 상태 방정식이다. 순차 회로는 클럭이 부착되어 있는(clocked) 플립플롭으로 구성된다. 이러한 플립플롭의 출력식을 대수학적으로 표현한 부울 식을 다음 상태를 나타내는 방정식이라 하여 다음 상태 방정식 또는 상태 방정식이라 간단히 표현한다. D 플립플롭을 이용하여 구성된 [그림 6-1]의 순차 회로를 살펴보자.

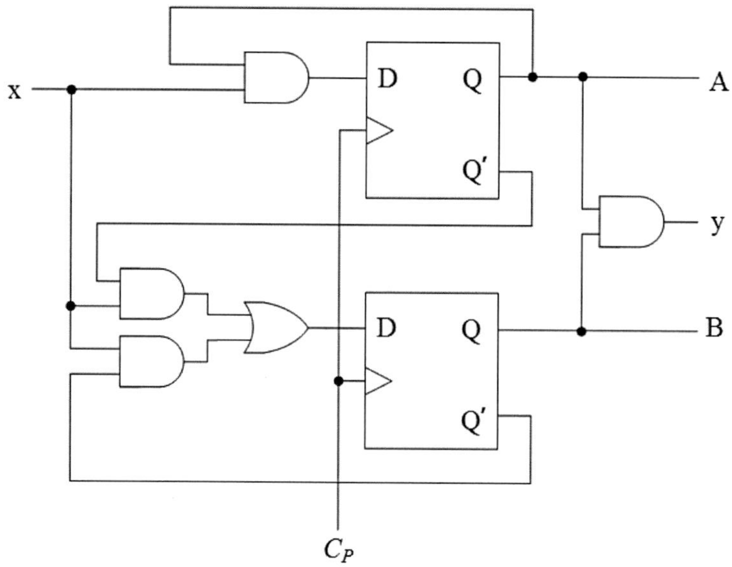

[그림 6-1] 클럭이 부착된 순차 회로

이 회로에서 D 플립플롭의 출력은 클럭이 입력된 후 다음 상태가 결정되므로 회로의 다음 상태 방정식은 A(t+1)과 B(t+1)로 나타내며, 다음과 같이 표현한다.

$$A(t+1) = A(t)x$$
$$B(t+1) = A'(t)x + B'(t)x$$

이를 간단히 표현하여

$$A(t+1) = Ax$$
$$B(t+1) = A'x + B'x = (A'+B')x$$

또한 출력식 y는 다음과 같이 부울 식으로 나타낼 수 있다.

$$y = A(t)B(t) = AB$$

6.1.2 상태표(State table)

순차 회로의 해석에서 시간 순서에 따른 입력과 출력 및 다음 상태에 따라 정리해 놓은 표를 상태표라 한다. [표 6-1]은 [그림 6-1]의 순차 회로에 대한 상태표인데, 이 표에는 현재 상태와 입력 및 그에 따른 다음 상태와 출력을 나타낸 네 부분으로 구성되어 있다. 순차 회로에 따라서는 입력이나 출력이 없을 수도 있고 다수의 입력이나 출력이 있을 수도 있다.

표 6-1 순차 회로 [그림 6-1]의 상태표

현 상태	입력	다음 상태	출력
A B	x	A B	y
0 0	0	0 0	0
0 0	1	0 1	0
0 1	0	0 0	0
0 1	1	0 1	0
1 0	0	0 0	0
1 0	1	1 1	0
1 1	0	0 0	1
1 1	1	1 0	1

또한 [표 6-2]처럼 현재 상태에 대한 입력에 따라 다음 상태와 출력을 같은 행에 열거하는 방법도 사용되는데 이 방법은 상태 축소 등의 방법에 이용하면 [표 6-1]의 방법보다 용이하게 이용될 수 있다.

표 6-2 순차 회로 [그림 6-1]의 다른 형태의 상태표

현 상태	다음 상태		출력	
A B	x=0	x=1	x=0	x=1
	A B	A B	y	y
0 0	0 0	0 1	0	0
0 1	0 0	0 1	0	0
1 0	0 0	1 1	0	0
1 1	0 0	1 0	1	1

6.1.3 상태도(State diagram)

순차 회로의 해석 시 시간 순서에 따른 입력과 출력 및 다음 상태에 따라 그림으로 정리해 놓은 것을 상태도라 한다. [그림 6-2]는 [그림 6-1]의 순차 회로에 대한 상태도인데, 이 그림에는 현재 상태와 입력 및 그에 따른 다음 상태와 출력을 나타낼 수 있다. 현재의 상태는 각각의 원 안에 적어 놓을 수 있으며, 상태의 수에 따라 원의 수가 결정된다. 우선 상태의 수가 두 개이면 원은 두 개만 필요하며, 플립플롭 한 개로 설계가 가능하다. 상태의 수가 네 개이면 원은 네 개가 필요하고 플립플롭은 두 개로 설계될

것이다. 또한 상태의 수가 여덟 개이면 원은 여덟 개, 플립플롭은 세 개가 소요된다. 현재 상태에서 다음 상태로의 진행 방향은 화살표를 이용해 표현한다. 그 다음 입력과 출력은 "/"로 구분하고 화살표 위나 옆에 표현하면 된다. 예를 들어 00인 상태에서 1이 입력되면 다음 상태가 01의 상태로 바뀌고 출력은 0이 되는데, 이 때 00 상태에서 01 상태로 향하는 화살표 옆에 1/0으로 표현한다.

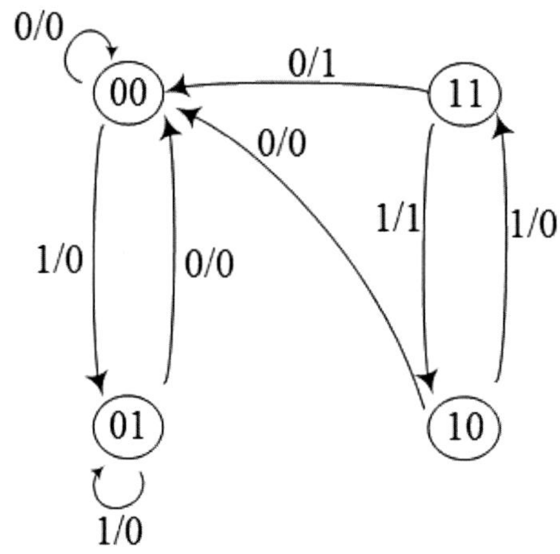

[그림 6-2] 클럭이 부착된 순차 회로 [그림 6-1]의 상태도

6.1.4 플립플롭 입력식(input equation)

플립플롭의 입력식이란 대부분의 순차 회로에서 플립플롭의 입력 단자에 연결된 조합 회로를 부울 함수로 표현한 것을 말한다. [그림 6-1]의 순차 회로에 대한 플립플롭 입력식을 부울 대수식으로 표현해보면,

$$D_A = Ax$$
$$D_B = A'x + B'x$$

이다. 또한 두 개의 JK 플립플롭이 사용된 순차 회로라면 입력함수는 J_A와 K_A 두 개 및 J_B와 K_B 두 개씩 될 것이고, 두 개의 T 플립플롭이 사용된 순차 회로의 입력함수는 T_A와 T_B가 될 것이다.

6-2 순차 회로의 해석

6.2.1 D 플립플롭 순차 회로의 해석

D 플립플롭으로 설계된 순차 회로의 해석은 구성된 회로에 입력된 값이 다음 클럭에서 다음 상태로 그대로 나타나므로 가장 해석하기에 편하고 설계도 그만큼 간편하다. [그림 6-3]의 순차 회로는 입력 x, y와 D 플립플롭이 두 개씩이며, 출력 z를 포함하는 회로이다.

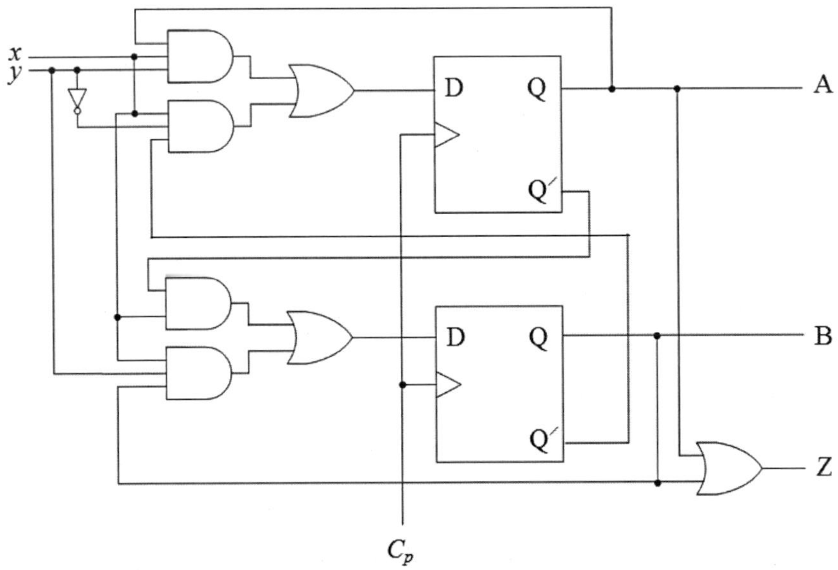

[그림 6-3] D 플립플롭으로 구성된 순차 회로

우선 이 회로의 입력식과 출력식을 구하면

$D_A = Axy + B'xy'$

$D_B = A'x + Bxy$

$z = A+B$

이 되고, 입력식에 따라 상태표를 작성해보면 다음의 [표 6-3]처럼 작성되고, 플립플롭 입력 D_A와 D_B의 값은 다음 상태 방정식 A(t+1)와 B(t+1)가 같으며, 이에 따른 상태도는 [그림 6-4]처럼 된다.

표 6-3 [그림 6-3] 순차회로의 상태표

현재 상태		입력		플립플롭 입력		다음 상태		출력
A(t)	B(t)	x	y	D_A	D_B	A(t+1)	B(t+1)	z
0	0	0	0	0	0	0	0	0
0	0	0	1	0	0	0	0	0
0	0	1	0	1	1	1	1	0
0	0	1	1	0	1	0	1	0
0	1	0	0	0	0	0	0	1
0	1	0	1	0	0	0	0	1
0	1	1	0	0	1	0	1	1
0	1	1	1	0	1	0	1	1
1	0	0	0	0	0	0	0	1
1	0	0	1	0	0	0	0	1
1	0	1	0	1	0	1	0	1
1	0	1	1	1	0	1	0	1
1	1	0	0	0	0	0	0	1
1	1	0	1	0	0	0	0	1
1	1	1	0	0	0	0	0	1
1	1	1	1	1	1	1	1	1

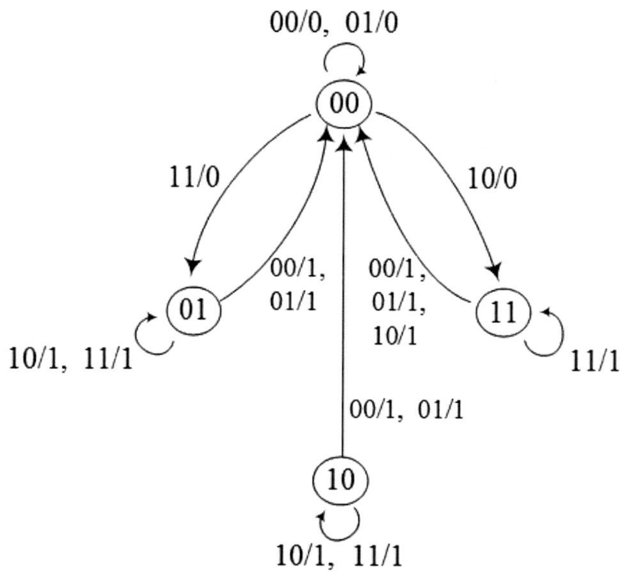

[그림 6-4] [그림 6-3]의 D 플립플롭으로 구성된 회로의 상태도

6.2.2 JK 플립플롭 순차 회로의 해석

JK 플립플롭으로 설계된 순차 회로의 해석은 주어진 순차 회로에 입력된 값과 현재 상태의 값에 따라 플립플롭 입력식을 구하는 것으로부터 시작한다. JK 플립플롭을 이용한 순차 회로는 D 플립플롭 입력값이 다음 출력으로 그대로 나타나는 D 플립플롭으로 구성된 순차 회로와 달리 JK 플립플롭의 특성표 [표 6-4]를 이용하여 다음 상태의 값을 유도하게 된다. T 플립플롭도 역시 마찬가지로 특성표를 이용하여 다음 상태의 값을 구하는 것은 동일한 절차를 거친다.

표 6-4 JK 플립플롭 특성표

입력		출력
J	K	Q_{n+1}
0	0	Q_n
0	1	0
1	0	1
1	1	$\overline{Q}_n$

JK 플립플롭이나 T 플립플롭을 사용하는 순차 회로의 해석 과정을 정리하면 다음과 같다.

① 현재 상태값과 입력값에 의해 플립플롭의 입력식을 작성
② 플립플롭의 입력식에 따라 상태표에 2진수값을 작성
③ 2진수 값에 따라 특성표에 의해 다음 상태의 값을 작성

예로써 JK 플립플롭으로 구성된 순차 회로인 [그림 6-5]를 보면, 두 개의 JK 플립플롭 A, B와 한 개의 입력 x로 이루어진 순차 회로이며, 이 순차 회로의 플립플롭 입력식을 구해보면,

$$JA = Bx' \qquad KA = A'x + B$$
$$JB = B'x' \qquad KB = B \oplus x$$

이 된다. 위의 플립플롭 입력식에 따라 상태표 [표 6-5]에 2진수 값을 작성해 넣고, 플립플롭 입력식에 따라 JK 플립플롭 특성표를 이용해 다음 상태를 구해 상태표를 완성하면 된다.

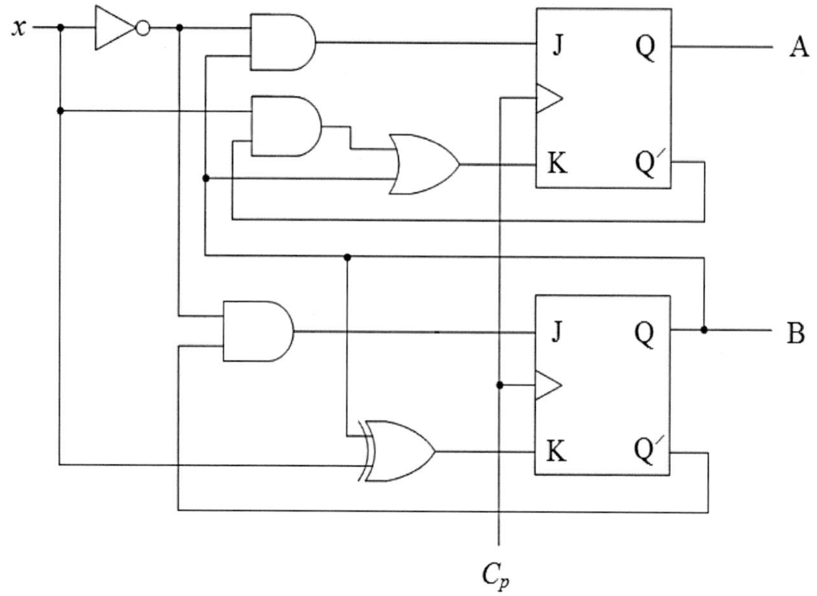

[그림 6-5] JK 플립플롭으로 구성된 순차 회로

표 6-5 [그림 6-5]의 상태표

현재 상태		입력	플립플롭 입력				다음 상태	
A	B	x	JA	KA	JB	KB	A	B
0	0	0	0	0	1	0	0	1
0	0	1	0	1	0	1	0	0
0	1	0	1	1	0	1	1	0
0	1	1	0	1	0	0	0	1
1	0	0	0	0	1	0	1	1
1	0	1	0	0	0	1	1	0
1	1	0	1	1	0	1	0	0
1	1	1	0	1	0	0	0	1

또한 상태표 [표 6-5]로부터 다음 상태 방정식을 도출하면 아래와 같고 이 상태표에 대한 상태도가 [그림 6-6]이다.

$A(t+1) = AB' + A'Bx'$

$B(t+1) = B'x' + Bx$

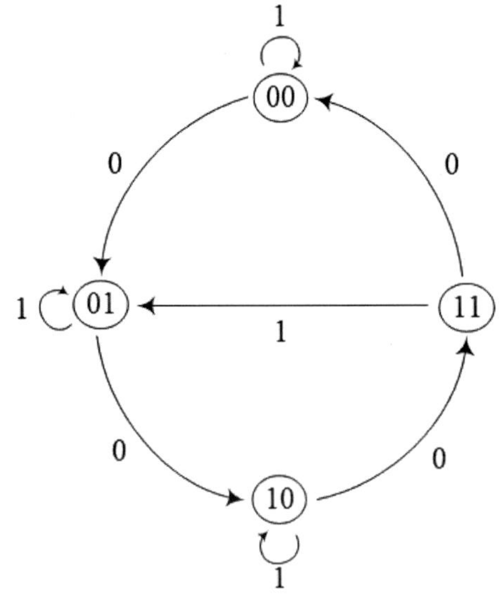

[그림 6-6] 순차 회로 [그림 6-5]의 상태도

6.2.3 T 플립플롭 순차 회로의 해석

T 플립플롭으로 설계된 순차 회로의 해석은 주어진 순차 회로에 입력된 값과 현재 상태의 값에 따라 플립플롭 입력식을 구하는 것으로부터 시작한다. T 플립플롭을 이용한 순차 회로 역시 T 플립플롭의 특성표 [표 6-6]을 이용하여 다음 상태의 값을 유도하게 된다.

표 6-6 T 플립플롭 특성표

입 력	출 력
T	Q_{n+1}
0	Q_n
1	$\overline{Q}_n$

예로써 T 플립플롭으로 구성된 순차 회로인 [그림 6-7]을 보면, 두 개의 T 플립플롭 A, B와 한 개의 입력 x와 한 개의 출력 y로 이루어진 순차 회로이며, 이 순차 회로의 플립플롭 입력식과 출력식을 구해보면,

$T_A = Ax'$

$T_B = B'x$

$y = A'B$

이 된다. 위의 플립플롭 입력식에 따라 상태표 [표 6-7]에 2진수 값을 작성해 넣고, 플립플롭 입력식에 따라 JK 플립플롭 특성표를 이용해 다음 상태를 구해 상태표를 완성하면 된다.

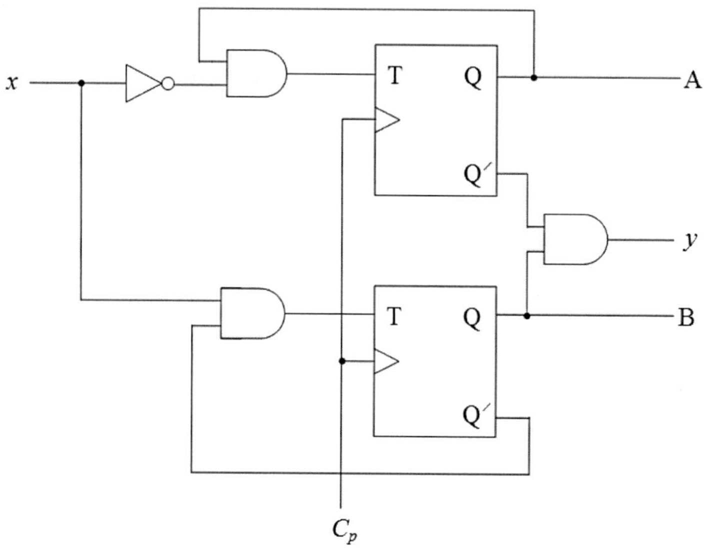

[그림 6-7] T 플립플롭으로 구성된 순차 회로

표 6-7 순차 회로 [그림 6-7]의 상태표

현재 상태		입력	플립플롭 입력		다음 상태		출력
A	B	x	T_A	T_B	A	B	y
0	0	0	0	0	0	0	0
0	0	1	0	1	0	1	0
0	1	0	0	0	0	1	1
0	1	1	0	0	0	1	1
1	0	0	1	0	0	0	0
1	0	1	0	1	1	1	0
1	1	0	1	0	0	1	0
1	1	1	0	0	1	1	0

또한 상태표 [표 6-7]로부터 다음 상태 방정식을 도출하면 아래와 같고, 이 상태표에 대한 상태도가 [그림 6-8]이다.

A(t+1)= Ax

B(t+1)= B + x

y= A' B

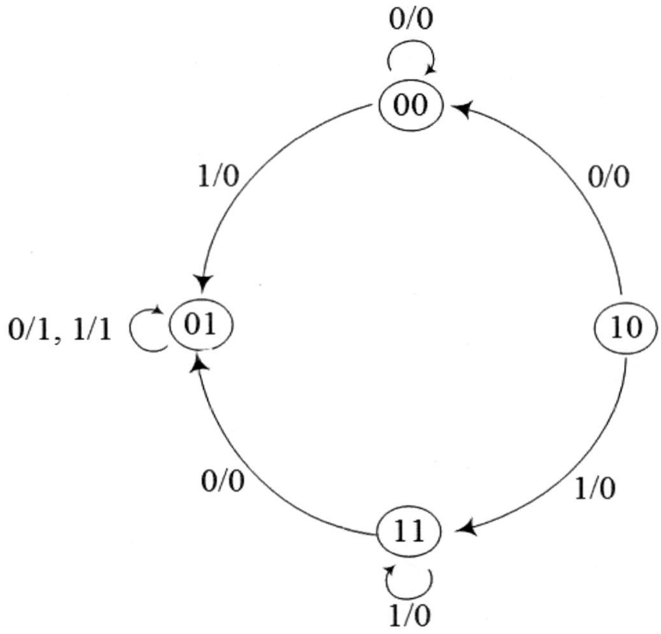

[그림 6-8] 순차 회로 [그림 6-7]의 상태도

6-3 상태의 축소와 지정

6.3.1 상태 축소(State reduction)

앞에서 이미 설명한 바와 같이 순차 회로의 해석은 논리도가 주어지든, 상태표나 상태도가 주어지든 항상 해석의 결과는 같다. 이렇게 해석하는 과정에서 동일한 입력이나 조건이 주어질 때 같은 결과와 같은 상태가 나타난다면 상태의 수를 줄여 상태표나 상태도가 단순해지고 설계를 보다 단순하게 할 수 있게 된다. 이러한 간소화 절차를 상태 축소(State reduction)라 부른다. 상태의 축소를 통해 사용될 플립플롭의 개수를 줄일 수 있어 회로가 단순해지며 설계 비용 또한 감소될 수 있다.

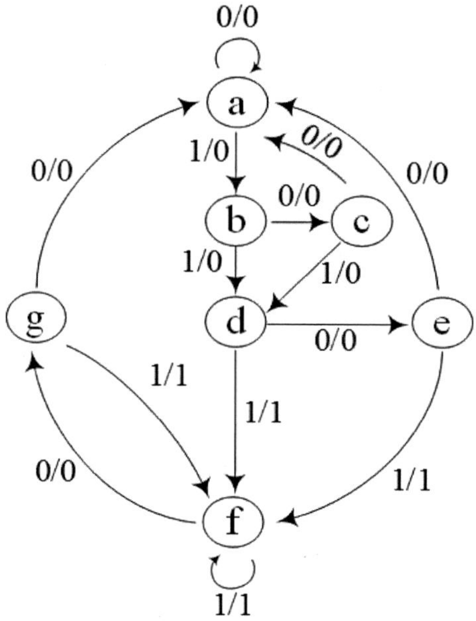

[그림 6-9] 주어진 상태도

2^m개의 상태를 만들어내는 조건에서는 m개의 플립플롭이 사용되는데 아무런 조건의 변화를 주지 않고도 상태의 수를 줄일 수 있다면 플립플롭의 개수 또한 줄일 수 있으므로 이는 공학적으로 아주 가치 있고 이득이 되는 일이다. 이러한 것은 상태 축소를 통해서 가능해지는데 이는 상태표를 면밀히 관찰하면 어렵지 않게 할 수 있다. [그림 6-9]의 주어진 상태도를 보면 상태 축소가 다소 어렵게 보이지만 이것을 상태표로 정리해보면 쉽게 가능해진다. [그림 6-9]의 상태도를 보고 상태표로 정리한 것이 [표 6-8]이며, 상태값은 2진수가 아닌 기호나 문자로 구분해 놓았다. 또한 상태표를 살펴보면 입력값에 따라 다음 상태와 출력을 2열로 작성하였는데 이렇게 정리한 표가 1열로 작성한 표보다 상태를 축소하기에는 동일한 조건에서의 변화에 따라 관찰하기가 훨씬 용이해서 사용하기 편리하다.

표 6-8 [그림 6-9] 상태도의 상태표

현재 상태	다음 상태		출력	
	x=0	x=1	x=0	x=1
a	a	b	0	0
b	c	d	0	0
c	a	d	0	0
d	e	f	0	1
ⓔ	a	f	0	1
f	g	f	0	1
ⓖ	a	f	0	1

[표 6-8]을 살펴보면 현재 상태의 e와 g는 입력된 x값에 따라 다음 상태와 출력이 동일하므로 상태 g는 상태 e로 대체해도 무방하다. 상태 g를 없애고 상태 e로 대체하여 다시 표로 정리해 작성한 것이 [표 6-9]이다.

표 6-9 [표 6-8] 상태표의 축소된 상태표

현재 상태	다음 상태		출력	
	x=0	x=1	x=0	x=1
a	a	b	0	0
b	c	d	0	0
c	a	d	0	0
ⓓ	e	f	0	1
e	a	f	0	1
ⓕ	e	f	0	1

이어서 [표 6-9]를 살펴보면 현재 상태의 d와 f는 입력된 x값에 따라 다음 상태와 출력이 동일하므로 상태 f 또한 상태 d로 대체해도 무방하다. 상태 f를 없애고 상태 d로 대체하여 다시 표로 정리해 작성한 것이 [표 6-10]이다.

표 6-10 [표 6-9] 상태표의 축소된 상태표

현재 상태	다음 상태		출력	
	x=0	x=1	x=0	x=1
a	a	b	0	0
b	c	d	0	0
c	a	d	0	0
d	e	d	0	1
e	a	d	0	1

이 과정을 연속적으로 수행하여 더 이상 상태를 축소할 수 없을 때까지 반복한다. 앞의 예에서는 7개 상태를 5개 상태로 줄일 수 있었다. 이것을 상태도로 나타낸 것이 [그림 6-10]의 축소된 상태도이다.

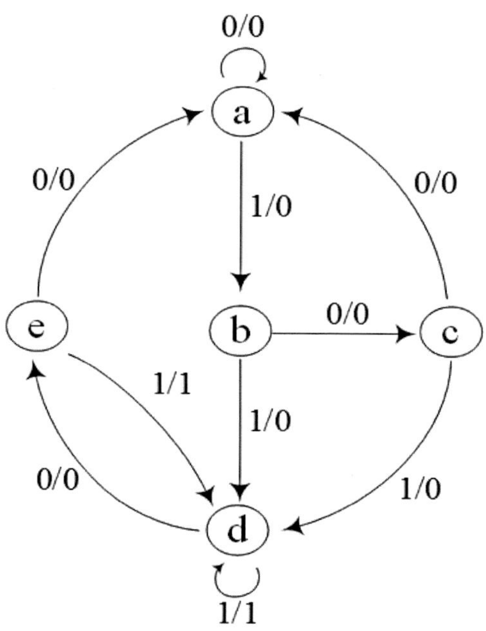

[그림 6-10] [그림 6-9] 상태의 축소된 상태도

6.3.2 상태 지정

상태 할당이라고도 불리는 상태 지정이란 기호나 문자로 나타낸 상태를 2진수 값으로 부여하는 과정을 말한다. 이 과정에서는 기호나 문자로 나타낸 상태에 어떠한 2

진수 값을 부여해도 무방하다. 이 경우 2진수 값이 서로 겹치지 않도록 유의해야 한다. 예를 들면 [표 6-11]에서와 같이 지정 1처럼 부여하든 지정 2처럼 부여하든 아무런 문제가 없다는 뜻이다. [표 6-12]는 지정 2의 그레이 코드값으로 지정하여 나타낸 [표 6-10]의 상태표이다.

표 6-11 세 가지로 지정된 상태

상태	지정 1	지정 2	지정 3
	2진수	그레이 코드	내림수
a	000	000	111
b	001	001	110
c	010	011	101
d	011	010	100
e	100	110	011

표 6-12 지정 2의 그레이 코드로 할당된 [표 6-10]의 상태표

현재 상태	다음 상태		출력	
	x=0	x=1	x=0	x=1
000	000	001	0	0
001	011	010	0	0
011	000	010	0	0
010	110	010	0	1
110	000	010	0	1

6-4 순차 회로의 설계

6.4.1 순차 회로의 설계 과정

진리표만 주어지면 항상 같은 결과를 출력하는 조합 회로와 달리 순차 회로는 현재 상태의 값이 주어진 입력들의 조건과 조합 회로를 거쳐 다음 상태의 값에 영향을 주어 설계하는 방법도 조합 회로와는 많이 다르다. 순차 회로를 설계할 때는 여기표(excitation table)를 이용하여 현재 상태의 값과 다음 상태의 값으로부터 플립플롭 입력식을 구해 회로를 구현하여야 한다. 플립플롭의 종류에 따라 여기표가 각기 다르지만

그 설계 방법은 유사한 방법을 사용하며, 본 절에서는 그 설계 과정을 모두 살펴보기로 한다. 또한 대부분의 경우 순차 회로라 하면 동기식 순차 회로를 말하므로 동기식 순차 회로를 설계하는 방법으로 설명될 것이다. 동기식 순차 회로의 설계 절차를 살펴보면 다음처럼 정리해 볼 수 있다.

1. 실행될 내용에 필요한 순서를 정하여 기호를 이용해 상태도를 작성한다.
2. 작성된 상태도에 따라 상태표를 작성하고 필요하다면 상태수를 줄여본다.
3. 각각의 상태에 기호 대신 2진수를 지정해 상태표를 구한다.
4. 사용할 플립플롭의 종류를 정하고 여기표를 이용해 상태표에 플립플롭 입력을 적는다.
5. 카르노도를 이용해 플립플롭 입력식과 출력식을 구한다.
6. 플립플롭 입력식과 출력식을 이용해 논리도를 그린다.

6.4.2 플립플롭 여기표

각 플립플롭의 특성표로부터 여기표(excitation table)가 유도될 수 있는데 D 플립플롭은 입력된 값이 다음 클럭에서 다음 상태로 그대로 나타나므로 여기표가 간단하게 유도되는 반면, JK 플립플롭과 T 플립플롭은 그렇지 않다.

표 6-13 D 플립플롭 특성표

입 력 D	출 력 Q_{n+1}
0	0
1	1

우선 D 플립플롭 특성표 [표 6-13]을 보면 D 플립플롭의 여기표는 쉽게 유도됨을 알 수 있는데, D 플립플롭은 현재 상태에 관계없이 다음 상태는 0이 입력되면 0이, 1이 입력되면 1이 출력으로 나타나므로 [표 6-14]처럼 현재 상태와 다음 상태로 표를 작성할 수 있는데 이것을 D 플립플롭 여기표라 한다. 이 표를 살펴보면 D 플립플롭의 여기된 값은 다음 상태 값과 동일함을 알 수 있다. 이러한 과정처럼 나머지 플립플롭의 여기표도 유도된다.

표 6-14 D 플립플롭 여기표

현재상태 Q_n	다음상태 Q_{n+1}	D
0	0	0
0	1	1
1	0	0
1	1	1

앞 절에서도 언급된 T 플립플롭 특성표는 [표 6-15]에서 알 수 있듯이 입력 T 값이 0이면 다음 상태는 전 상태가 유지되고, 1이면 전 상태가 반전되므로 여기표는 [표 6-16]처럼 유도될 수 있다. 즉 전 상태와 다음 상태가 같으면 입력 T는 0이고, 다르면 입력 T는 1이다.

표 6-15 T 플립플롭 특성표

입 력 T	출 력 Q_{n+1}
0	Q_n
1	$\overline{Q}_n$

표 6-16 T 플립플롭 여기표

현재상태 Q_n	다음상태 Q_{n+1}	T
0	0	0
0	1	1
1	0	1
1	1	0

앞 절에서 언급한 JK 플립플롭 특성표 [표 6-17]에서 알 수 있듯이 JK 플립플롭의 여기표는 다음처럼 유도된 것이다.

표 6-17 JK 플립플롭 특성표

입력		출력
J	K	Q_{n+1}
0	0	Q_n
0	1	0
1	0	1
1	1	$\overline{Q}_n$

(1) 전 상태가 0일 때 다음 상태가 0으로 되는 경우는 J 값과 K 값이 모두 0인 (J=K=0) 경우와 J 값은 0이고 K 값은 1로 주어져 강제로 리셋되는 두 경우이다. 즉 J 값은 모두 0이어야 하지만 K 값은 0이든 1이든 상관없으므로 don't care 조건이 되므로 X로 표현된다.

(2) 전 상태가 0일 때 다음 상태가 1이 되는 경우는 J 값과 K 값이 모두 1인 (J=K=1) 경우, 즉 전 상태가 반전되는 경우와 J 값은 1이고 K 값은 0로 주어져 강제로 세트되는 두 경우이다. 즉 J 값은 모두 1이어야 하지만 K 값은 0이든 1이든 상관없으므로 don't care 조건이 되므로 X로 표현된다.

(3) 전 상태가 1일 때 다음 상태가 0이 되는 경우는 J 값과 K 값이 모두 1인 (J=K=1) 경우, 즉 전 상태가 반전되는 경우와 J 값은 0이고 K 값은 1로 주어져 강제로 리셋되는 두 경우이다. 즉 K 값은 1이어야 하지만 J 값은 0이든 1이든 상관없으므로 don't care 조건이 되므로 X로 표현된다.

(4) 마지막으로 전 상태가 1일 때 다음 상태가 1이 되는 경우는 J 값과 K 값이 모두 0인 (J=K=0) 경우, 즉 전 상태가 유지되는 경우와 J 값은 1이고 K 값은 0로 주어져 강제로 세트되는 두 경우이다. 즉 K 값은 0이어야 하지만 J 값은 0이든 1이든 상관없으므로 don't care 조건이 되므로 X로 표현된다.

이처럼 JK 플립플롭의 여기표는 특성표로부터 유도하여 구할 수 있다. JK 플립플롭의 여기표는 [표 6-18]처럼 정리된다.

표 6-18 JK 플립플롭 여기표

현재상태 Q_n	다음상태 Q_{n+1}	J	K
0	0	0	×
0	1	1	×
1	0	×	1
1	1	×	0

세 가지 플립플롭의 여기표를 모두 모아서 정리해보면 다음의 [표 6-19]로 나타낼 수 있다.

표 6-19 플립플롭 여기표

Q_n	Q_{n+1}	D
0	0	0
0	1	1
1	0	0
1	1	1

(a) D 플립플롭

Q_n	Q_{n+1}	T
0	0	0
0	1	1
1	0	1
1	1	0

(b) T 플립플롭

Q_n	Q_{n+1}	J	K
0	0	0	×
0	1	1	×
1	0	×	1
1	1	×	0

(c) JK 플립플롭

6.4.3 D 플립플롭을 이용한 설계

앞 절에서 정리된 동기식 순차 회로의 설계 절차를 살펴보면 상태가 축소되어 2진수 값으로 지정된 상태표가 작성되면 사용할 플립플롭을 정해 상태표에 여기표를 이용해 플립플롭 입력들을 적어 넣는다. 설계를 위해 2진수 값이 지정된 [표 6-20]의 상태를 가진 경우를 대상으로 설계해 본다.

표 6-20 상태표

현재 상태		입력	다음 상태		출력
A	B	x	A	B	y
0	0	0	0	0	0
0	0	1	1	1	0
0	1	0	1	0	0
0	1	1	1	0	1
1	0	0	0	0	0
1	0	1	0	1	0
1	1	0	0	0	0
1	1	1	1	0	1

D 플립플롭을 이용한 설계 시 플립플롭 입력식은 다음 상태 방정식과 동일하므로 [표 6-20]으로부터 다음 상태방정식만 아래 식처럼 유도해내면 된다. 즉,

$$A(t+1)=A'B + A'x + Bx$$

$$B(t+1)=B'x$$

$$y=Bx$$

그러므로 D 플립플롭 입력식은 다음과 같으며, 이 순차 회로의 논리도는 [그림 6-11]과 같다.

$$D_A=A'B + A'x + Bx$$

$$D_B=B'x$$

$$y=Bx$$

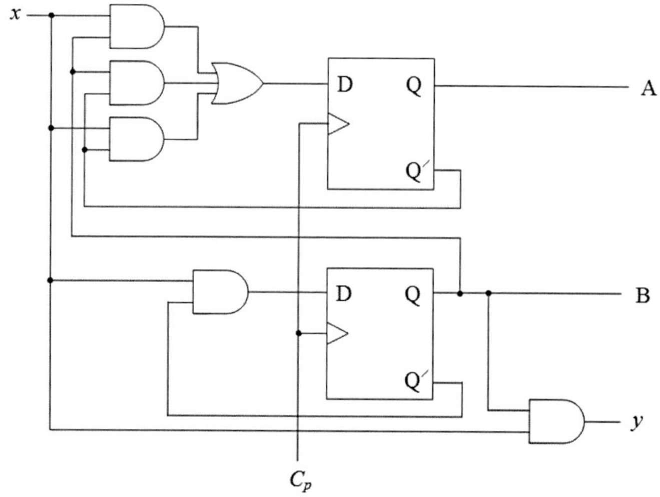

[그림 6-11] D 플립플롭으로 구현한 논리도

6.4.4 JK 플립플롭을 이용한 설계

앞 절에서 D 플립플롭으로 설계한 동기식 순차 회로를 JK 플립플롭으로 설계하기 위해 상태표 [표 6-20]에 JK 플립플롭 입력을 추가해서 나타내 보면 [표 6-21]처럼 정리할 수 있다. 카르노도를 이용해 [표 6-21]에서 JK 플립플롭 입력식을 구해보면 다음과 같으며, JK 플립으로 구성한 순차 회로의 논리도는 [그림 6-12]와 같다.

표 6-21 상태표와 JK 플립플롭 입력

현재 상태		입력	다음 상태		출력	플립플롭 입력			
A	B	x	A	B	y	JA	KA	JB	KB
0	0	0	0	0	0	0	X	0	X
0	0	1	1	1	0	1	X	1	X
0	1	0	1	0	0	1	X	X	1
0	1	1	1	0	1	1	X	X	1
1	0	0	0	0	0	X	1	0	X
1	0	1	0	1	0	X	1	1	X
1	1	0	0	0	0	X	1	X	1
1	1	1	1	0	1	X	0	X	1

$J_A = B + x$

$K_A = B' + x'$

$J_B = Ax + A'x'$

$K_B = 1$

$y = Bx$

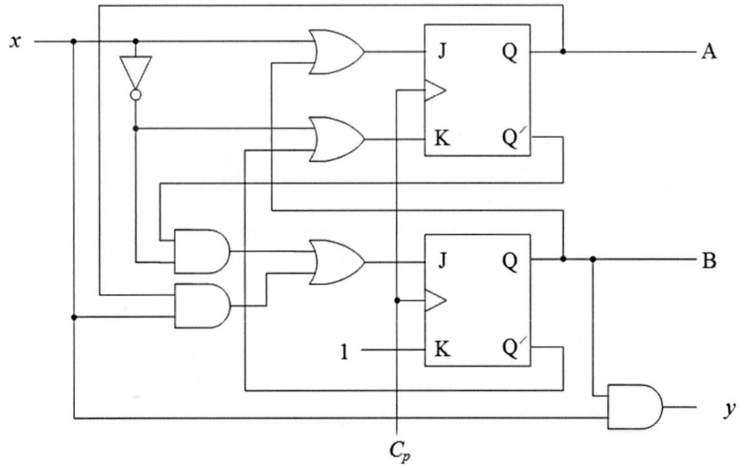

[그림 6-12] JK 플립플롭으로 구현한 논리도

6.4.5 T 플립플롭을 이용한 설계

이 절에서는 앞 절에서 D 플립플롭으로 설계한 동기식 순차 회로를 T 플립플롭으로 설계하기 위해 상태표 [표 6-20]에 T 플립플롭 입력을 추가해서 나타내 보면 [표 6-22]처럼 정리할 수 있다. 카르노도를 이용해 [표 6-22]에서 T 플립플롭 입력식을 구해 보면 다음과 같으며, T 플립으로 구성한 순차 회로의 논리도는 [그림 6-13]과 같다.

표 6-22 상태표와 T 플립플롭 입력

현재 상태		입력	다음 상태		출력	플립플롭 입력	
A	B	x	A	B	y	T_A	T_B
0	0	0	0	0	0	0	0
0	0	1	1	1	0	1	1
0	1	0	1	0	0	1	1
0	1	1	1	0	1	1	1
1	0	0	0	0	0	1	0
1	0	1	0	1	0	1	1
1	1	0	0	0	0	1	1
1	1	1	1	0	1	0	1

$$T_A=B+Ax'+A'x$$

$$T_B=B+x$$

$$y=Bx$$

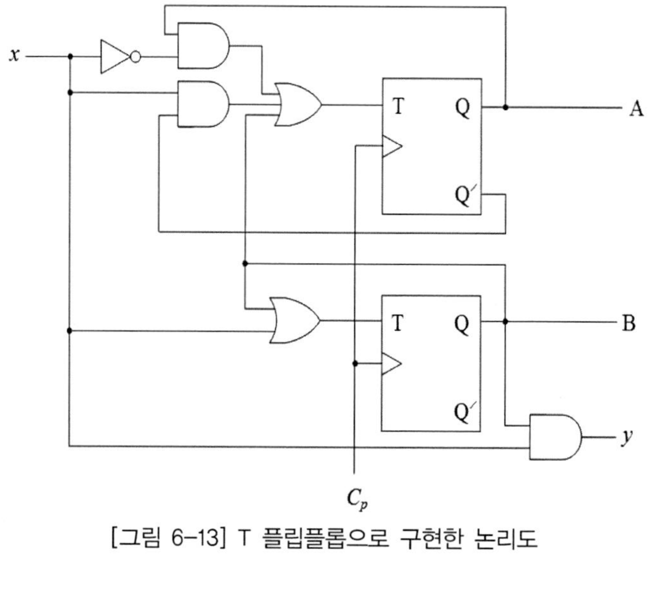

[그림 6-13] T 플립플롭으로 구현한 논리도

연습문제_

6.1 2개의 D 플립플롭 A와 B와 2개의 입력 x와 y 및 출력 z를 가진 순차 회로의 다음 상태식과 출력식이 다음과 같이 주어진 경우 다음을 구하시오.

$A(t+1) = B'x + xy$

$B(t+1) = Ax + By$

$z = A \oplus B$

(1) 순차 회로의 논리도를 그리시오.
(2) 상태표를 구하시오.
(3) 상태도를 그리시오.

6.2 2개의 JK 플립플롭 A와 B와 2개의 입력 x와 y 및 출력 z를 가진 순차 회로의 플립플롭 입력식과 출력식이 다음과 같이 주어진 경우 다음을 구하시오.

$J_A = By$ $J_B = Ax'$

$K_A = B'x$ $K_B = Ax + By'$

$z = (A+B)x$

(1) 순차 회로의 논리도를 그리시오.
(2) 상태표를 구하시오.
(3) A와 B의 다음 상태식을 구하시오.

6.3 다음의 상태표를 보고 다음 물음에 답하시오.

현재 상태	다음 상태		출력	
	x=0	x=1	x=0	x=1
a	a	b	0	0
b	c	d	0	0
c	a	d	0	0
d	e	f	0	1
e	a	h	0	1
f	g	a	0	0
g	e	f	0	1
h	g	a	0	0

(1) 이 표에 대한 상태도를 그리시오.
(2) 상태 축소가 가능하다면 축소된 상태표를 구하시오.
(3) 축소된 상태도를 구하시오.

6.4 위의 문제 3에서 구한 상태표에 그레이 코드 방식으로 상태 지정하여 **JK 플립플롭**을 이용해 순차회로를 설계하고 그 논리도를 그리시오.

6.5 2개의 **T 플립플롭** A, B와 1개의 입력 x 및 1개의 출력 y를 갖는 순차 회로를 **D 플립플롭**을 이용한 순차 회로로 설계변경 하시오.
(1) 회로의 입력함수와 출력함수를 구하고,
(2) 상태표(여기표 포함)와 상태도를 유도하고,
(3) A, B의 다음상태식을 구하고,
(4) D 플립플롭 입력식을 구하고, 순차 회로의 논리도를 그리시오.

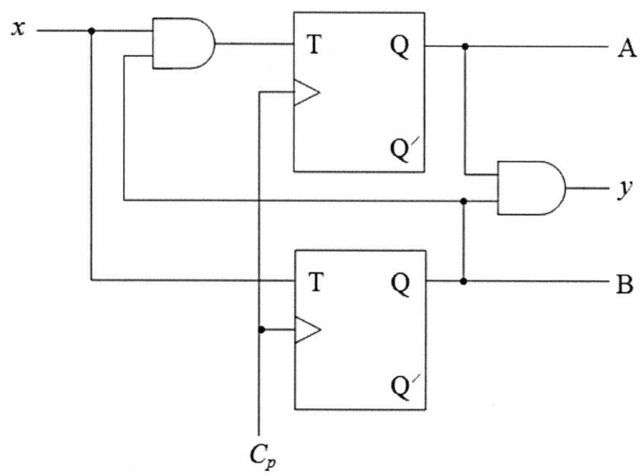

6.6 그림처럼 주어진 상태도로부터 <u>**상태표**</u>와 <u>**플립플롭 입력 함수 및 출력함수**</u>를 유도하고 **논리도**를 그리시오. **JK 플립플롭**을 이용하여 설계할 것.

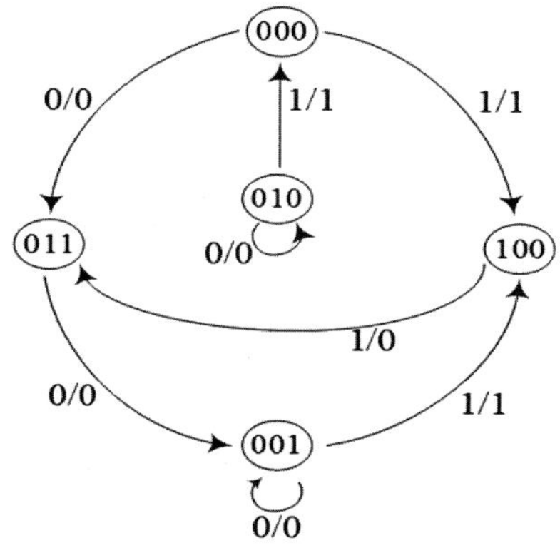

6.7 2개의 **JK 플립플롭** A, B와 1개의 입력 x 및 1개의 출력 y를 갖는 순차 회로를 **T 플립플롭**을 이용한 순차 회로로 설계 변경하시오.

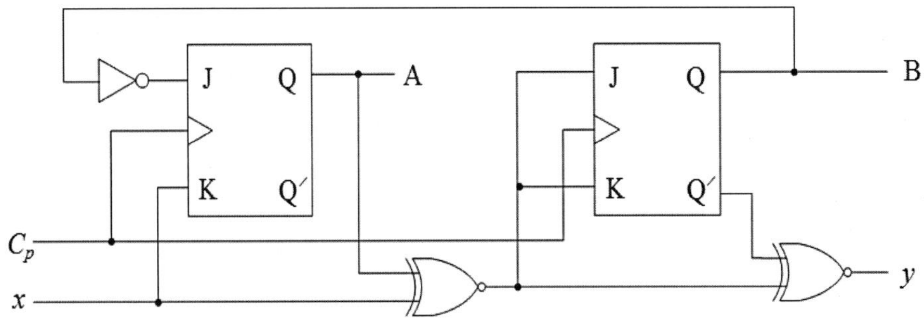

(1) 회로의 입력함수와 출력함수를 구하고,
(2) 상태표(여기표 포함)와 상태도를 유도하고,
(3) A, B의 다음상태식을 구하고,
(4) T 플립플롭 입력식을 구하고, 순차 회로의 논리도를 그리시오.

6.8 그림처럼 주어진 상태도로부터 **상태표**와 **플립플롭 입력 함수 및 출력함수**를 유도하고 **논리도**를 그리시오. **D 플립플롭**을 이용하여 설계할 것.

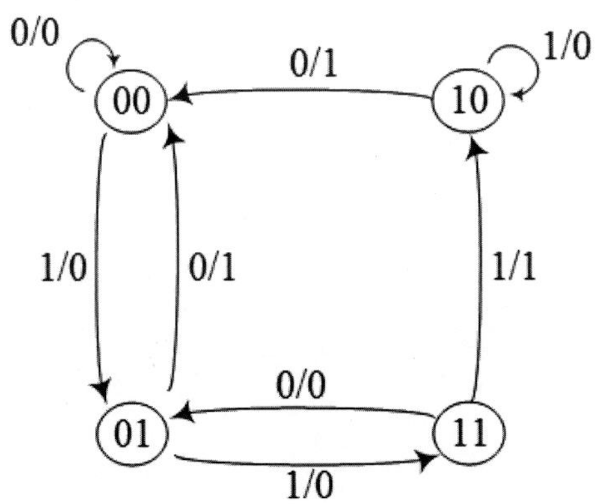

Chapter 7

카운터

플립플롭을 응용한 디지털 순차 회로의 대표적인 예는 입력되는 펄스의 수를 세는 카운터(counter, 계수기)이다. 카운터는 디지털 시스템에서 널리 사용되어 클럭 펄스처럼 입력되는 펄스가 일정한 주기를 가질 때 1초 동안에 입력되는 펄스의 수를 세어 그 펄스 신호의 주파수를 알 수 있는 주파수 계수기(frequency counter) 등에 응용된다. 카운터는 보통 하나의 입력 n개의 출력선이 있다. 이것을 n비트 카운터라 부르고 이 카운터는 0~2^n까지의 수를 셀 수 있어 2^n진 카운터라 한다. 예를 들어 4비트 카운터의 경우 0~15까지의 수를 셀 수 있어 16진 카운터가 된다. 카운터는 비동기식 카운터(asynchronous counter)와 동기식 카운터(synchronous counter)의 두 가지로 구분된다. 비동기식 카운터는 직렬 카운터라고도 하며 여러 개의 플립플롭을 직렬로 연결하여 구성하므로 각 단의 출력이 하나의 클럭 펄스에 동기화 되지 않고 순차적으로 클럭 펄스가 인가되어 비동기식이라 한다. 비동기식 카운터는 각 단을 통과할 때마다 지연 시간이 누적되므로 고속의 카운터로는 적절하지 않다. 동기식 카운터는 모든 단의 출력이 하나의 클럭 펄스에 의해 동기화 되어 동시에 출력되어 고속 동작에 적합한 카운터이다.

7-1 비동기식 카운터

7.1.1 리플-업 카운터(ripple-up counter)

리플-업(ripple-up) 카운터는 비동기식 카운터로 이전 단의 플립플롭 출력이 다음 단 플립플롭의 클럭 펄스로 인가되는 구조이며 클럭 펄스가 하나씩 인가될 때마다 1씩 증가하는 카운터이다. JK 플립플롭을 이용하여 3비트 8진 리플-업 카운터를 설계하면 [그림 7-1]과 같다.

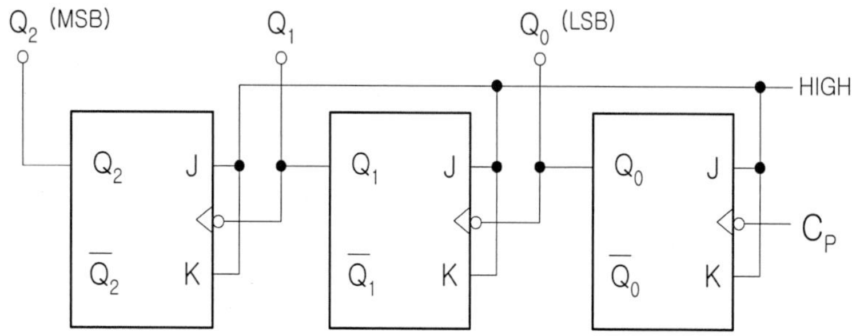

[그림 7-1] 3비트 8진 리플-업 카운터

이 회로에서 출력은 Q_2, Q_1, Q_0의 3비트로 Q_2가 MSB, Q_0이 LSB로 되어 클럭 펄스가 인가될 때마다 000~111 까지 8개의 상태가 1씩 증가하며 변화하는 비동기식 업(up) 카운터의 기능을 수행한다. 이 카운터에 대한 출력 파형과 상태전이표는 [그림 7-2]와 같다.

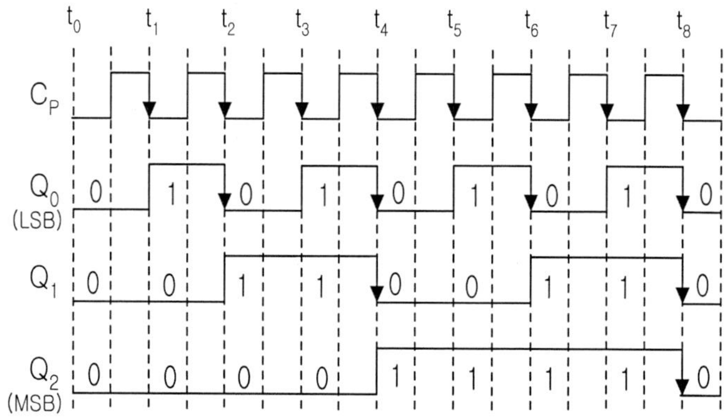

입 력		출 력		
시간	C_P	Q_2	Q_1	Q_0
t_0		0	0	0
t_1	↓	0	0	1
t_2	↓	0	1	0
t_3	↓	0	1	1
t_4	↓	1	0	0
t_5	↓	1	0	1
t_6	↓	1	1	0
t_7	↓	1	1	1

[그림 7-2] 3비트 8진 리플-업 카운터의 출력 파형 및 상태천이

따라서 이 카운터는 10진수로 0~7까지 8개의 상태를 1씩 증가하며 센 다음 다시 0부터 시작하여 카운트를 반복한다. 이와 같이 8개의 상태를 셀 수 있는 카운터를 8진 카운터 또는 modulus 8 카운터라 하고 줄여서 mod-8 카운터라 한다. [그림 7-3]에 정리된 바와 같이 일반적으로 상태의 개수가 m인 카운터를 m진 카운터라 하고, mod-m 카운터라 한다. 이 카운터는 최대 m-1까지의 수를 셀 수 있고 입력 클럭 펄스의 주파수를 최종단에서 m으로 분할하여 「divide-by-m」 카운터라고도 한다. 이 카운터를 설계하기 위해서는 2n≥m을 만족하도록 최소 n개의 플립플롭을 필요로 한다.

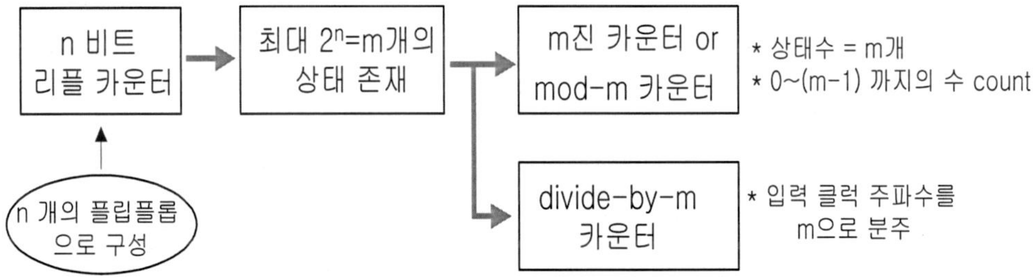

[그림 7-3] 리플 카운터의 상태 수

7.1.2 리플-다운 카운터(ripple-down counter)

리플-다운(ripple-down) 카운터도 비동기식 카운터로 이전 단의 플립플롭 출력이 다음 단 플립플롭의 클럭 펄스로 인가되는 구조이며 클럭 펄스가 하나씩 인가될 때마다 1씩 감소하는 카운터이다. JK 플립플롭을 이용하여 3비트 8진 리플-다운 카운터를 설계하면 [그림 7-4]와 같다.

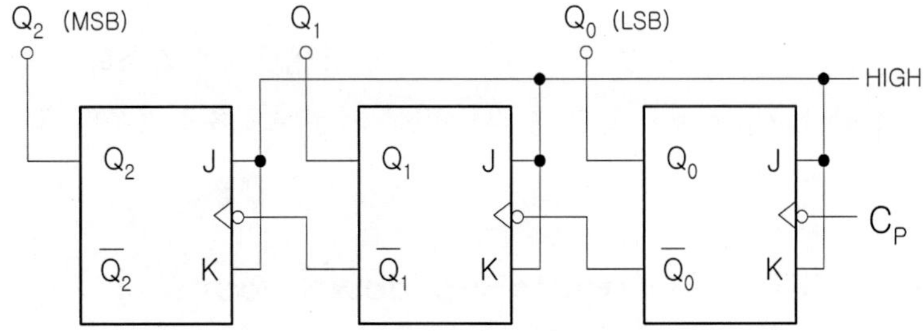

[그림 7-4] 3비트 8진 리플-다운 카운터

이 회로에서 출력은 Q_2, Q_1, Q_0의 3비트로 Q_2가 MSB, Q_0이 LSB로 되어 클럭 펄스가 인가될 때마다 111~000까지 8개의 상태가 1씩 감소하며 변화하는 비동기식 다운

(down) 카운터의 기능을 수행한다. 이 카운터에 대한 출력 파형과 상태 천이표는 [그림 7-5]와 같다.

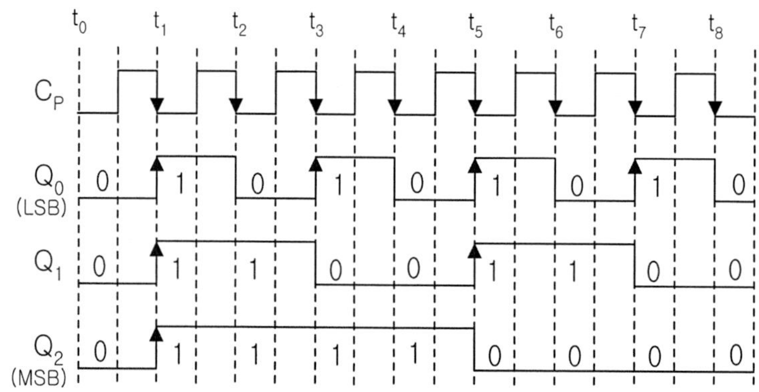

입 력		출 력		
시간	C_P	Q_2	Q_1	Q_0
t_0		0	0	0
t_1	↓	1	1	1
t_2	↓	1	1	0
t_3	↓	1	0	1
t_4	↓	1	0	0
t_5	↓	0	1	1
t_6	↓	0	1	0
t_7	↓	0	0	1

[그림 7-5] 3비트 8진 리플-다운 카운터의 출력 파형 및 상태천이

따라서 이 카운터는 10진수로 7~0까지 8개의 상태를 1씩 감소하며 센 다음 다시 이를 반복 수행한다. 이 예에서 보여준 리플-다운 카운터도 8진 카운터 또는 mod-8 카운터이다.

7.1.3 리플-업/다운 카운터(ripple-up/down counter)

2×1 멀티플렉서(MUX)를 이용하면 리플-업 카운터와 리플-다운 카운터를 병행하여 쓸 수 있는 리플-업/다운 카운터를 구성할 수 있다. MUX의 선택선 S = 0로 하면 MUX의 입력 A가 다음 단 플립플롭의 클럭 펄스로 인가되어 리플-업 카운터의 기능을 수행하고, MUX의 선택선 S = 1로 하면 MUX의 입력 B가 다음 단 플립플롭의 클럭 펄스로

인가되어 리플-다운 카운터의 기능을 수행한다. 3비트 8진 리플-업/다운 카운터를 설계하면 [그림 7-6]과 같다.

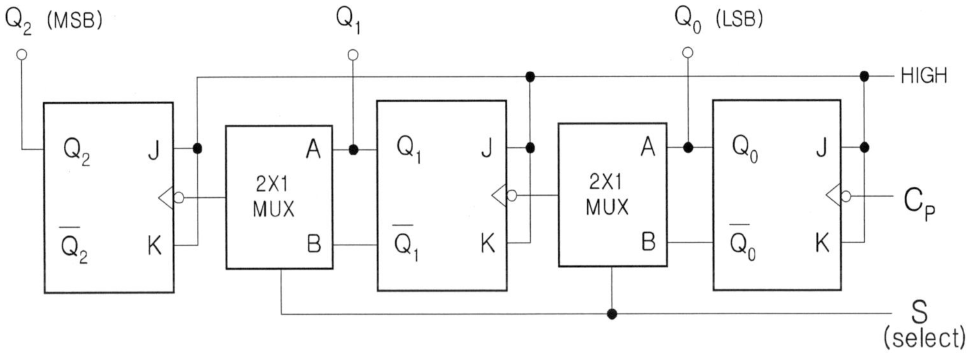

[그림 7-6] 3비트 8진 리플-업/다운 카운터

7.1.4 mod-m 비동기식 카운터

2비트 리플 카운터는 mod-4의 4진 카운터이며 0~3까지, 3비트 리플 카운터는 mod-8의 8진 카운터이며 0~7까지, 4비트 리플 카운터는 mod-16의 16진 카운터이며 0~15까지의 수를 카운트한다. 이와 같이 mod-2, 4, 8, 16 등의 카운터는 단순히 플립플롭을 직렬로 연결하여 구성할 수 있다. 이 절에서는 이것 이외에도 mod-3, 5, 6, 7, 9, 10···· 등의 비동기식 카운터의 구성에 대하여 설명한다. mod-m 비동기식 카운터를 설계하는 방법은 두 가지 방법이 많이 사용되는데 첫 번째 방법은 모든 플립플롭의 J, K 단자에 J=0, K=1으로 세트시켜 모든 비트가 reset 되어 출력은 0으로 돌아가고 다시 0에서부터 업 카운트가 반복되도록 하는 방법이며, 두 번째 방법은 모든 플립플롭의 CLR 단자에 0을 인가해 강제로 리셋시켜 다시 0부터 업 카운트하는 방법이다.

(1) 비동기식 10진 카운터

첫 번째 비동기식 mod-m 카운터를 설명하기 위한 예로 비동기식 mod-10 카운터의 예를 들어 설명한다. 비동기식 10진 카운터는 0~9까지의 수를 1씩 증가하며 카운트하기 위하여 4비트가 필요하며 4개의 플립플롭을 필요로 한다. 4개의 플립플롭을 직렬로 연결하면 최대 0~15까지 카운트 할 수 있는데 mod-10으로 하려면 9(1001_2)까지 카운트하고 10번째 펄스가 들어올 때 자동적으로 모든 플립플롭 출력이 0으로 reset 되도록 회로를 설계하여야 한다. 이 카운터의 상태 전이도는 [그림 7-7]과 같고 회로도는 [그림 7-8]에 나타내었다.

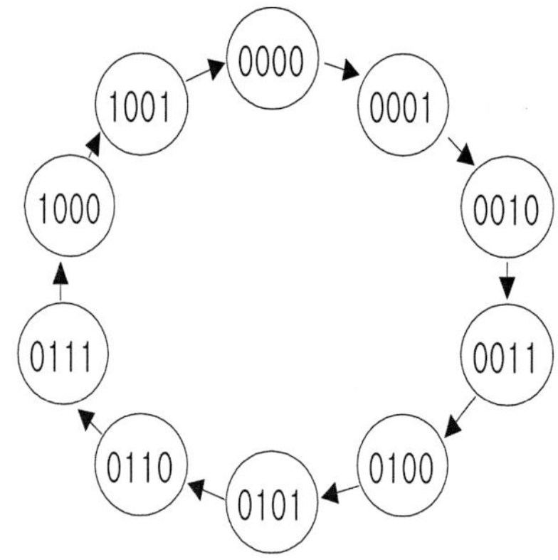

[그림 7-7] 비동기식 10진 카운터의 상태도

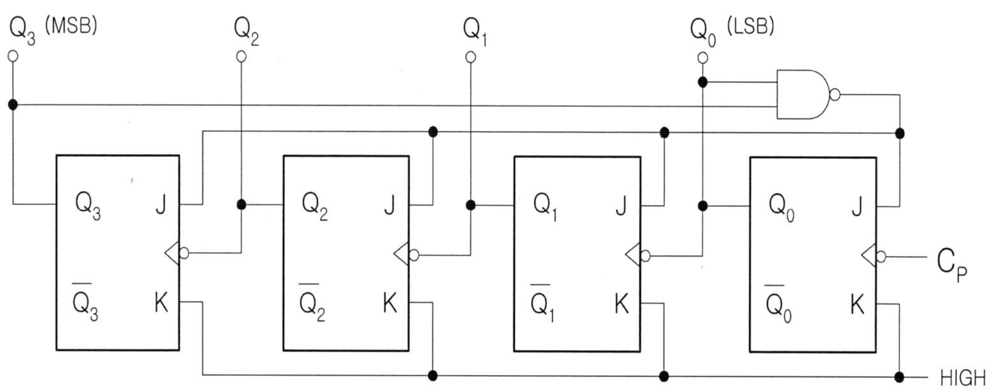

[그림 7-8] 비동기식 10진 카운터

카운트가 0000, 0001, ‥‥, 1000 까지 진행되는 동안 최상위 비트(MSB)와 최하위 비트(LSB)가 동시에 1이 되는 경우가 없으므로 NAND 게이트의 출력은 1이 되어 J = K = 1이므로 모든 플립플롭은 토글(toggle)로 동작하여 정상적인 업 카운터의 역할을 수행하다가 9번째의 펄스가 들어오면 출력은 1001이 되어 NAND 게이트의 출력은 $\overline{Q_0 Q_3}$ = 0이 되어 모든 플립플롭의 J, K 단자에는 J=0, K=1인 상태가 되어 4비트 모두 reset 되어 출력은 0000로 돌아가고 다시 0000에서 1001까지의 업 카운트가 반복된다.

(2) 비동기식 리셋형 mod-m 카운터

두 번째 비동기 mod-m 카운터인 비동기식 리셋(reset)형 카운터는 원하는 수까지를 계수한 후 각 단의 출력을 논리 게이트 중 NAND 게이트를 써서 디코딩(decoding)하고 계수기를 리셋 시켜 0으로 만들어 처음부터 다시 카운트하는 회로이다. 예를 들어 비동기식 리셋형 mod-6 카운터의 설계 방법을 설명하면 다음과 같다.

① NAND 게이트의 출력을 모든 플립플롭의 클리어(clear) 단자인 CLR에 연결한다.

② NAND 게이트의 입력은 카운트할 수 중 가장 큰 수에 1을 더한 수에 대한 민텀항(최소항)을 입력한다. mod-6 카운터의 경우 0～5까지 카운트하므로 (5+1) = 6에 해당하는 2진수는 110 이고, 이것을 최소항으로 고치면 $Q_2Q_1\overline{Q}_0$가 되고 이 값을 NAND 게이트의 입력으로 한다.

③ 각 플립플롭의 JK 입력은 모두 High로 하여 T 플립플롭처럼 토글(toggle) 동작하도록 하고, 프리셋(preset) 단자인 PR도 High 값을 인가하여 토글 동작에 영향을 주지 않도록 한다.

구현된 mod-6 비동기식 리셋형 카운터에 대한 회로는 [그림 7-9]와 같다.

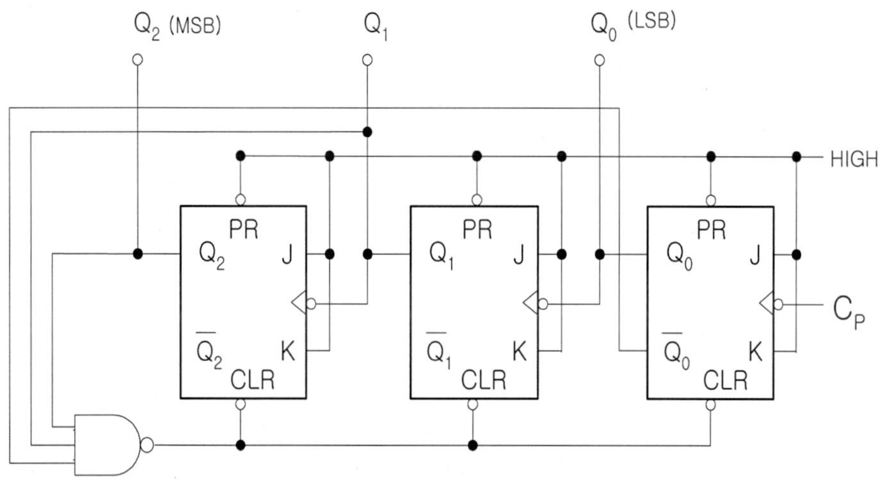

[그림 7-9] mod-6 비동기식 리셋형 카운터

이 회로에서와 같이 000～101까지 카운트 한 다음 110이 되는 순간 이 값을 NAND 게이트에서 디코드(검출)하여 모든 플립플롭의 CLR 단자에 0을 입력하여 모든 플립플롭을 리셋 시킨다. 리셋 후 이 카운터는 다시 000부터 1씩 증가하며 101까지 카운트를 반복한다. 이 회로의 타이밍도를 그리면 [그림 7-10]과 같다. 타이밍도에서와 같이 110을 검출 후 NAND 게이트와 플립플롭의 전파지연 시간 때문에 모든 플립플롭의 리셋 동작은 짧은 펄스의 지연 이후에 나다나게 되이 시스템 오동작의 원인이 될 수 있다. 이러한 짧은 펄스를 글리치(glitch)라 한다.

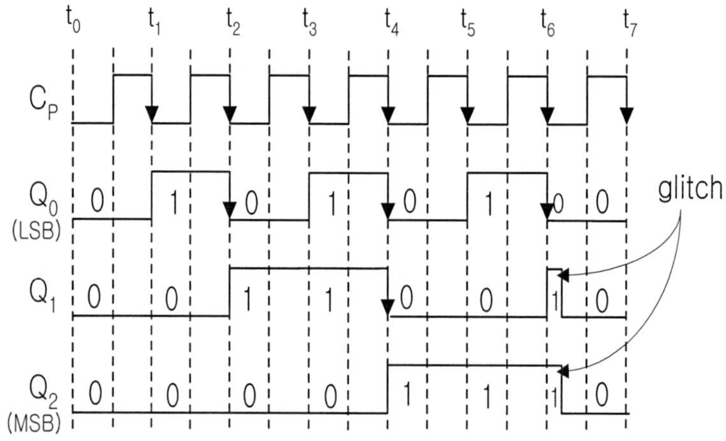

[그림 7-10] 리셋형 카운터에서 발생되는 글리치(glitch)

그러므로 이러한 글리치 현상이 생기는 두 번째 방법인 비동기식 리셋형 mod-m 카운터보다는 첫 번째 방법에서처럼 J=0, K=1로 인가해 다음 클럭에서 모든 플립플롭이 0으로 리셋되는 카운터가 권장된다.

7-2 동기식 카운터

지금까지 설명한 비동기식의 카운터에서는 앞단의 플립플롭의 출력 변화를 차례대로 후단의 플립플롭에 전달해 가는 카운트 방식이기 때문에 단수가 증가함에 따라 최종단 플립플롭의 동작지연이 커지는 단점이 발생한다. 이러한 문제점을 해결하기 위한 것이 동기식 카운터이다. 동기식(synchronous) 카운터에서는 모든 플립플롭의 클럭 펄스가 공동으로 접속되어 클럭 펄스가 인가되면 모든 플립플롭에 동시에 클럭이 가해져 출력의 변화도 동시에 일어나게 된다. 따라서 게이트 지연 시간을 현저히 줄여 글리치(glitch) 등의 현상도 발생하지 않게 된다.

7.2.1 동기식 카운터(synchronous counter)의 설계 방법

동기식 카운터를 설계하기 위해서는 반드시 앞 장에서 공부한 플립플롭의 여기표를 활용하여야 한다. 플립플롭을 이용하는 순차회로의 진리표는 현재의 입력값에 대하여 다음에 일어날 출력 상태를 지정하는 표로 앞 장에서 공부한 순차회로에서의 상태표와 같으며, 상태표에 플립플롭 입력들을 적어 카르노도를 이용해 플립플롭 입력식을 구하게 되며 이 입력식들을 사용하여 카운터를 설계할 수 있다. 앞 장에서 유도해낸 각 플립플롭에 대한 여기표를 [표 7-1]에 나타내며 동기식 카운터 설계에 활용하면 된다.

표 7-1 플립플롭 여기표

Q_n	Q_{n+1}	D
0	0	0
0	1	1
1	0	0
1	1	1

(a) D 플립플롭

Q_n	Q_{n+1}	T
0	0	0
0	1	1
1	0	1
1	1	0

(b) T 플립플롭

Q_n	Q_{n+1}	J	K
0	0	0	×
0	1	1	×
1	0	×	1
1	1	×	0

(c) JK 플립플롭

이상의 여기표를 이용하여 동기식 카운터를 설계하는 순서는 [그림 7-11]과 같다.

[그림 7-11] 카운터 설계 순서

예를 들어 동기식 카운터 설계 순서에 따라 1→3→5→7, 즉 홀수를 카운트하는 동기식 카운터를 설계해 보기로 하자.

① 상태도를 작성한다.

상태도는 카운트할 모든 상태에 대하여 현재 상태와 다음상태의 값을 2진수로 변환하여 흐름도 형식으로 작성한다.

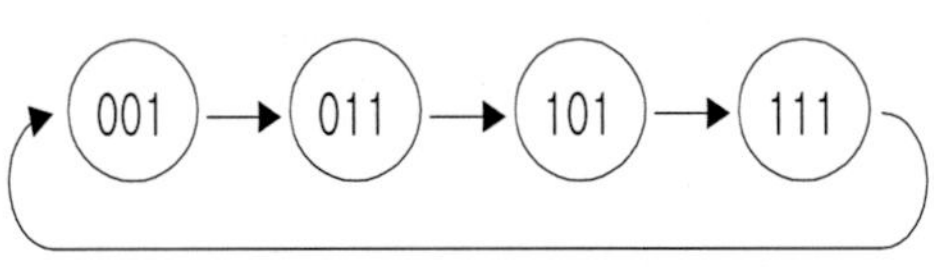

[그림 7-12] 상태도

② 카운터에 필요한 플립플롭의 개수 및 플립플롭의 TYPE을 결정한다.

이 카운터는 3비트 카운터이므로 플립플롭의 개수는 3개가 필요하며 JK 플립플롭을 이용하여 설계하기로 하고, 각각의 입력 변수를 지정한다.

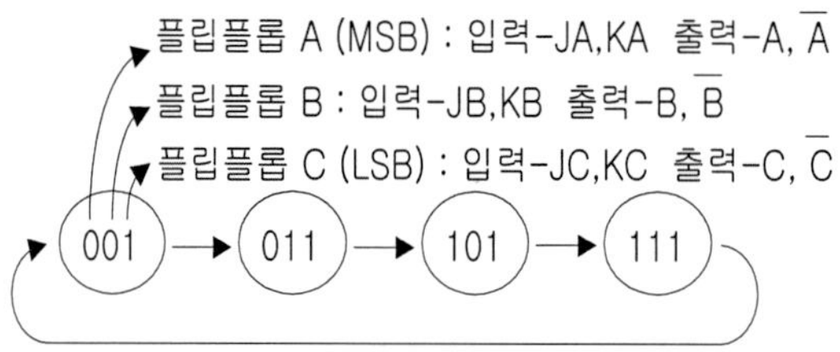

[그림 7-13] 상태도에 대한 플립플롭 결정

③ 상태도에 따른 해당 플립플롭의 여기표를 작성한다.

표 7-2 여기표

현재상태			다음상태			플립플롭의 입력					
A(t)	B(t)	C(t)	A(t+1)	B(t+1)	C(t+1)	JA	KA	JB	KB	JC	KC
0	0	1	0	1	1	0	×	1	×	×	0
0	1	1	1	0	1	1	×	×	1	×	0
1	0	1	1	1	1	×	0	1	×	×	0
1	1	1	0	0	1	×	1	×	1	×	0

④ 카르노도를 이용하여 플립플롭의 입력 함수식을 결정한다.

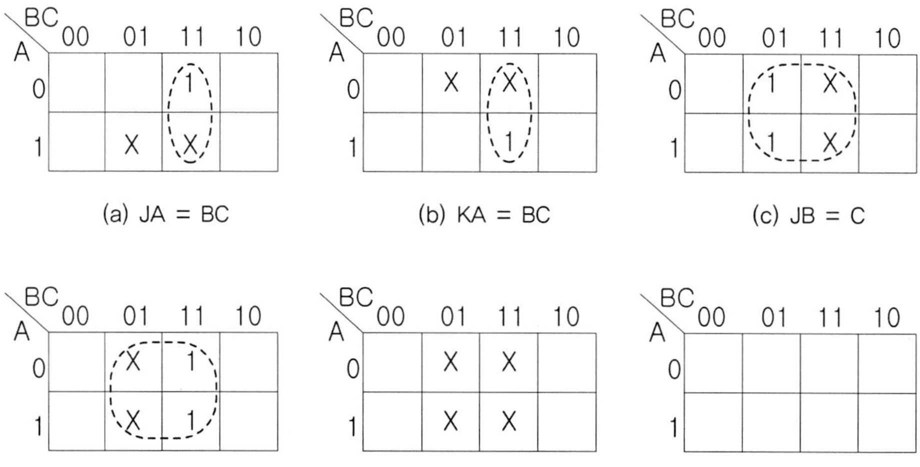

(a) JA = BC (b) KA = BC (c) JB = C

(d) KB = C (e) JC = 0 (f) KC = 0

[그림 7-14] 카르노도를 이용한 입력 변수식 결정

⑤ 플립플롭의 입력 함수식에 따라 동기식 카운터 회로를 그린다.

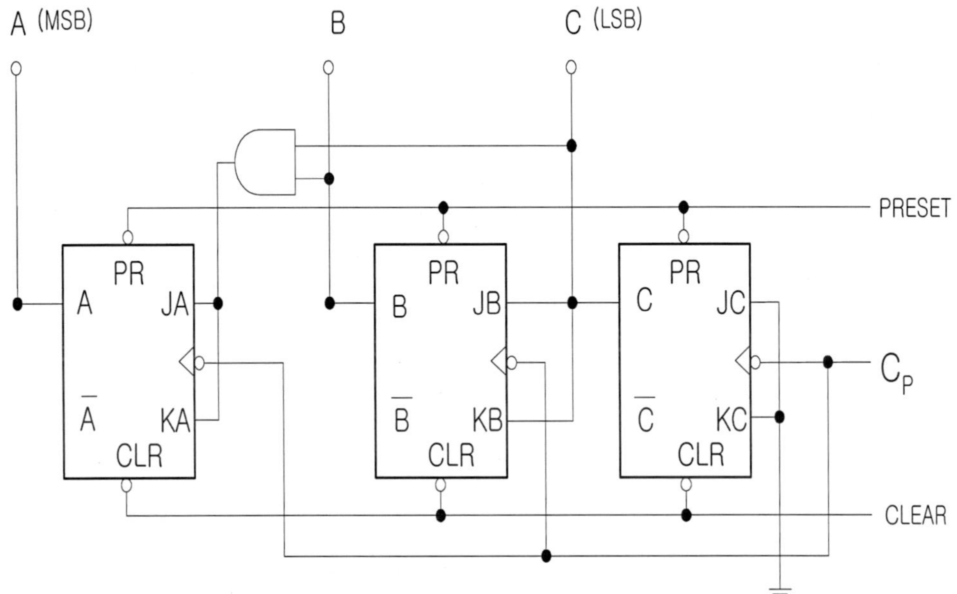

[그림 7-15] 3비트 홀수 카운터

(1) 동기식 8진 업 카운터의 설계

동기식 8진 업 카운터의 설계를 위한 상태도를 작성하면 [그림 7-16]과 같다.

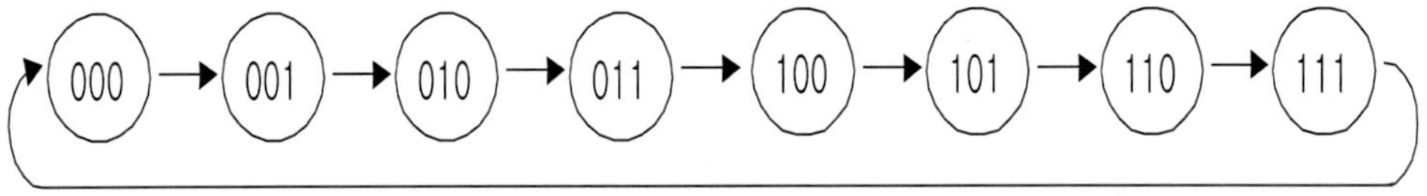

[그림 7-16] 동기식 8진 업 카운터의 상태도

이 카운터는 3비트 카운터이므로 플립플롭의 개수는 3개가 필요하며 T 플립플롭을 이용하여 설계하기로 한다. 상태도에 따른 해당 플립플롭의 여기표를 작성하면 [표 7-3]과 같다.

표 7-3 동기식 8진 업 카운터의 상태표와 플립플롭 입력

현재상태			다음상태			플립플롭의 입력		
A(t)	B(t)	C(t)	A(t+1)	B(t+1)	C(t+1)	TA	TB	TC
0	0	0	0	0	1	0	0	1
0	0	1	0	1	0	0	1	1
0	1	0	0	1	1	0	0	1
0	1	1	1	0	0	1	1	1
1	0	0	1	0	1	0	0	1
1	0	1	1	1	0	0	1	1
1	1	0	1	1	1	0	0	1
1	1	1	0	0	0	1	1	1

카르노도를 이용하여 플립플롭의 입력 함수식을 결정하면 [그림 7-17]과 같은 플립플롭의 입력 논리를 결정할 수 있다.

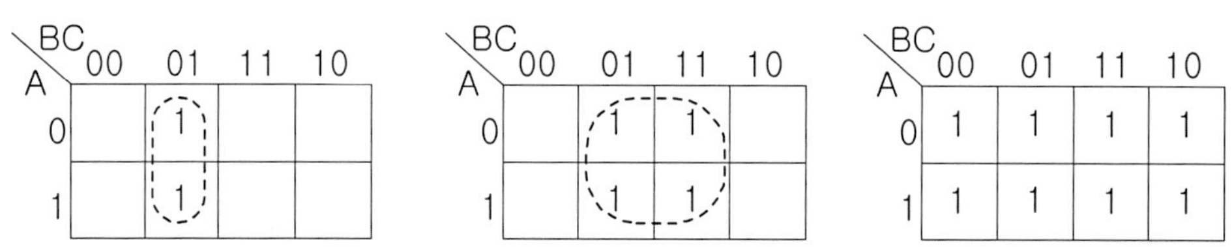

(a) TA = BC (b) TB = C (c) TC = 1

[그림 7-17] 카르노도를 이용한 입력 변수식 결정

플립플롭의 입력 함수식에 따른 동기식 8진 업 카운터 회로를 그리면 [그림 7-18]과 같은 회로를 얻을 수 있다. 이 회로에서 0부터 카운트를 시작할 경우에는 클리어(CLR) 단자를 0으로 세트한 다음 동작시키며, 그 다음부터는 프리셋(PR) 단자와 클리어(CLR) 단자는 사용할 필요가 없으므로 1로 세트해 두면 된다.

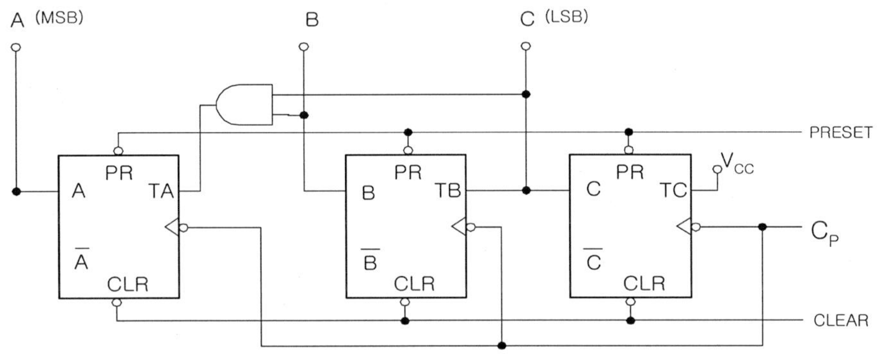

[그림 7-18] 동기식 8진 업 카운터

(2) 동기식 BCD 10진 카운터의 설계

BCD 코드의 10진 카운터는 가장 많이 쓰이는 카운터로 IC화 된 것도 다수 있다. T 플립플롭을 이용하여 BCD 10진 카운터를 설계하면 여기표에 따라 플립플롭의 입력은 [표 7-4]와 같다.

표 7-4 동기식 BCD 10 카운터의 상태표와 플립플롭 입력

현재상태				다음상태				플립플롭의 입력			
A(t)	B(t)	C(t)	D(t)	A(t+1)	B(t+1)	C(t+1)	D(t+1)	TA	TB	TC	TD
0	0	0	0	0	0	0	1	0	0	0	1
0	0	0	1	0	0	1	0	0	0	1	1
0	0	1	0	0	0	1	1	0	0	0	1
0	0	1	1	0	1	0	0	0	1	1	1
0	1	0	0	0	1	0	1	0	0	0	1
0	1	0	1	0	1	1	0	0	0	1	1
0	1	1	0	0	1	1	1	0	0	0	1
0	1	1	1	1	0	0	0	1	1	1	1
1	0	0	0	1	0	0	1	0	0	0	1
1	0	0	1	0	0	0	0	1	0	0	1

카르노도를 이용하여 플립플롭의 입력 함수식을 결정하면 플립플롭의 입력 논리를 아래와 같이 결정할 수 있다.

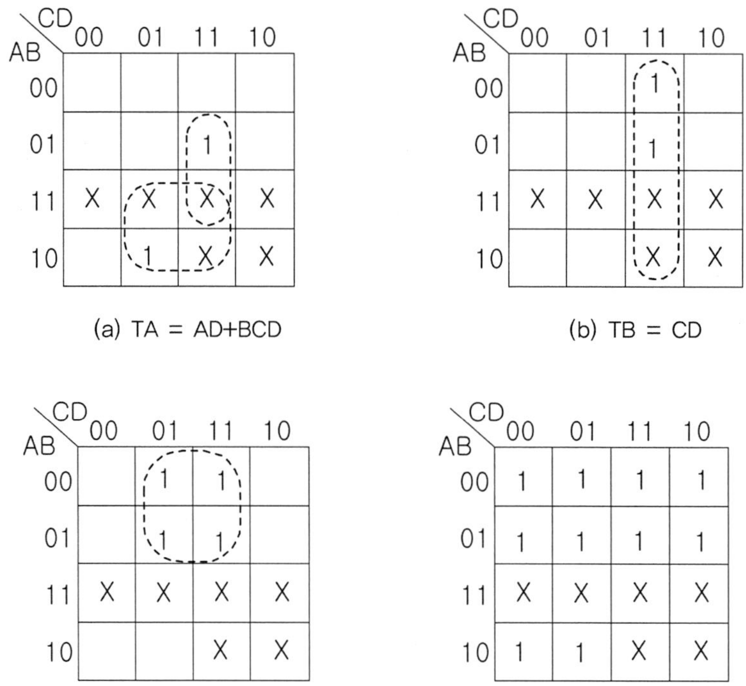

(a) TA = AD+BCD

(b) TB = CD

(c) TC = $\overline{A}D$

(d) TD = 1

[그림 7-19] 카르노도를 이용한 입력 변수식 결정

플립플롭의 입력 함수식에 따른 동기식 10진 업 카운터 회로를 그리면 [그림 7-20]과 같은 회로를 얻을 수 있다. 이 회로에서도 0부터 카운트를 시작할 경우에는 클리어(CLR) 단자를 0으로 세트한 다음 동작시키며, 그 다음부터는 프리셋(PR) 단자와 클리어(CLR) 단자는 사용할 필요가 없으므로 1로 세트해 두면 된다.

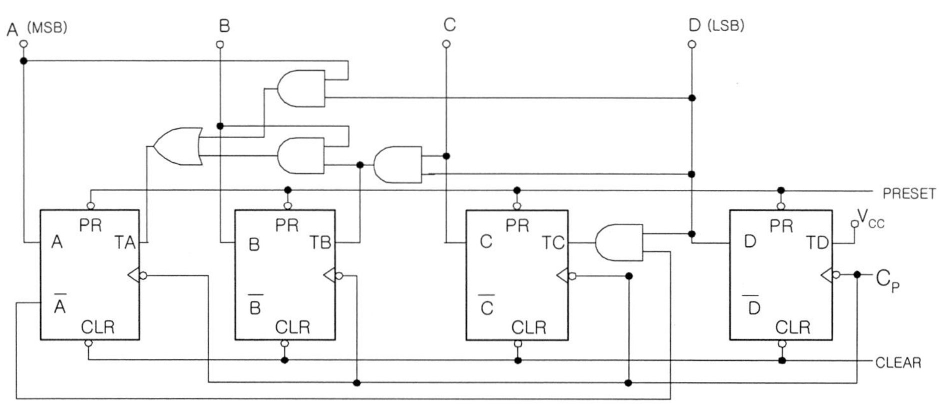

[그림 7-20] 동기식 BCD 10진 카운터

7.2.2 링 카운터(ring counter)

링 카운터(ring counter)는 출력 중 한 비트만이 1이 되고 입력 펄스에 따라서 1의 값을 갖는 비트의 위치가 한쪽 방향으로 순환되는 카운터이다. 링 카운터에서는 1의 값이 한 단으로부터 다음 단으로 시프트 되기 때문에 시프트 레지스터의 형태로 생각할 수 있다. [그림 7-21]에서와 같이 각 단 사이의 연결은 각 단의 출력 Q가 다음 단의 입력 J에 연결되고 각 단의 출력 $\overline{Q}$는 다음 단의 입력 K에 연결된다. 마지막 단에서도 출력 Q가 첫 단의 입력 J에, $\overline{Q}$는 첫 단의 입력 K에 피드백 되어 연결된다.

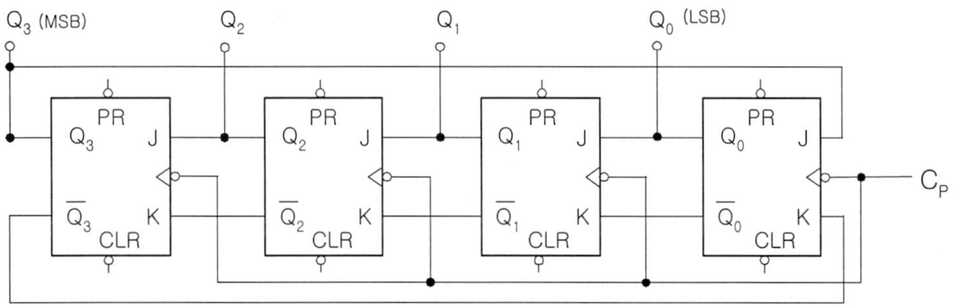

[그림 7-21] 4단 링 카운터

링 카운터 출력의 초기값을 $Q_0Q_1Q_1Q_3$ = 1000로 할 때 클럭 펄스에 따른 출력의 변화는 [표 7-5]와 같고 이에 대한 타이밍도는 [그림 7-22]과 같다.

표 7-5 4단 링 카운터의 순차

C_P	Q_0	Q_1	Q_2	Q_3
0	1	0	0	0
1	0	1	0	0
2	0	0	1	0
3	0	0	0	1

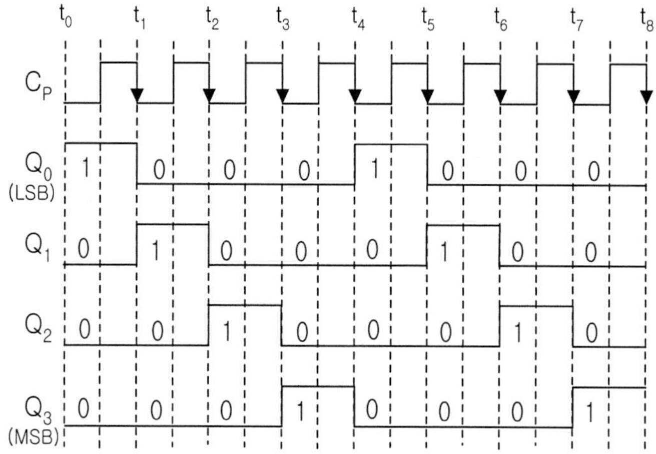

[그림 7-22] 4단 링 카운터의 타이밍도

7.2.3 존슨 카운터(Johnson counter)

존슨 카운터는 시프트 카운터(shift counter)라고도 하며 n비트의 존슨 카운터는 총 2×n 개의 출력 상태를 갖는다. 예를 들어 4비트의 존슨 카운터는 8개의 상태를 갖고, 5비트 순차는 총 10개의 상태를 갖는다. 존슨 카운터는 [그림 7-23]과 같이 각단의 출력 Q는 다음단의 입력 J에 연결되고 각 단의 출력 $\overline{Q}$는 다음 단의 입력 K에 연결된다. 그러나 마지막 단에서는 출력 Q가 첫단의 입력 K에, $\overline{Q}$는 첫 단의 입력 J에 연결된다.

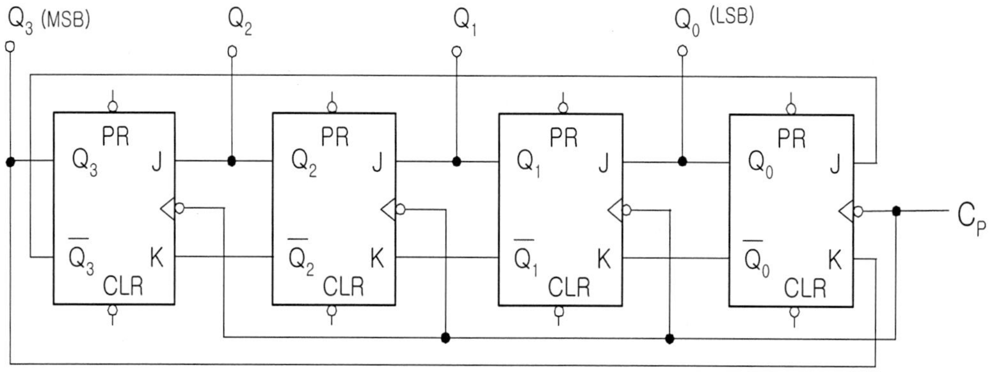

[그림 7-23] 4단 존슨카운터

[그림 7-23]과 같은 4비트 존슨 카운터의 상태표는 [표 7-6]과 같고 이 카운터의 타이밍도는 [그림 7-24]와 같다.

표 7-6 4단 존슨 카운터의 순차

C_P	Q_0	Q_1	Q_2	Q_3
0	0	0	0	0
1	1	0	0	0
2	1	1	0	0
3	1	1	1	0
4	1	1	1	1
5	0	1	1	1
6	0	0	1	1
7	0	0	0	1
8	0	0	0	0

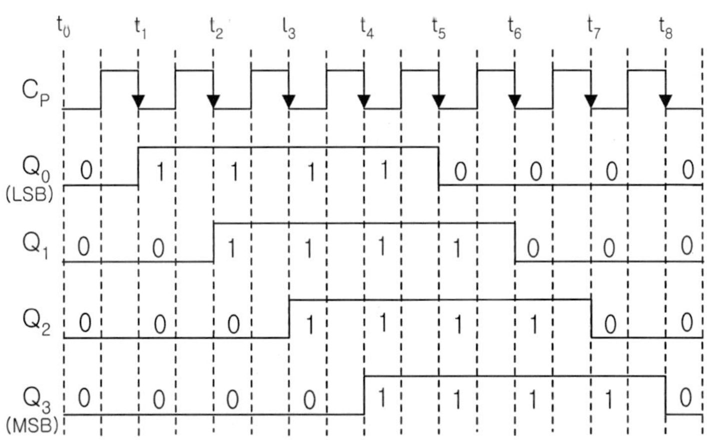

[그림 7-24] 4단 존슨 카운터의 타이밍도

7-3 IC 카운터

여러 가지 동기 및 비동기 카운터가 IC화 되어 있다. 74XXX 계열은 카운터의 초기 상태를 프리셋하기 위한 제어 입력과 계수의 modulus를 바꾸기 위한 제어 입력을 가지고 있다. [표 7-7]은 IC 카운터를 정리한 것이고 이하의 IC에서 가격과 소비 전력을 고려하여 가급적 기능이 간단한 것을 택하여 사용하는 것이 좋다.

표 7-7 IC 카운터의 정리

TTL IC 명	카운터 명	비고
74LS90	10진 리플-업 카운터	2진 카운터와 5진 카운터가 독립적으로 내장
74LS92	12진 리플-업 카운터	2진 카운터와 6진 카운터가 독립적으로 내장
74LS93	16진 리플-업 카운터	2진 카운터와 8진 카운터가 독립적으로 내장
74LS160	프리셋 가능한 10진 동기 업 카운터	직결 리셋 입력 직렬접속용 enable 입력 및 캐리 출력 고속 카운트 가능
74LS161	프리셋 가능한 16진 동기 업 카운터	직결 리셋 입력 직렬접속용 enable 입력 및 캐리 출력 고속 카운트 가능
74LS168	10진 업/다운 동기 카운터	10진의 단일 modulus
74LS169	16진 업/다운 동기 카운터	16진의 단일 modulus

연습문제_

7.1 카운터를 구성하는 플립플롭의 개수가 다음과 같을 때 카운터의 계수 상태는 최대 몇 개가 존재하는가?

(1) 3개　　(2) 4개　　(3) 6개

7.2 아래 카운터의 이름을 쓰고 이 카운터의 타이밍도를 완성한 후 동작원리에 대하여 설명하시오.

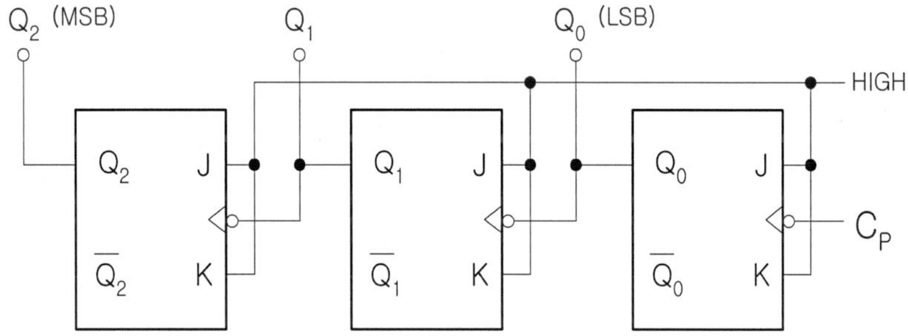

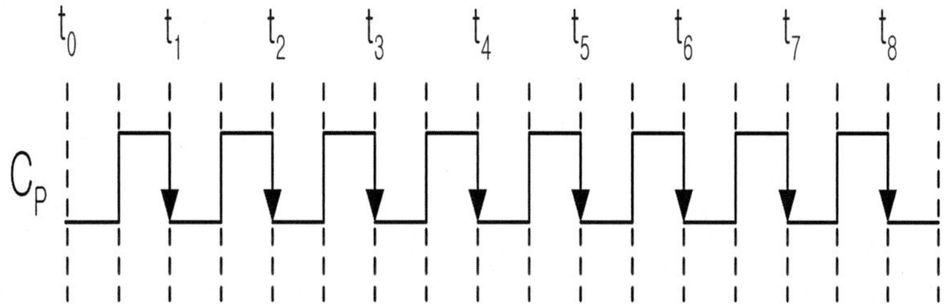

7.3 다음과 같은 카운터를 구성하는데 필요한 플립플롭의 개수는?

(1) MOD-6 카운터　　(2) MOD-11 카운터

(3) MOD-20 카운터　　(3) MOD-39 카운터

7.4 비동기식 16진 리플-다운 카운터를 T 플립플롭으로 설계하시오.

7.5 비동기식 MOD-6 리플-업 카운터를 T 플립플롭으로 설계하시오.

7.6 업 카운터와 다운 카운터의 차이점을 설명하시오.

7.7 mod-12로 동작되는(0~11을 카운트 하는) 비동기식 카운터를 JK 플립플롭으로 설계하시오.

7.8 아래의 상태도에 대하여 JK 플립플롭에 대한 여기표를 작성하시오.

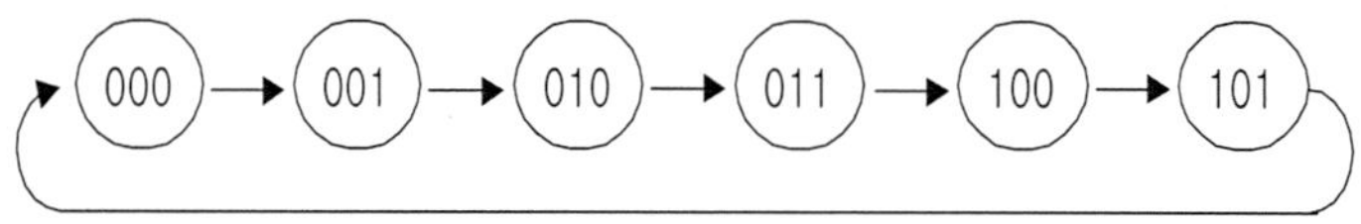

7.9 8번의 여기표에 따른 동기식 카운터를 설계하시오.

7.10 8번의 여기표를 T 플립플롭에 대하여 작성하고 T 플립플롭을 이용한 동기식 카운터를 설계하시오.

7.11 다음의 순차를 갖는 동기식 카운터를 D 플립플롭으로 설계하시오.

현재상태			다음상태		
A(t)	B(t)	C(t)	A(t+1)	B(t+1)	C(t+1)
0	0	1	1	0	0
1	0	0	0	1	1
0	1	1	0	1	0
0	1	0	1	1	1
1	1	1	0	0	1

7.12 JK 플립플롭을 사용하여 6비트 링 카운터를 설계하여 그리고, 타이밍도를 완성하시오.

7.13 3비트 존슨카운터를 D 플립플롭을 이용하여 구성하고 타이밍도를 완성하시오.

7.14 0, 1, 5, 2, 4,, 7, 0, ... 의 순서를 반복하는 동기식 카운터를 T 플립플롭을 이용해 설계하시오. 사용되지 않는 상태인 3과 6은 don't care 조건으로 고려하고 설계함.

7.15 2개의 JK 플립플롭 A, B와 2개의 입력 x와 y를 갖는 순차회로를 설계하시오. 2개의 입력 x와 y에 따라 다음과 같이 동작하는 동기식 순차회로임.

x	y	순차회로의 기능
0	0	A, B의 출력을 모두 보수화
0	1	count down (11 → 10 → 01 → 00→ 11 반복)
1	0	count up (00 → 01 → 10 → 11→ 00 반복)
1	1	변화 없음 (전상태 유지)

Chapter 8

레지스터(register)

플립플롭은 1비트의 2진수를 저장할 수 있는 소자로 여러 개의 플립플롭을 일렬로 배열하여 연결함으로써 여러 비트로 된 2진수를 저장할 수 있도록 할 수 있고 이러한 회로를 레지스터(register)라고 한다. 따라서 레지스터는 메모리 장치의 구성 요소가 되며 마이크로프로세서 등의 CPU 회로에서 임시적인 기억 장치로 널리 이용된다. 또한 n비트 레지스터는 n개의 플립플롭으로 구성되며, n비트의 2진 정보를 저장할 수 있다. 레지스터는 여러 비트를 일시적으로 저장할 뿐 아니라 배열된 비트를 좌측 또는 우측으로 하나씩 이동(shift) 시킬 수 있다. 이러한 회로를 left shift register, right shift register 라고 부른다. n비트의 데이터를 저장하기 위하여 n비트의 레지스터에 데이터를 입력시킬 때, n비드를 동시에 시프트(shift)시켜 입력할 수 있는 레지스터를 병렬 레지스터라 하고 한 비트 한 비트씩 시프트 하면서 입력시키는 레지스터를 직렬 레지스터라 한다. 데이터를 출력시킬 때도 n비트를 동시에 출력시키는 병렬 출력 레지스터가 있고 하나의 비트를 n번 시프트 하면서 출력하는 직렬 출력 레지스터가 있다. 따라서 레지스터의 종류는 데이터 입출력 형태에 따라서 다음과 같이 분류하기도 한다.

① 병렬입력-병렬출력 레지스터
② 직렬입력-직렬출력 레지스터
③ 직렬입력-병렬출력 레지스터
④ 병렬입력-병렬출력 레지스터

각각에 대한 블럭도는 [그림 8-1]과 같다.

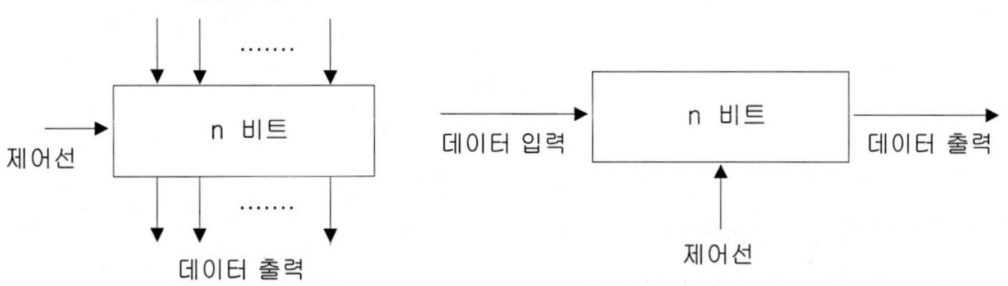

(a) 병렬입력-병렬출력　　(b) 직렬입력-직렬출력

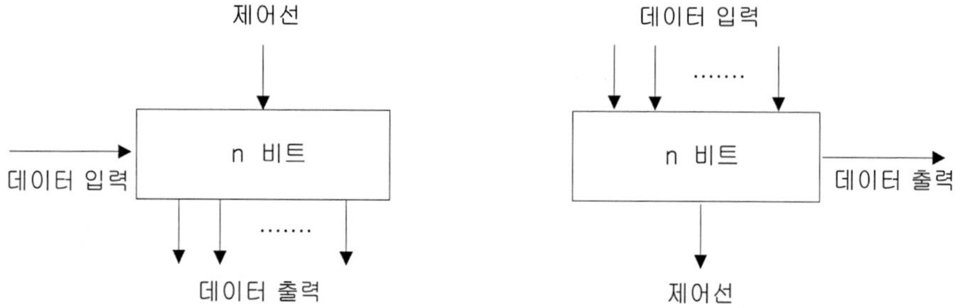

(c) 직렬입력-병렬출력 (d) 병렬입력-직렬출력

[그림 8-1] 레지스터들의 블록도

8-1 병렬 로드 기능을 지닌 레지스터

여러 형태의 레지스터가 상용화되어 있는데, 그 중 가장 간단한 형태의 레지스터는 외부 게이트 없이 플립플롭만으로 구성된 레지스터이다. [그림 8-2]에 D 플립플롭으로 구성된 4비트 레지스터를 나타냈다. 하나의 공통 클럭 펄스 입력은 모든 플립플롭을 상승 에지에서 구동하고 2진 정보인 4개의 입력 $I_3I_2I_1I_0$ 는 클럭 펄스의 상승 에지 인가 직후 4비트의 출력 $A_3A_2A_1A_0$ 로 나타난다. 이 회로에서 클리어(CLR) 단자를 0으로 인가할 때 리셋되며, 클럭 펄스가 정상적으로 입력된 다음부터는 클리어(CLR) 단자는 계속 1로 인가해 두면 된다.

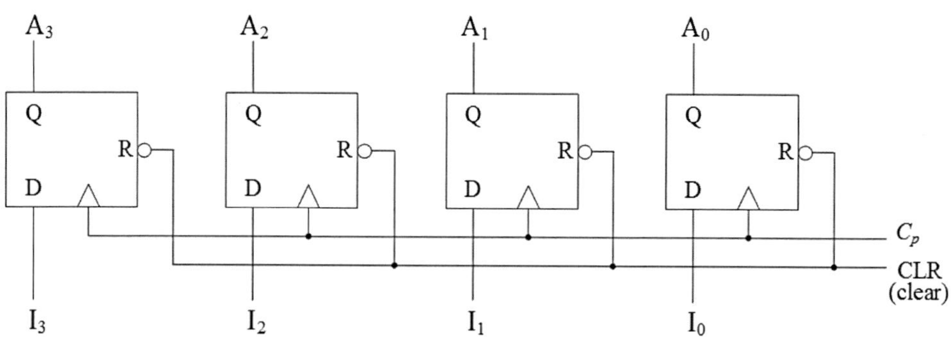

[그림 8-2] 4비트 레지스터

[그림 8-2]의 4비트 레지스터는 입력 값으로 주어진 4비트 2진 정보가 클럭 펄스 인가 이후 4비트 출력으로 전송되지만 원하지 않을 때는 클럭 펄스가 인가되더라도 이전 상태를 그대로 유지할 필요가 있을 때 적절하지 않다. 매 클럭 펄스가 인가될 때마다 4비트의 레지스터가 어떤 동작을 할지 결정하려면 적절한 제어 신호가 필요한데

이러한 제어 신호를 로드(Load) 신호라고 한다. 레지스터의 모든 비트가 단일 클럭 펄스에서 동시에 로드될 때 병렬로 로드된다고 한다. [그림 8-2]는 클럭 펄스 입력 시 4비트가 동시에 병렬로 로드되는 예를 보여준다. 그러나 이 레지스터는 클럭 펄스 단자에서 플립플롭 입력 단자에 인가되는 신호를 제어하는 형태로 이는 2진 정보의 전송 제어에 효율적이지 못한 레지스터이다. 클럭 펄스의 입력을 제어하는 방법보다는 플립플롭 입력 단자 D 앞 단에서 직접 제어하는 방법이 효과적이다. [그림 8-3]은 로드 입력을 이용해 플립플롭 입력 단자 D 앞에서 입력되는 2진 정보를 제어하는 병렬 로드 기능을 지닌 4비트 레지스터이다.

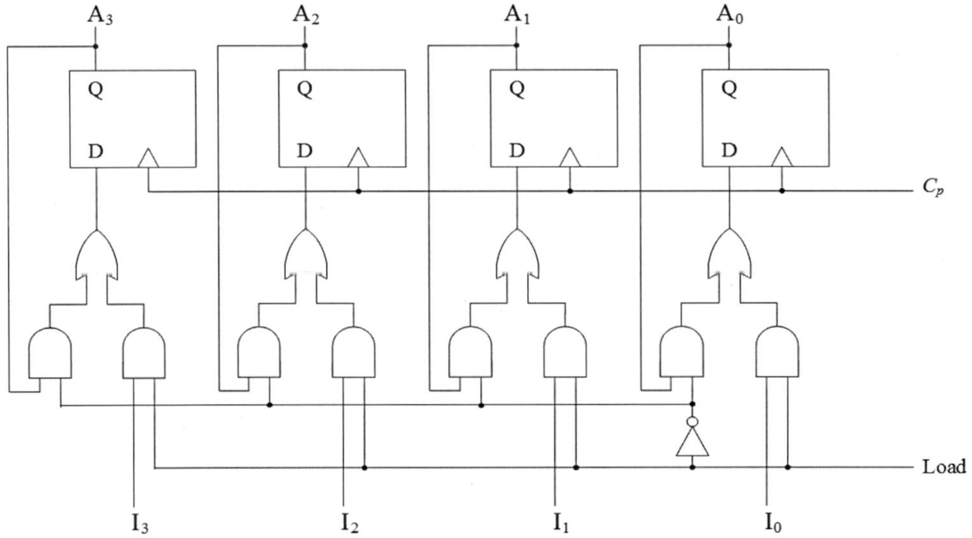

[그림 8-3] 병렬 로드 기능을 지닌 4비트 레지스터

[그림 8-3]의 4비트 레지스터는 플립플롭 입력 D 단자 앞에 약간의 게이트를 추가해 입력되는 2진 정보값을 제어할 수 있다. 우선 로드 입력을 0으로 할 때는 1, 3, 5, 7번째 AND 게이트의 출력이 각 OR 게이트로 입력되어 플립플롭 입력 D에 입력되므로 전 상태의 값($A_3A_2A_1A_0$)이 클럭 펄스가 인가되어도 변화없이 그대로 다음 상태로 나타나게 된다. 하지만 로드 입력이 1로 주어지면 2, 4, 6, 8번째 AND 게이트와 결합해 $I_3I_2I_1I_0$ 값이 AND 게이트의 출력으로 되어 각 OR 게이트로 입력되어 플립플롭 입력 D에 입력되므로 주어진 4비트 2진 정보 $I_3I_2I_1I_0$ 값이 새로운 다음 상태인 $A_3A_2A_1A_0$ 값으로 나타나게 된다. 즉 로드 단자에 주어진 값에 따라 상태의 변화없이 전 상태의 값들을 계속 유지할지 새로운 입력 2진 정보를 출력으로 전송할 지를 결정하는 것이다.

8-2 시프트 레지스터

일렬로 정렬되어 있는 플립플롭들의 집합체인 레지스터는 2진 정보를 저장하고 있는데 인접한 플립플립으로 한 비트씩 왼쪽이나 오른쪽으로 자리 옮김을 할 수 있는데 이러한 자리 옮김을 시프트(shift) 동작이라 하고, 이러한 역할을 수행하는 레지스터를 시프트 레지스터라고 한다. 가장 간단한 형태의 시프트 레지스터는 [그림 8-4]와 같이 플립플롭으로만 이루어진 레지스터로 D 플립플롭으로 구성한다. 이 시프트 레지스터는 앞 단 플립플롭의 출력이 다음 단 플립플롭으로 연결되어 출력되도록 구성되었다. 이 레지스터는 한 방향으로의 자리 옮김(shift)만 가능하며 직렬 데이터 입력은 가장 왼쪽 플립플롭에서 인가되며, 가장 오른쪽 플립플롭에서 직렬 데이터 출력을 구할 수 있는 회로이다. 이러한 4비트 시프트 레지스터는 4비트의 직렬 입력을 4비트의 직렬 출력으로 전송하기 위한 레지스터이다. 이러한 전송을 직렬 전송이라 한다.

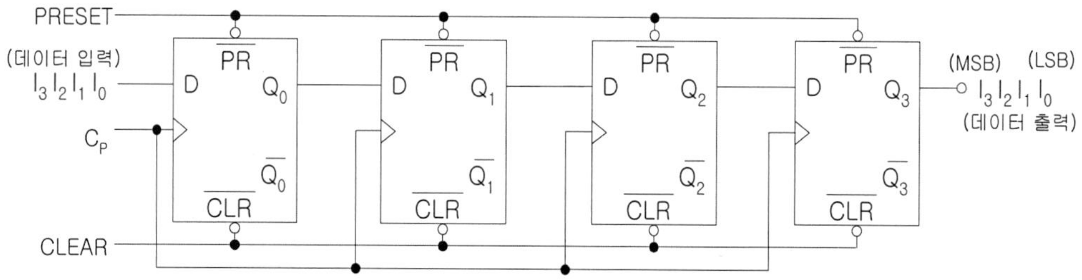

[그림 8-4] 4비트 직렬입력-직렬출력 레지스터

직렬입력-직렬출력 레지스터는 n비트의 입력 데이터가 하나의 클럭 펄스를 인가하는 동안 하나씩 입력되고, 데이터가 입력될 때마다 이전에 입력된 데이터는 한 비트씩 왼쪽 또는 오른쪽으로 자리 옮김(shift)하여 2n-1 개의 클럭 펄스가 인가된 후에는 모든 비트가 출력된다. 이 레지스터의 입력 및 출력의 개수는 각각 하나씩만 존재한다.

이 회로에서는 클럭 펄스가 인가될 때마다 4비트 입력 데이터 $I_3I_2I_1I_0$이 I_0부터 순서대로 한 비트씩 입력된다. 계속해서 클럭 펄스가 인가되면 우측 방향으로 각각의 입력이 이동되어 출력에 나타난다. 4비트의 입력이 출력단에 모두 전송되기 위해서는 7개의 클럭 펄스가 인가되어야 한다. 예를 들어 4비트의 데이터 1011을 직렬입력-직렬출력 레지스터에 의해 출력단에 전송하기 위한 상태표는 [표 8-2]에 나타내었고, 이 상태도에 따른 타이밍도는 [그림 8-5]와 같다.

표 8-1 4비트 직렬입력-직렬출력 레지스터의 상태표

C_P	직렬 입력	Q_0	Q_1	Q_2	Q_3	직렬 출력
$0(t_0)$	$1(I_0)$	×	×	×	×	
$1(t_1)$	$1(I_1)$	$1(I_0)$	×	×	×	
$2(t_2)$	$0(I_2)$	$1(I_1)$	$1(I_0)$	×	×	
$3(t_3)$	$1(I_3)$	$0(I_2)$	$1(I_1)$	$1(I_0)$	×	
$4(t_4)$	×	$1(I_3)$	$0(I_2)$	$1(I_1)$	$1(I_0)$	
$5(t_5)$	×	×	$1(I_3)$	$0(I_2)$	$1(I_1)$	$1(I_0)$
$6(t_6)$	×	×	×	$1(I_3)$	$0(I_2)$	$1(I_1)$
$7(t_7)$	×	×	×	×	$1(I_3)$	$0(I_2)$

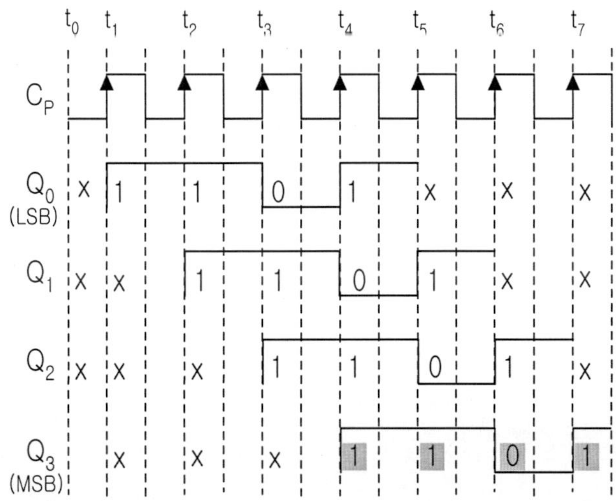

[그림 8-5] 4비트 직렬입력-직렬출력 레지스터의 타이밍도

8-3 양방향 시프트 레지스터

앞 절에서 다룬 시프트 레지스터는 한쪽 방향으로만 자리 옮김이 가능한 단방향(unidirectional) 시프트 레지스터라 하는데, 양쪽 방향으로 자리 옮김이 가능한 시프트 레지스터는 양방향(bidirectional) 시프트 레지스터라 한다. 양방향 시프트 기능에 병렬로 새로운 2진 정보를 로드할 수 있는 기능을 가지고 있다면 이는 병렬 로드 기능을

지닌 양방향 시프트 레지스터라 한다. 이러한 양방향 시프트와 병렬 로드 기능을 수행하는 레지스터의 회로도를 [그림 8-6]에 나타내었다.

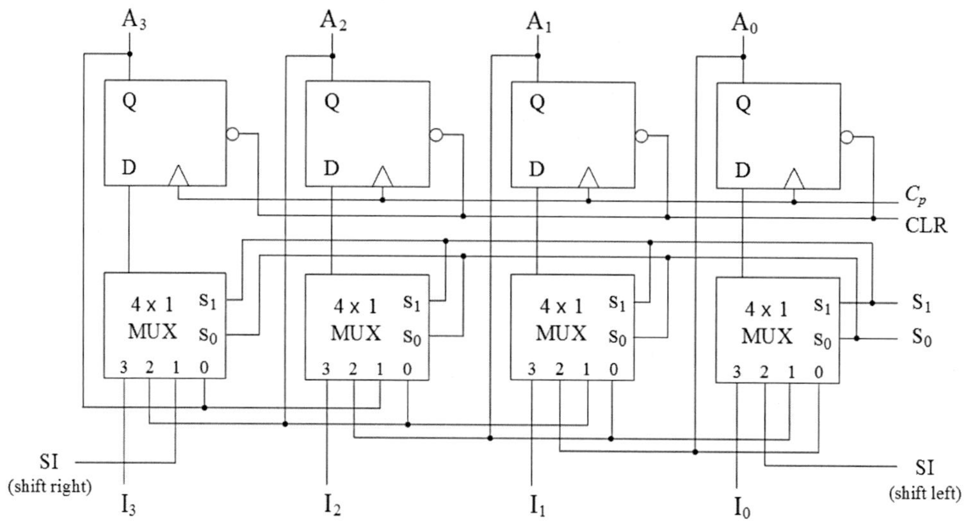

[그림 8-6] 병렬 로드 기능을 지닌 4비트 양방향 시프트 레지스터

이 회로는 4개의 D 플립플롭과 4개의 멀티플렉서(MUX)로 구성되어 있다. 우선 4개의 MUX는 공통의 선택 입력선 s_1과 s_0를 지니고 있다. 멀티플렉서의 선택 입력선에 주어진 값에 따라 기능이 다르게 동작되는데 [표 8-2]에 그 기능이 정리되어 있다.

표 8-2 양방향 시프트 레지스터 [그림 8-6]의 기능표

선택 입력		레지스터의 기능
s1	s0	
0	0	변화없음 (전 상태 유지)
0	1	시프트 라이트(right)
1	0	시프트 레프트(left)
1	1	병렬 로드

[표 8-2]와 [그림 8-6]을 보면 알 수 있듯이 4X1 MUX의 공통 선택 입력선 s_1과 s_0를 모두 0으로 선택하면(즉, s_1s_0=00이면) MUX의 입력은 0 단자에 연결된 바로 위의 D 플립플롭들의 현재 상태가 그대로 MUX의 출력으로 나와 다음 클럭에서 D 플립플롭들의

출력으로 A_3 A_2 A_1 A_0가 나타난다. 즉, 상태의 변화없이 전 상태(A_3 A_2 A_1 A_0)의 출력을 그대로 유지하게 된다.

그 다음으로 4X1 MUX의 공통 선택 입력선 s_1과 s_0를 0과 1로 선택하면(즉, s_1s_0=01이면) 가장 왼쪽의 MUX의 입력 단자 1에 연결된 시프트 라이트 동작을 하기 위한 직렬 입력(serial input: SI)이 선택된다. 이는 D 플립플롭의 입력이 되어 다음 클럭에서 D 플립플롭의 출력으로 SI 값이 나타난다. 두 번째 단의 4X1 MUX의 입력 단자 1은 왼쪽 D 플립플롭의 출력인 A_3과 연결되며, 세 번째, 네 번째 단의 MUX와 D 플립플롭도 이와 동일하게 연결되어 있다. 세 번째 단의 출력에는 A2가 출력되며, 네 번째 단의 출력에는 A1이 출력된다. 즉, 이 회로는 시프트 라이트의 기능을 하게 된다.

또한 4X1 MUX의 공통 선택 입력선 s_1과 s_0를 1과 0으로 선택하면(즉, s_1s_0=10이면) 가장 오른쪽의 MUX의 입력 단자 2에 연결된 시프트 레프트 동작을 하기 위한 직렬 입력(serial input: SI)이 선택된다. 이는 D 플립플롭의 입력이 되어 다음 클럭에서 D 플립플롭의 출력으로 SI 값이 나타난다. 세 번째단의 4X1 MUX의 2번 입력단은 오른쪽 D 플립플롭의 출력인 A0과 연결되며, 두 번째, 첫 번째 단의 MUX와 D 플립플롭도 이와 동일하게 연결되어 있다. 두 번째 단의 출력에는 A1이 출력되며, 첫 번째 단의 출력에는 A2가 출력된다. 즉, 이 회로는 시프트 레프트의 기능을 하게 된다.

마지막으로 4X1 MUX의 공통 선택 입력선 s_1과 s_0를 모두 1로 선택하면(즉, s_1s_0=11이면) 모든 MUX의 입력 단자 3에 연결되어 새로운 병렬 입력인 I_3 I_2 I_1 I_0이 각각 선택된다. 이는 D 플립플롭의 입력이 되어 다음 클럭에서 D 플립플롭의 출력은 A_3 A_2 A_1 A_0에서 I_3 I_2 I_1 I_0로 바뀌어 나타난다. 즉, 이 회로는 병렬 로드 기능을 가진 레지스터의 기능을 하게 된다. 이러한 기능의 레지스터는 [그림 8-7]의 그림에서와 같은 4비트 병렬입력-병렬출력 레지스터라고도 한다.

이러한 n비트 병렬입력-병렬출력 레지스터는 n비트의 데이터가 동시에 입력되고, 또한 n비트의 데이터가 동시에 출력되는 레지스터이다. 이 레지스터의 입력 비트의 개수는 n개이고, 출력의 개수도 n개다. D 플립플롭으로 4비트 병렬입력-병렬출력 레지스터를 구성하면 [그림 8-7]과 같다.

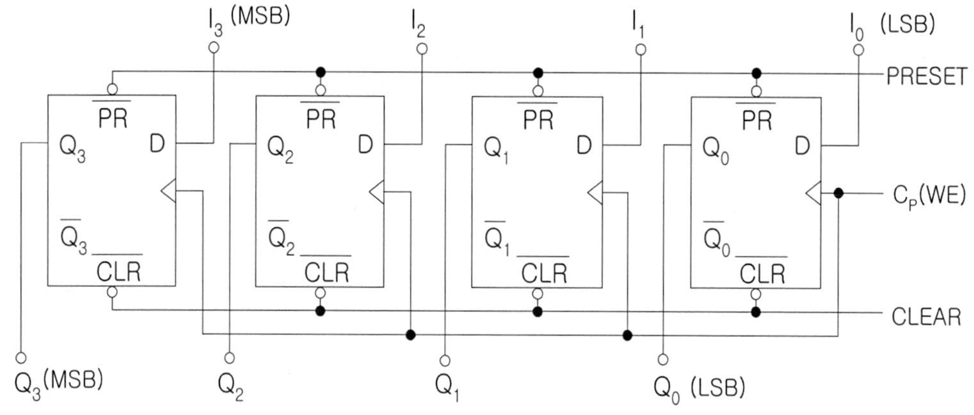

[그림 8-7] 4비트 병렬입력-병렬출력 레지스터 회로

이 회로에서 WE 신호는 각각의 플립플롭의 클럭 펄스를 연결한 선으로 제어신호의 역할을 수행한다. 즉 WE이 상승 모서리 클럭(positive edge triggered clock)이 인가되는 경우 각 플립플롭은 동시에 동작하게 되어 $I_3 I_2 I_1 I_0$의 4비트 입력 데이터가 병렬로 입력되어 $I_0 \rightarrow Q_0$, $I_1 \rightarrow Q_1$, $I_2 \rightarrow Q_2$, $I_3 \rightarrow Q_3$로 각각 동시에 병렬 전달된다. 일단 출력에 전달된 데이터는 다음 클럭 펄스(WE)가 들어올 때까지 래치되어 기억된다.

8-4 직렬입력-병렬출력 레지스터

이 레지스터의 구조는 직렬입력-직렬출력 레지스터의 구조와 같은 구조로 되어 있으나 다른 점은 플립플롭의 각각의 출력단에 병렬로 출력선을 구한다는 점이 다르다. 따라서 n단의 직렬입력-병렬출력 레지스터에서 입력된 데이터는 n개의 클럭 펄스 인가 후에 출력단에 출력된다. D 플립플롭으로 구성한 직렬입력-병렬출력 레지스터는 [그림 8-8]과 같다.

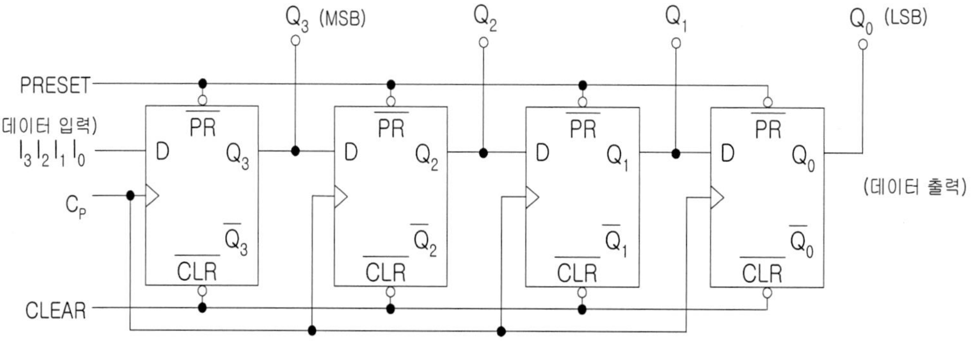

[그림 8-8] 직렬입력-병렬출력 레지스터

이 회로에서는 LSB부터 입력된 데이터가 클럭 펄스가 인가될 때마다 한 비트씩 우측으로 직렬로 이동(shift)하여 4번째 클럭 펄스에서 $I_0 \rightarrow Q_0$, $I_1 \rightarrow Q_1$, $I_2 \rightarrow Q_2$, $I_3 \rightarrow Q_3$가 되어 입력 데이터가 출력단에 샘플링되어 병렬로 출력된다.

8-5 병렬입력-직렬출력 레지스터

병렬입력-직렬출력 레지스터는 [그림 8-9]와 같이 멀티플렉서와 D 플립플롭으로 구성될 수 있다. 이 레지스터는 데이터 입력은 하나의 클럭 펄스가 인가되었을 때 병렬로 동시에 입력되고, 입력된 데이터의 출력은 n단의 병렬입력-직렬출력 레지스터의 경우 n개의 클럭 펄스 인가 후에 우측으로 직렬로 이동(shift)하면서 출력된다.

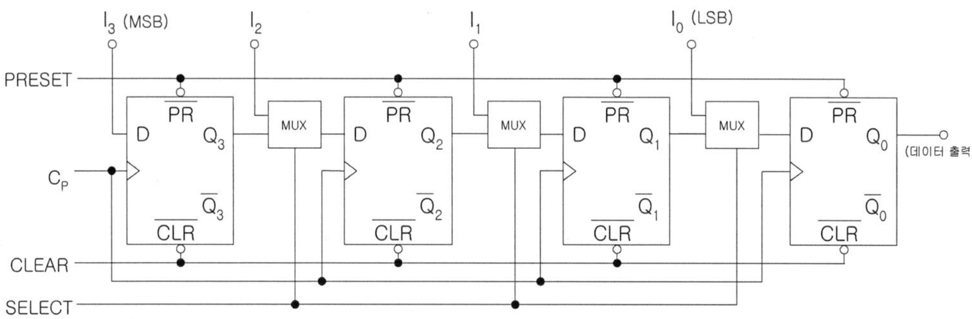

[그림 8-9] 병렬입력-직렬출력 레지스터

이 회로에서 MUX의 SELECT=1이면 I와 D가 연결되고, SELECT=0이면 Q와 D가 연결된다. 따라서 SELECT=1로 하면 클럭 펄스의 상승 모서리에서 입력 데이터의 각 비트가 동시에 병렬로 샘플되어 대응하는 플립플롭의 Q에 전달된다. 그 다음 SELECT=0으로 하면 클럭 펄스의 상승 모서리마다 이전 단의 출력 Q가 MUX를 통하여 다음 단의 입력 D로 시프트 되어 레지스터의 출력에서 데이터 비트는 직렬로 출력된다. 입력 데이터를 4개의 클럭 펄스마다 샘플링하여야 한다. 결론적으로 4비트의 입력 데이터를 출력단에 모두 출력하려면 다음과 같은 과정을 거쳐야 한다.

① SELECT=1, 하나의 클럭 펄스 인가

→ 4비트의 입력이 병렬로 입력된다.

② SELECT=0, 네 개의 클럭 펄스 인가

→ 각각의 클럭 펄스가 인가될 때마다 입력된 데이터가 한 비트씩 우측으로 이동하여 네 개의 클럭 펄스가 인가되었을 때는 4비트의 데이터가 모두 출력단으로 출력된다.

○ 연습문제_

8.1 레지스터에 12 비트의 2진수를 기억시키려면 몇 개의 플립플롭이 필요한가?

8.2 10진수 2365를 2진수로써 레지스터에 기억시키려면 플립플롭이 몇 단이 필요한지 써라.

8.3 직렬전송 레지스터와 병렬전송레지스터의 차이점을 적으시오.

8.4 JK 플립플롭을 이용하여 병렬입력-병렬출력 4비트 레지스터를 구성하시오.

8.5 JK 플립플롭을 이용하여 시프트 라이트와 시프트 레프트가 모두 될 수 있는 양방향 시프트 레지스터를 설계하시오.

8.6 4개의 D 플립플롭과 4개의 멀티플렉서를 이용하여 모드 선택선 s_1과 s_0을 가지는 4비트 레지스터의 논리도를 그리시오. 이 레지스터는 아래와 같은 동작을 한다.

s_1	s_0	레지스터의 동작
0	0	변화 없음
0	1	4비트 병렬 데이터를 로드
1	0	클럭과 동기하여 클리어
1	1	4개의 출력을 모두 보수화

APPENDIX

부록(연습문제 해답)

제 1 장

1. 13.625_{10}

2. (2) 101110111_2
   (3) 100110111011_2
3. (1) 257_8
   (3) 123.554_8
4. (2) 101101001101.111_2
   (3) 11110101011.11001111_2
5. (2) 137_{16}
   (4) $2A.F6_{16}$
6. (1) 1의 보수: 0101010_2, 2의 보수: 0101011_2
   (3) 1의 보수: 00.1010_2, 2의 보수: 00.1011_2
7. (1) 9의 보수: 73804_{10}, 10의 보수: 73805_{10}
   (2) 9의 보수: 72.1067_{10}, 10의 보수: 72.1068_{10}
8. (1) 1110
   (4) -101100
10. (1) 45.109375_{10}= 101101.000111_2= 55.07_8
    (2) 110001.10001_2= 45.109375_{10}= 61.42_8
11. 0001 0101 0011 0110, 0111 1000 1001 0010
12. (1) 13 (5) 99
13. (1) 01000110 (5) 11001100
14. (2) 1000 0110
15. (1) 0110 (3) 1001111
16. (3) 1010000

17. (2) 0
18. (1) even parity
19. 1011 1000
20. P2′=0, P1′=1, P0′=1 이므로 에러가 발생한 비트는 3행.

제 2 장

4. (2) Y=A+C
   (3) Z=$\overline{A}B$
5. (1) X=B+AC
6. Y=AB+CD
7. (3) Z=$\overline{A}B+BC$

제 3 장

1. Y=[{(AB)′C}′+(CD)′]′=A′CD+B′CD
2. (1) Y= $\sum(1,3,4,5,7)$
   (2) Y= $\sum(1,5,7,8,9,10,11,15)$
3. (2) F= AB′+AC+B′C+A′C′D′
4. (1) Y= $\sum(0,2,3,4,6,7,8,9,11,12,13,15)$
   (2) Y= C′D′+AD+A′C
5. (1) F= $\sum(1,2,4,7)$
   (2) F= $\prod(0,3,5,6)$
6. (2) Y= AC′D′+A′B′CD+A′BCD′
8. Y= CD+BC
10. (2) Y= A′B′C+A′B′D

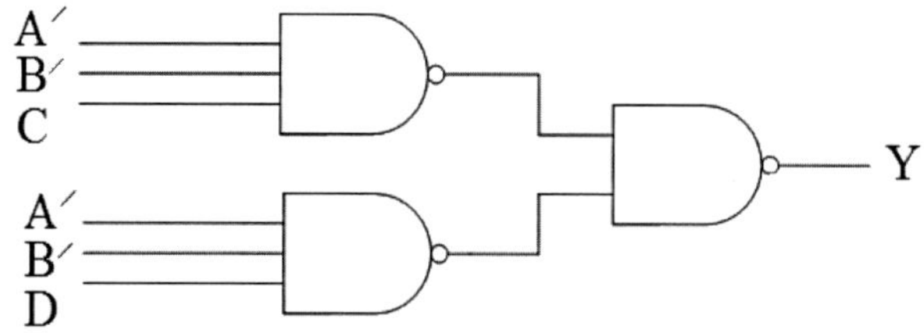

11. (1) $X' = AB+BC' \rightarrow X=(AB+BC')'=(A'+B')(B'+C)$

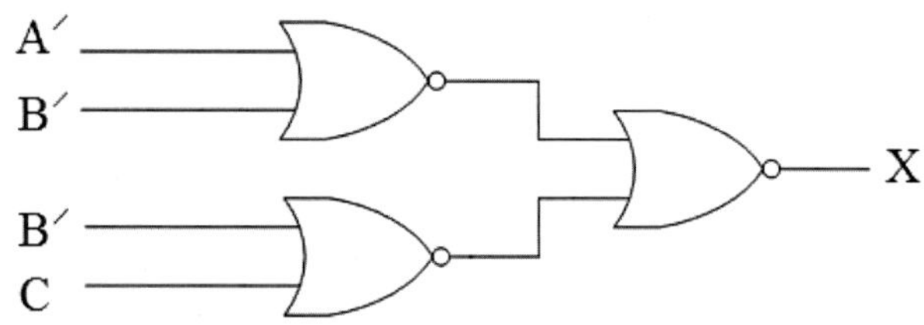

12. (1) $X= [\{(A+B)'+(B+C)'\}'+(B+C)'D]'$

(2) $X= (B+AC+B'C'D)' = A'B'C+A'B'D'+B'C'D'$

(3)

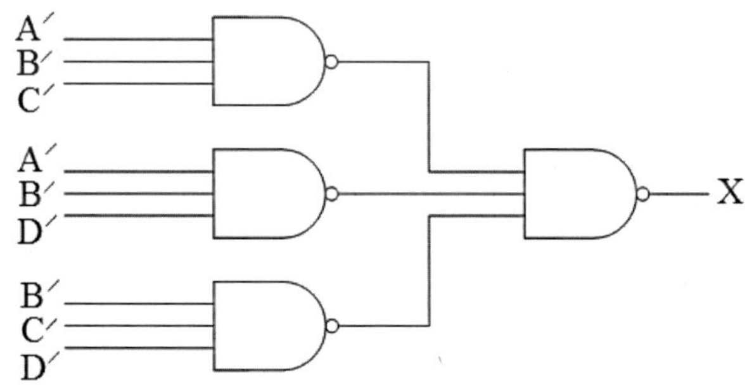

14. $X= B'D+C'D+ABC$

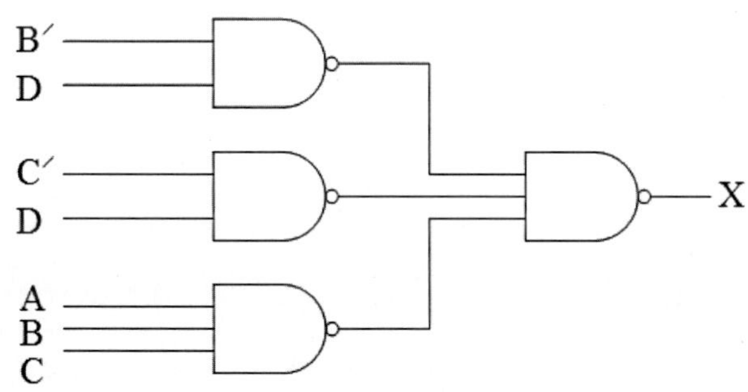

15. $Y= \sum(5,6,7,8,9,10)$

제 4 장

8. $A'=w'$, $B'=x'$, $C'=y$, $D'=z$

$\therefore C=y'(w+x)$

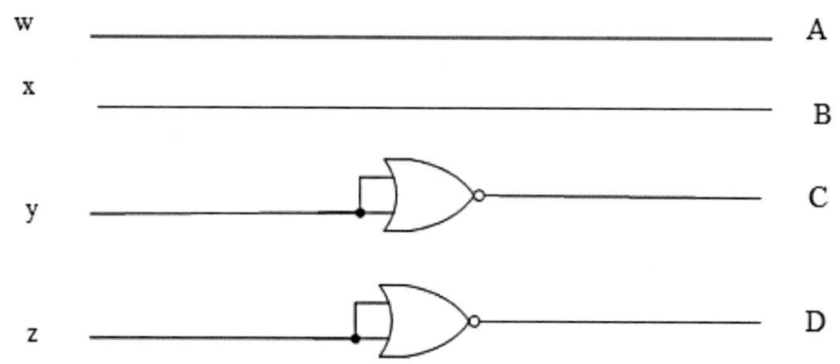

10. $\overline{D_6}$ 과 $\overline{D_9}$ 단자에 Low가 인가되지만 우선순위에 따라 $\overline{Y_3}\,\overline{Y_2}\,\overline{Y_1}\,\overline{Y_0}$ = 0110 출력

12. 1, 0

13.

	D0	D1	D2	D3
A'	0	①	②	③
A	4	5	⑥	⑦
	0	A'	1	1

14.

	D0	D1	D2	D3
D'	0	2	4	6
D	①	③	⑤	7
	D	D	D	0

	D0	D1	D2	D3
D'	8	10	12	⑭
D	⑨	⑪	⑬	⑮
	D	D	D	1

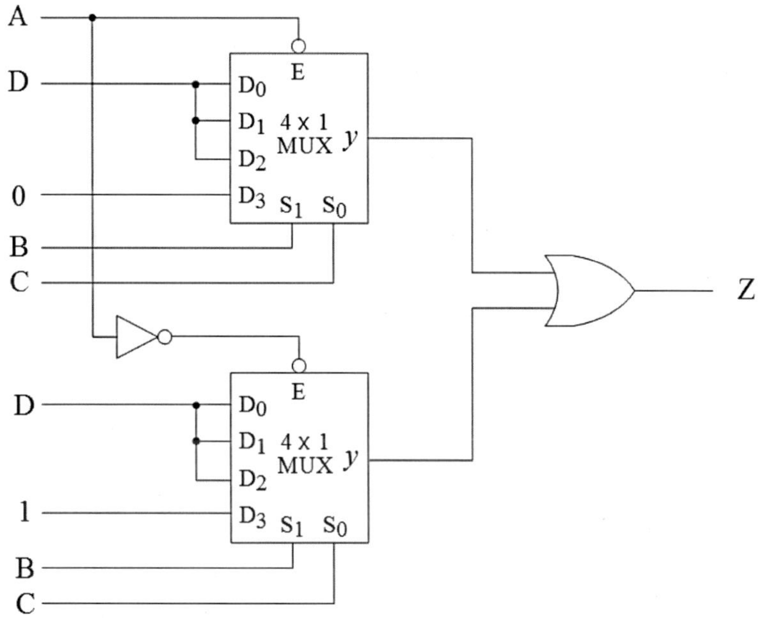

15.

	D0	D1	D2	D3
C'	②	②	④	⑥
C	1	3	5	⑦
	C'	C'	C'	1

제 5 장

(1)

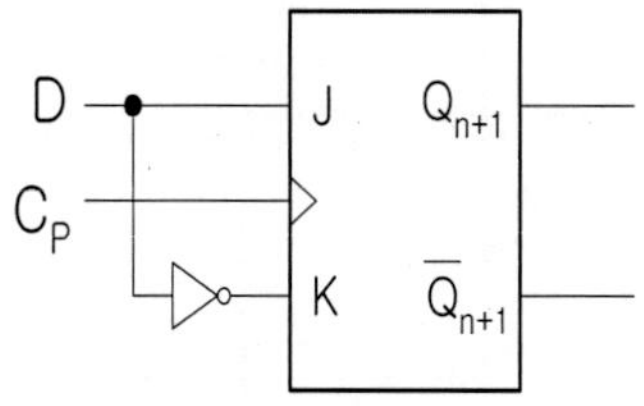

(2)

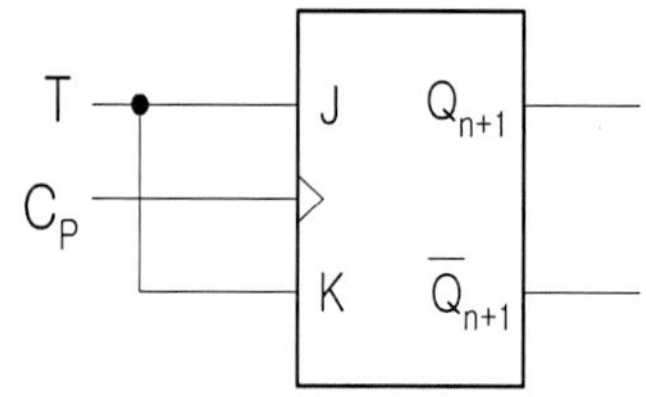

5. 타이밍도

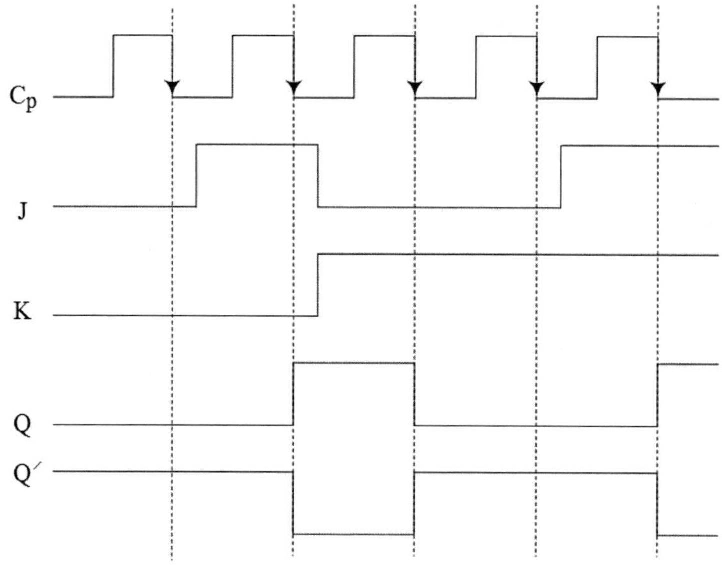

7. 타이밍도

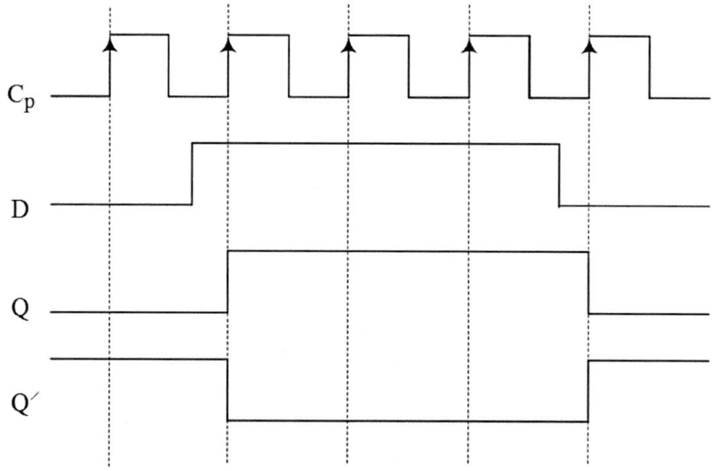

제 6 장

2\. (3) $A(t+1) = AB + By + Ax'$

$B(t+1) = A'By + AB'x' + Ax'y$ (또는 $Bx'y$)

5\. (1) $T_A = Bx$, $T_B = x$, $y = AB$

(3) $A(t+1) = AB' + Ax' + A'Bx$

$B(t+1) = B'x + Bx'$

(4) $D_A = AB' + Ax' + A'Bx$

$D_B = B'x + Bx'$

6\. $J_A = B'x$, $J_B = A + C'x'$, $J_C = Ax + A'B'x'$

$K_A = 1$, KB= $C'x + Cx'$, $K_C = x$

$y = A'x$

7\. (1) $J_A = B$, $J_B = (A \oplus x)'$

$K_A = B'$, $K_B = (A \oplus x)'$

$y = A \oplus x \oplus B$

(3) $A(t+1) = B$

$B(t+1) = A \oplus B \oplus x$

(4) $T_A = AB'$, $T_B = Ax + A'x'$

8\. $D_A = Ax + Bx$

$D_B = A'x$

$y = Ax' + Bx'$

제 7 장

1\. (2) 16개

3\. (3) 5개

9\. $J_A = BC$, $J_B = A'C$, $J_C = 1$

$K_A = C$, $K_B = C$, $K_C = 1$

11\. $D_A = B'C + BC'$, $D_B = A'B + B'C'$ (또는 AC'), $D_C = A + C'$

14\. $T_A = B + C$, $T_B = A + B$, $T_C = A + B'C'$

15\. $J_A = K_A = B'x' + By' + x'y'$, $J_B = K_B = x' + y'$

제 8 장

1. 12개
2. 12단
6. 논리도

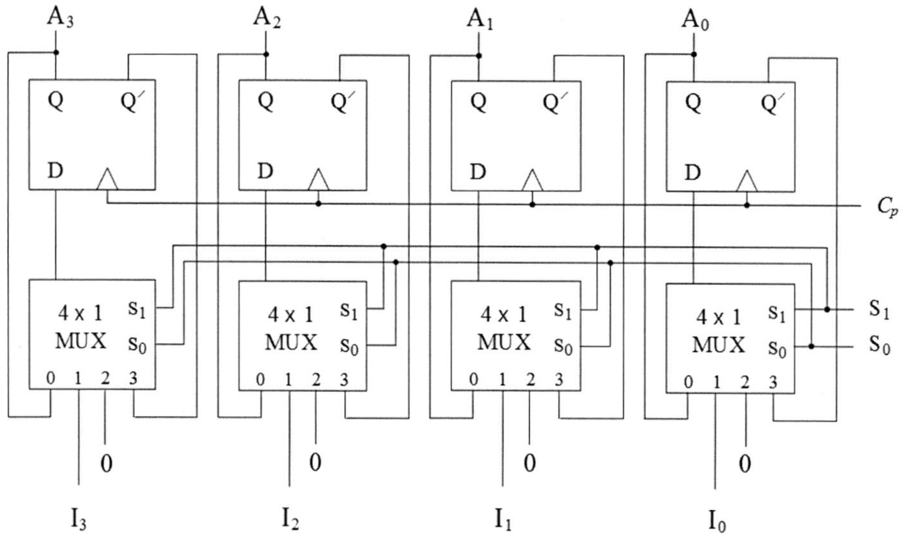

저자약력

권준식

중앙대학교 전자공학과 학사, 석사, 박사 졸업
현대전자산업, 금성통신 근무.
현재 세명대학교 전기공학과 교수

정가 16,000원

디지털 논리 설계

2017년 2월 10일 초판 인쇄
2017년 2월 20일 초판 발행
저　자 : 권준식
발행자 : 우명찬 · 송　준
발행처 : 홍릉과학출판사
주　소 : 서울시 강북구 인수봉로 50길 10
01093
등　록 : 1976년 10월 21일 제5-66호
전　화 : (02) 999-2274~5, 903-7037
팩　스 : (02) 905-6729
e-mail: hongpub@hongpub.co.kr
http://www.hongpub.co.kr
ISBN: 979-11-5600-498-1

저자와의 협의하에 인지생략